해외 공사 입찰 가이드

해외 공사 입찰 가이드

초기 시장 조사부터 계약 체결까지 입찰 전체 과정 설명

입찰 단계별 세부 업무 절차와 유의 사항 정리

해외 공사에서 사용되는 주요 용어 해설

프롤로그

해외 공사는 건설업체가 글로벌 시장에서 성장하고 경쟁력을 확보할 중요한 기회다. 하지만 국내 공사와 비교하면 복잡한 계약 조건, 다양한 법규, 문화적 차이, 예측할 수 없는 리스크 관리 요소가 포함되어 있어 철저한 준비와 전략적인 접근이 필수적이다. 해외 공사 입찰은 단순히 경쟁업체보다 낮은 가격을 제시하는 것이 아니라, 발주자의 요구를 정확히 이해하고 이를 충족하는 기술적·상업적 제안을 마련하는 과정이다. 따라서, 성공적인 해외 공사 수주를 위해서는 시장 조사부터 계약 체결까지 체계적인 전략이 요구된다.

이 책은 해외 공사 입찰의 전 과정을 단계별로 설명하며, 실무에서 반드시 고려해야 할 요소들을 구체적으로 다룬다. 해외 공사 입찰의 기본 개념과 각국의 건설 시장 동향을 분석하고, 입찰 공고문 검토, 발주자 요구사항 분석, 견적 산출, 제안서 작성, 계약 검토 등 실질적인 업무 프로세스를 상세히 설명한다. 또한, FIDIC 계약 조건과 Incoterms 조건의 이해 등 해외 공사 수행에 필수적인 내용을 포함하여 실무 활용도를 높였다. 나아가, 입찰 후 협상 전략과 착수 준비, 입찰 자료 인계 과정까지 다루어 해외 공사 입찰의 흐름을 쉽게 파악할 수 있도록 했다.

이 책은 해외 공사 입찰을 처음 접하는 기업부터 이미 해외 프로젝트를 수행 중인 기업까지 폭넓게 활용할 수 있도록 실무 중심의 가이드로 구성되었다. 각 장에서는 실제 해외 공사 입찰에서 활용할 수 있는 일위대가 작성 등의 사례를 포함해 실무 적용성을 높였으며, 입찰 과정에서 놓치기 쉬운 사항과 이를 검토·해결하는 방안도 제시했다. 이를 통해 독자는 효율적인 입찰 준비, 경쟁력 있는 견적 산출, 리스크 관리 능력 향상, 협상과 계약 체결 역량 강화를 기대할 수 있을 것이다. 이 책은 해외 공사에만 적용되지는 않는다. 국내에서 진행되는 대부분의 입찰도 대동소이한 절차와 방법을 적용하므로, 독자들은 국내 입찰에도 활용할 수 있을 것이다.

나는 이 책을 통해 해외 공사 입찰에 대한 정보를 체계적으로 정리하고, 그동안 쌓아온 경험과 노하우를 후배들에게 전하고자 했다. 현대건설 해외건축부 신입사원으로 시작해 30년 넘게 건설 업무를 수행하며 입찰, 설계, 시공, 계약 등 다양한 분야를 경험했다. 최근 해외 공사를 수행하는 기업이 줄어들고, 세계 각지를 누비며 입찰과 공사를 수행했던 선배와 동료들도 하나둘씩 퇴직했다. 경험자들은 점차 줄어들고 있지만, 누군가는 계속 해외 공사를 수행해야 한다. 그렇기에 해외 공사 입찰 업무를 정리하고 기록으로 남길 필요가 있다고 생각했다. 내가 이 책에서 정리하였다. 이제야 어깨의 짐을 덜고 홀가분해졌다. 이 책이 해외 공사에 도전하는 많은 이들에게 실질적인 도움이 되기를 바란다. 마지막으로, 해외 공사 입찰 업무를 가르쳐 준 선배와 동료들에게 감사의 마음을 전하고 싶다.

새로운 시작을 알리는 봄이 오기 전에 책을 완성할 수 있어서 기쁘다. 연로하신 부모님, 사랑하는 아내와 세 아이들, 오늘의 내가 있게 은혜를 베풀어 준 모든 이들에게 고마움을 전하고 싶다. 글을 쓸 수 있어서 행복했다. 글을 계속 쓸 생각에 가슴이 설렌다.

2025년 2월
서승종

목차

프롤로그   4

1 장. 해외 공사 입찰 개요

     1.1 해외 공사의 특징   12

     1.2 입찰 절차   15

     1.3 입찰 방식   17

     1.4 입찰 성공의 핵심 요소   20

2 장. 영업 단계

     2.1 현지 시장 조사   26

     2.2 영업 지사 구매 지사 운영   30

     2.3 건설 면허 취득   33

     2.4 발주자 정보 분석   36

     2.5 PQ 심사 (사전 자격 심사)   41

     2.6 현지업체와의 공동도급   43

     2.7 입찰 공고문 검토   49

3 장. 입찰 참여 검토

     3.1 주요 리스크 사전 검토   56

3.2 입찰서 평가 기준 검토 … 60

3.3 경쟁사 정보 파악 … 64

3.4 내부 심의 … 70

3.5 입찰 참여 여부 결정 … 75

4 장. 입찰 준비

4.1 입찰 서류 구매 … 80

4.2 입찰서 검토 … 82

4.3 발주자 요구사항 분석 … 89

4.4 입찰 전략 수립 … 93

4.5 입찰팀 구성과 현지 출장 업무 수행 … 96

4.6 입찰 일정 관리 … 100

4.7 입찰 질의서 (Request for Information) … 104

4.8 추가 입찰 서류 … 108

4.9 입찰일 연장 … 112

5 장. 견적

5.1 원가 구성 요소 분석 … 118

5.2 현지 업체 조사 … 121

5.3 지역별 법규와 관세 정보 분석 … 124

5.4 협력사 견적 의뢰 … 127

5.5 협력사 견적 검토 … 130

5.6 경쟁력 있는 가격 산정	133
5.7 견적 오류 방지 전략	136
5.8 공종 간 견적 누락	139
5.9 수량 산출과 내역서 작성	142
5.10 직접공사비 산정	148
5.11 직영 공사 검토	151
5.12 일위대가 작성	153
5.13 Incoterms 운송 조건 검토	159
5.14 BOQ Preamble (서문)	162
5.15 Preliminaries and General (간접 공사비)	164
5.16 NSC 공사 검토	169
5.17 Daywork 와 Schedule of Rates	174
5.18 직원 조직도와 투입 계획 작성	177
5.19 현장관리비 산정	178
5.20 공통가설공사비 산정	185
5.21 공동도급 시 현장관리비 갈등	190
5.22 Risk & Opportunity Matrix 분석	193
5.23 예비비 산정	200

6 장. 입찰 지원

6.1 공사 기간 산정	208
6.2 VE 와 대안 검토	212

6.3 공사 보험료 산정	219
6.4 보증 비용 산정	225
6.5 금융 비용 산정	228
6.6 계약서 초안 법무 검토	231
6.7 계약 방식의 이해	235
6.8 FIDIC 계약 조건 이해	238

7장. 입찰서 작성과 제출

7.1 BOQ 작성	244
7.2 BOQ 수기 작성	247
7.3 기술 제안서(Technical Proposal) 작성	250
7.4 견적 조건 작성	256
7.5 입찰 품의	260
7.6 입찰서 제출	263

8장. 입찰서 제출 이후

8.1 기술 제안 발표	268
8.2 발주자 협상	274
8.3 LOA(Letter of Acceptance) 조건 협의와 발급	277
8.4 본 계약 체결	281
8.5 프로젝트 실행 계획 수립	285
8.6 입찰 자료 인수인계	289

1장 해외 공사 입찰 개요

1.1 해외 공사의 특징

해외 공사는 다양한 도전과 기회를 동시에 제공한다. 현지화, 법적 규제적 환경의 다름, 복잡한 리스크 관리, 공급망 관리 등, 여러 측면에서 신중한 계획과 실행이 요구된다. 성공적인 해외 공사는 기업의 글로벌 성장과 경제적 성과를 실현할 수 있는 강력한 도구로 작용한다.

1. 현지화(Localization)의 중요성

    해외 공사는 진행 국가의 법적, 문화적, 그리고 사회적 환경에 큰 영향을 받는다. 각국의 법률과 규제는 공사 계획, 실행, 그리고 유지관리 전반에 걸쳐 중요한 역할을 한다. 환경 보호법, 건설 허가 규제, 안전 기준 등은 국가마다 다르며, 이를 철저히 파악하지 못하면 프로젝트가 중단되거나 벌금 등의 불이익을 받을 수 있다. 현지 문화를 이해하는 것은 필수적이다. 현지인과의 원활한 소통과 협력을 통해 문화적 예의를 지키고, 프로젝트의 사회적 수용성을 확보하는 것이 중요하다. 현지 노동법과 고용 정책을 준수하고, 지역 인력과의 협력을 촉진하는 것도 성공적인 프로젝트 수행을 위한 필수 요소다.

2. 국내와 다른 법적 행정적 규제

    해외 공사에서 법적 행정적 규제는 중요한 리스크 요인이다. 현지 법률 체계는 국내 계약 조건과 다를 수 있으며, 특정 조항이 발주자나 정부의 요구와 충돌할 가능성이 있다. 국가별 관세 정책과 세금 제도는 자재 수입과 비용 관리에 영향을 준다. 공공 프로젝트의 경우, 국제 공인 인증 기준이나 정부 승인 절차를 반드시 준수해야 한다. 현지 법률 전문가와의 협력을 통해 법적 리스크를 예방하고, 계약상의 불이익을 최소화하는 것이 중요하다. 법률적 불확실성을 해소하기 위해 정부 기관과 규제 당국과의 원활한 관계를 구축하는 것도 필요하다.

3. 정치적 경제적 리스크

    정치적 불안정과 경제적 여건은 해외 공사의 성공 여부를 결정짓는 요인 중 하나다. 정치적 불안정, 내전, 불안정한 경제 등은 프로젝트 수행을 위협한다. 환율 변동은 예산 관리에 큰 영향을 미치며, 물가 상승은 원가 초과의 주요 원인이 된다. 이를 관리하기 위해 해외 공사에서는 정치적 리스크를 분석하고, 프로젝트 초기에 적절한 리스크 관리 전략을 수립해야 한다. 현지 금융 기관과 협력하여 금융 안정성을 확보하고, 리스크가 높은 국가에서는 국제기구의 보증 프로그램을 활용하는 것도 하나의 전략이 될 수 있다.

4. 공급망(Supply Chain) 관리의 복잡성

   해외 공사에서는 자재와 장비의 조달, 운송, 품질 관리가 필수적인 요소다. 현지에서 자재를 조달하는 경우, 비용을 줄일 수 있지만 프로젝트가 요구하는 국제적인 인증이나 품질 확보가 어려울 수 있다. 타국에서 자재를 조달하면 운송비와 시간이 많이 소요될 수 있다. 운송 관련된 관세 업무도 해외 업체에는 부담으로 다가온다. 현지 조달이 어려운 경우, 국제 공급업체를 통한 조달 계약을 체결해야 하며, 이 과정에서 물류와 세관 절차를 철저히 관리해야 한다. 신뢰할 수 있는 공급망을 구축하고, 품질 검사와 배송 일정을 체계적으로 관리하는 것이 필수적이다.

5. 다국적 인력 구성과 협업

   해외 공사에서는 다양한 국적의 인력과 함께 일하는 경우가 많다. 한국인 직원만으로 공사를 수행하려면, 인건비를 포함한 관리 비용이 상승하고 원가 경쟁력이 줄어든다. 현지인은 물론이고, 인도인 필리핀인 등으로 다국적 팀을 구성하면, 원가 경쟁력을 확보할 수 있고 혁신적인 아이디어와 기술을 도입할 기회를 제공하지만, 언어와 문화의 차이로 인해 갈등이 발생할 가능성이 있다. 이를 해결하기 위해 글로벌 의사소통 능력을 확보하고, 문화적 차이를 고려한 조직 관리 전략을 적용하는 것이 중요하다. 팀 내 원활한 협업을 위해 다문화 교육을 시행하고, 주요 문서를 다국어로 제공하는 등의 대비책도 필요하다. 현지 노동법을 준수하며 인력 채용과 관리 전략을 수립하는 것도 중요하다.

6. 리스크 관리의 중요성

   리스크 관리는 해외 공사의 성공을 좌우하는 중요한 요소다. 프로젝트 시작 단계부터 기술적, 재정적, 환경적 리스크를 식별하고, 이를 관리하기 위한 전략을 수립해야 한다. 예를 들어, 재정적 리스크를 줄이기 위해 예비비를 책정하거나, 환경적 리스크를 최소화하기 위해 지속 가능한 공법을 도입할 수 있다. 프로젝트 진행 중에 발생할 수 있는 예기치 않은 상황에 대비한 비상 계획(Contingency Plan)을 마련하고, 보험 가입과 같은 리스크 전가 전략을 통해 재정적 보호 장치를 구축하는 것이 필요하다.

7. 계약 관리의 복잡성

   해외 공사의 계약은 일반적으로 복잡하고 국가별로 특수한 세부 조건을 포함한다. FIDIC (International Federation of Consulting Engineers)의 계약 조건이 주로 사용되며, 이에 대한 이해가 필수적이다. 발주자와의 계약 체결 과정에서 계약 조건을 명확히 이해하고, 발주자의 요구와 기업의 목표 간의 균형을 맞추는 것이 중요하다. 협력업체와의 계약 조건도 철저히 검토해야 한다. 국제 계약법에 대한 이해를 바탕으로 협상력을 강화하고, 분쟁 발생 시 적용할 해결 방안을 사전에 수립하는 것이 필수적이다.

8. 기술과 품질 수준

   해외 공사는 기술적 도전과 까다로운 품질 기준 준수를 요구한다. 첨단 공법과 장비를 사용해야 하는 경우, 이를 이해하고 운용할 수 있는 전문 인력이 필요하다. 발주자가 요구하는 품질 기준이 국내와 다른 점을 사전에 파악하고, 이를 충족하기 위해 지속적인 품질 관리를 수행해야 한다. 현장 실사를 통해 문제를 사전에 파악하고, ISO 인증과 같은 품질 표준을 준수하는 것이 중요하다. 품질 보증 절차를 강화하고, 정기적인 품질 감사와 검사 프로세스를 운영하여 프로젝트 품질을 유지해야 한다.

9. 기회와 글로벌 경험

   해외 공사는 높은 리스크와 복잡성을 가지고 있지만, 그만큼의 기회를 제공한다. 성공적으로 프로젝트를 완료하면 기업의 실적을 늘리고 신뢰도를 높일 수 있으며, 글로벌 시장에서 경쟁력을 강화할 수 있다. 해외 공사를 통해 새로운 공법과 관리 기법을 습득하고, 이를 본국 프로젝트에 적용할 수 있는 경험을 얻을 수 있다.

10. 지속 가능성(Sustainability)

    근래의 해외 공사는 환경 보호와 지속 가능성을 중시한다. 이를 위해 친환경 설계와 재생할 수 있는 에너지를 활용한 건설 방식이 점점 더 많이 도입되고 있다. 지속 가능한 공법을 채택하면 프로젝트의 장기적인 경제적 가치를 높이고, 글로벌 시장에서 입지를 강화할 수 있다. 탄소 배출 절감을 위한 친환경 자재 사용, 에너지 효율성을 고려한 설계 적용, 환경 보호 규정 준수 등이 필수적이며, 이러한 요소는 발주자의 ESG(Environmental, Social, and Governance) 요구에도 부합한다.

1.2 입찰 절차

입찰 절차는 단순한 경쟁 과정이 아니라, 발주자의 요구사항을 정확하게 파악하고, 이를 충족할 수 있는 차별화된 제안을 준비하는 과정이다. 치밀한 전략 수립과 준비, 경쟁력 있는 제안, 발주자와의 적극적인 소통이 입찰 성공의 핵심이다. 해외 입찰은 복잡하고 리스크가 크지만, 이를 잘 관리하면 글로벌 시장에서 경쟁력을 강화할 기회를 제공한다.

1. 입찰의 개념

    입찰은 발주자가 프로젝트를 수행할 적합한 시공자나 공급업체를 선정하기 위해, 공개 또는 제한된 방식으로 제안서를 요청하는 과정이다. 입찰은 공정성과 투명성을 확보하기 위한 주요 수단으로, 프로젝트의 규모와 성격에 따라 다양한 절차와 방식으로 진행된다. 해외 공사에서는 특히 국제적인 기준과 규정을 준수해야 하며, 발주자의 요구사항에 부합하는 차별화된 기술적 상업적 제안을 제출해야 한다. 입찰 과정에서 입찰자는 발주자 요구사항 분석, 경쟁사 분석, 경쟁력 있는 가격 산정 등을 포함한 철저한 준비를 해야 한다.

2. 입찰 절차

    1) 입찰 공고와 정보 수집

        입찰은 발주자의 입찰 공고로부터 시작된다. 발주자는 프로젝트의 개요, 요구 사항, 일정, 평가 기준을 공고로 밝히며, 입찰자는 이를 검토하여 프로젝트 참여 여부를 결정한다. 해외 공사의 경우 현지 법률, 환경 규제, 경제 상황을 포함한 종합적인 정보 수집이 필수적이다. 입찰자는 발주자의 배경, 과거 계약 사례, 경쟁사의 입찰 전략 등을 분석하여 차별화된 전략을 수립해야 한다.

2) 사전 심의와 입찰 서류 구매

   사전 심의를 통해 수주 가능성, 예상 공사비, 수행 가능성, 기술적 타당성을 자세히 검토하고, 내부 협의와 경영진의 판단을 거쳐서 입찰 참여 여부를 결정한다. 입찰 참여가 결정되면 발주자가 제공하는 입찰 서류를 구매하고 이를 철저히 검토해야 한다. 입찰 서류에는 프로젝트의 기술 사양, 일정 조건, 계약 조건, 발주자의 특정 요구사항이 포함되며, 입찰자는 이를 통해 프로젝트의 복잡성과 리스크를 평가한다.

3) 입찰 준비

   입찰 참여가 결정되면, 입찰자는 기술 제안과 상업 제안 작성을 포함한 전략을 수립한다. 기술 제안은 발주자의 요구사항을 충족하는 해결 방안을 제시하며, 시공 일정, 공사 관리 방안, 품질 관리 방안을 포함한다. 상업 제안에서는 가격 경쟁력 확보가 핵심이며, 경쟁력을 갖추면서도 목표 이익을 거둘 수 있는 입찰 가격을 산정해야 한다. 성공적인 입찰 전략은 기술적 우수성과 상업적 경쟁력을 동시에 갖추는 것이다.

4) 입찰서 제출(Bid Submission)

   입찰자는 입찰 마감 기한을 지켜 입찰서를 제출해야 하며, 모든 서류가 요구사항을 정확히 반영하고 있는지 철저히 검토해야 한다. 서류 미비나 오류는 실격 사유가 될 수 있으므로, 제출 전에 내부 검토를 거쳐야 한다. 전자 입찰 시스템 사용 여부, 제출 서류의 부수와 포장, 제출 장소와 시간 등을 사전에 확인해야 한다.

5) 입찰서 평가(Bid Evaluation)

   발주자는 입찰서 접수 후 기술 평가와 상업 평가를 시행한다. 기술 평가에서는 제안된 공법, 일정의 타당성, 품질 관리 계획을 검토한다. 상업 평가에서는 가격, 견적 조건을 분석한다. 발주자는 입찰자의 과거 프로젝트 수행 경험과 평판도 함께 평가하여 최적의 입찰자를 선정한다. 입찰서 평가 과정에서 필요할 경우, 발주자는 추가 질의나 보완 서류 제출을 요구할 수도 있다.

6) 협상(Post Bid Clarification and Negotiation)

입찰서 평가가 완료된 후, 발주자는 선호하는 입찰자와 협상을 진행한다. 협상은 주로 가격, 계약 조건, 기술 제안 확인 등에 대해 이루어진다. 이 과정에서 입찰자는 발주자의 요구를 수용하면서도, 자신의 이익을 최대화할 수 있는 협상을 진행해야 한다.

7) 계약 체결(Contract Agreement)

협상이 완료되고 낙찰이 결정되면, LOA(Letter of Acceptance)가 발급되고 최종 계약 체결을 진행한다. 계약에는 프로젝트의 상세 요구사항, 일정, 비용, 업무 범위, 분쟁 해결 방안 등이 명확히 명시된다. 계약 체결은 입찰 프로세스의 마지막 단계로, 프로젝트 실행을 위한 법적 근거를 제공한다. 이 단계에서 계약 조건을 철저히 검토하고, 모든 이해관계자가 만족할 수 있도록 준비하는 것이 중요하다.

3. 입찰 성공 요소

입찰의 성공은 철저한 사전 준비, 경쟁력 있는 제안서 작성, 그리고 발주자와의 원활한 소통에 달려 있다. 입찰자는 현지 시장의 특성을 이해하고, 프로젝트 요구사항에 부합하는 기술과 상업 제안을 통해 발주자의 선택을 받아야 한다. 국제 입찰에서는 글로벌 표준과 규정을 준수하면서, 발주자의 핵심 요구사항을 충족시키는 균형 잡힌 접근이 필요하다.

4. 입찰 실패 요인과 교훈

입찰 실패는 주로 준비 부족, 발주자 요구사항 미충족, 경쟁력이 낮은 가격 제안, 특화되지 않은 기술 제안에서 비롯된다. 이를 방지하기 위해 입찰자는 발주자의 평가 기준을 철저히 분석하고, 명확한 전략을 수립해야 한다. 실패한 입찰 경험은 향후 프로젝트에서 교훈(Lessons Learned)으로 활용될 수 있으며, 입찰 전략을 보완하는 자료로 쓸 수 있다.

1.3 입찰 방식

입찰 방식은 프로젝트의 특성, 발주자의 목표, 법적 행정적 요건에 따라 다양하게 적용되며, 각 방식은 고유의 특성과 장단점을 지닌다. 수의계약은 신속성과 신뢰성에, 경쟁입찰은 공정성과 비용 효율성에 초점을 맞춘다. 2단계 입찰은 품질과 효율성을 동시에 확보할 수 있고, 설계-시공 방식은 설계와 시공의 통합 관리를 통해 시간과 비용을 절감할 수 있다. 발주자는 각 방식의 특성을 충분히 이해하고, 프로젝트 목표와 요구에 가장 적합한 방식을 선택해야 한다. 입찰자는 각 입찰 방식의 특성을 정확히 파악하고, 이에 따라 전략을 수립하고 제안서를 준비하는 것이 입찰 성공의 핵심임을 명심해야 한다.

1. 수의계약(Negotiation Contract, Single Source Contract)

    수의계약은 발주자가 특정 업체를 직접 선정하여 계약을 체결하는 방식으로, 입찰 절차 없이 협상을 통해 계약을 진행한다. 이 방식은 주로 긴급한 공사나 특수한 기술이 요구되는 프로젝트에서 활용되며, 신뢰할 수 있는 업체를 선정해 요구사항을 충족하고자 하는 의도로 채택된다. 발주자가 협력 관계를 지속하는 업체와 직접 계약할 수 있어, 시간과 행정 비용을 절감할 수 있다. 그러나, 경쟁 입찰이 아니므로 공사비가 더 들거나 공사 기간이 과다 산정될 수 있으며, 계약 조건이 입찰자에게 유리하게 치우칠 가능성이 있다. 더불어, 투명성이 부족하다는 비판을 받기 쉬우며, 부정적 관행으로 오해받을 여지가 있다.

2. 지명경쟁입찰(Selective Bid)

    지명경쟁입찰은 발주자가 사전에 신뢰할 수 있는 업체를 선정하고, 해당 업체들만 입찰에 참여할 수 있도록 제한하는 방식이다. 발주자가 기술력과 경험을 갖춘 업체를 선별해 고품질 공사를 보장하는 데 유리하다. 발주자는 초청장을 통해 제한된 업체에만 입찰 참가를 요청하므로 입찰 절차가 간소화된다. 프로젝트 수행 능력이 검증된 업체 간의 경쟁을 유도하여 품질과 효율성을 동시에 확보할 수 있다. 그러나, 경쟁률이 낮아 가격 경쟁이 약화할 가능성이 있으며, 발주자의 선정 기준이 불투명할 경우 공정성 논란이 생길 수 있다. 또한, 초청받지 못한 업체에는 입찰 참가 기회가 제한되는 단점이 있다.

3. 일반경쟁입찰(Open Bid)

    일반경쟁입찰은 모든 업체에 참가를 허용하는 방식으로, 공정성과 투명성을 중시하는 입찰 형태다. 발주자는 공고를 통해 입찰을 공개하며, 다양한 업체의 제안을 받음으로써 비용 효율성과 품질을 동시에 평가할 수 있다. 공공 프로젝트에서 자주 사용되며, 발주자가 최적의 업체를 선정할 수 있도록, 다수의 제안을 비교할 기회를 제공한다. 이 방식은 경쟁이 치열해 발주자에게 유리한 조건을 도출할 가능성이 높다. 그러나, 참여 업체가 많아 입찰 절차가 복잡해지고, 평가에 많은 시간이 소요될 수 있다. 지나치게 낮은 금액으로 입찰한 업체가 선정될 경우, 계약 이후 품질 문제나 공사 지연이 발생할 위험이 있다.

4. 제한경쟁입찰(Restricted Competitive Bid)

   제한경쟁입찰은 발주자가 특정 자격 요건을 충족한 업체만 참여를 허용하는 방식으로, 일반경쟁입찰과 지명경쟁입찰의 중간 형태다. 기술적 능력, 재정 안정성, 과거 수행 실적 등, 발주자가 설정한 기준에 따라 참여 업체를 제한하여 공사의 품질을 보장할 수 있다. 발주자는 신뢰할 수 있는 업체를 대상으로 입찰을 진행하므로, 입찰 관리 효율성을 높일 수 있고 평가 과정이 간소화된다. 고난도 프로젝트나 복잡한 기술이 요구되는 공사에서 적합한 방식으로 활용된다. 그러나, 자격 요건을 충족하지 못한 업체는 참여 기회가 제한되며, 경쟁률이 낮아지면 발주자가 최적의 가격을 확보하기 어려울 수 있다.

5. 긴급입찰(Emergency Bid)

   긴급입찰은 자연재해, 사고 등 긴급한 상황에서 신속한 계약 체결을 위해 사용된다. 발주자는 최소한의 입찰 절차로 계약자를 선정하여 즉각적인 대응이 가능하다. 재난 복구나 긴급 기반 시설 복구 프로젝트에서 적용될 수 있는 방식으로, 발주자가 단기간 내에 실행할 수 있는 해결책을 마련할 수 있다. 간소화된 절차는 시간과 행정 비용을 절감할 수 있는 장점이 있지만, 제한된 경쟁으로 인해 공사비 상승 가능성이 있다. 또한, 신속한 선정 과정에서 업체의 신뢰성이나 기술력이 충분히 검토되지 못할 위험이 존재한다.

6. 2단계 입찰(Two-Stage Bid, Two-Envelope Bid)

   2단계 입찰은 1단계에서 기술 제안을 평가하고, 2단계에서 가격과 세부 사항을 협의하여 최종 계약자를 선정하는 방식이다. 이 방식은 기술적 요소가 중요한 복잡한 프로젝트에서 효과적이다. 발주자는 초기 단계에서 기술적 요구를 검토하고, 이후 단계에서 가격 협상을 통해 프로젝트 비용을 최적화할 수 있다. 이를 통해 기술적 우수성을 가진 업체를 선정할 수 있어 프로젝트의 품질을 보장할 수 있다. 그러나, 입찰 기간이 길어질 가능성이 있으며, 기술 제안 우수 업체에 발주자가 협상의 주도권을 뺏길 위험도 있다. 발주자는 단계별 목표를 명확히 설정하고, 협상 과정을 체계적으로 관리해야 한다.

7. EPC 입찰(EPC Bid, Turn-key Bid)

   EPC 입찰은 설계(Engineering), 조달(Procurement), 시공(Construction)을 하나의 계약으로 통합하여 수행하는 방식으로, 대형 기반 시설 프로젝트나 산업 플랜트 건설에서 주로 활용된다. 이 방식에서는 EPC 계약자가 프로젝트의 전반적인 책임을 지며, 발주자는 공사가 완료된 후 즉시 운영할 수 있는 형태로 프로젝트를 인도받는다. EPC 입찰의 가장 큰 장점은 발주자의 관리 부담이 줄어들고, 프로젝트 일정이 단축될 수 있다는 점이다. 시공자가 설계부터 시공까지 일괄 수행하므로, 업무 조정이 쉽고 계약 분쟁이 줄어들 수 있다. 프로젝트 일정과 비용이 상대적으로 명확하게 예측될 수 있으며, 시공자가 계약된 가격과 일정 내에 공사를 완료해야 하는 책임을 진다. EPC 방식은 입찰자의 초기 투자 부담이 크고, 설계 리스크 관리가 중요한 요소로 작용한다. 시공자는 설계 변경이나 비용 초과의 위험을 감수해야 하며, 계약 단계에서 명확한 사양과 요구사항을 정의하지 않으면 분쟁이 발생할 가능성이 크다. 입찰 단계부터 사양과 기술 요구사항(Front-End Engineering Design, FEED)을 상세히 검토하고, 적절한 리스크 분담 방안을 마련하는 것이 중요하다.

1.4 입찰 성공의 핵심 요소

성공적인 입찰은 발주자의 요구를 철저히 분석하고, 차별화된 제안을 통해 경쟁력을 확보함으로써 이루어진다. 이러한 핵심 요소를 체계적으로 준비하고 실행하면, 높은 경쟁률 속에서도 입찰 성공 가능성을 높일 수 있다.

1. 발주자 요구사항의 정확한 분석

   발주자의 요구사항을 정확히 이해하는 것은 성공적인 입찰의 기본이다. 입찰 공고문, 도면, 기술 사양서, 계약 조건 등을 자세히 검토하여, 프로젝트의 목적과 세부 요구사항을 정확히 파악해야 한다. 특히, 발주자의 평가 기준을 분석하여 기술 제안과 상업 제안이 평가 항목과 최대한 일치하도록 작성하는 것이 중요하다. 이를 위해, 과거 발주자의 평가 패턴을 분석하고, 유사 프로젝트의 입찰 결과를 참고하는 것도 효과적인 전략이 될 수 있다. 또한, 발주자가 중점을 두는 요소(예: 금액, 일정, 품질)를 파악하고, 이에 맞춰 차별화된 전략을 수립하는 것이 필수적이다.

2. 경쟁력 있는 가격 제시

   효율적인 조달 전략을 수립하여 정확하면서도 경쟁력 있는 원가를 산출해야 한다. 경쟁력 있는 가격을 제시하는 동시에, 품질과 성능을 유지하는 균형 잡힌 자세가 필요하다. 단순히 낮은 가격을 제시하는 것이 아니라, 발주자의 장기적 운영 비용 절감을 고려한 최적화된 비용 구조를 제안하는 것도 중요하다. 예를 들어, 에너지 효율적인 공법을 활용하거나 유지보수 비용을 줄일 방안을 포함하면, 긍정적인 평가를 받을 가능성이 높다. 재무 모델을 활용하여 총 소유 비용(Total Cost of Ownership, TCO)이나 생애 주기 비용(Life Cycle Cost, LCC)을 분석하고, 이를 기반으로 발주자에게 장기적인 비용 절감 효과를 설명하는 것도 효과적일 수 있다.

3. 차별화된 기술 제안

   발주자의 요구를 단순하게 충족하는 것을 넘어서는 그 이상의 가치를 제시해야 한다. 공사 기간을 단축할 수 있는 혁신적인 시공 방법, 에너지 절감형 해법, 혹은 유지보수 비용을 줄일 수 있는 첨단 기술을 제안하는 것이 경쟁력 강화에 도움이 된다. 프로젝트 수행 중에 예상되는 기술적 문제와 해결 방안을 사전에 분석하여 제안하면 신뢰성을 높일 수 있다. 유사 프로젝트 수행 경험과 성공 사례를 구체적으로 제시하는 것도 효과적인 전략이다.

4. 현지화(Localization) 전략 적용

   현지 법률, 규제, 문화, 시장 상황을 반영한 현지화 전략이 필수적이다. 현지 정부의 건설 공사 절차를 준수하고, 환경 보호법과 노동법을 철저히 검토해야 한다. 현지 인력 고용, 지역 업체와의 협업, 지역 경제 기여 방안을 제시하는 등, 지역사회의 사회적 수용성을 확보하면 발주자의 신뢰를 얻을 수 있다. 현지화 전략은 프로젝트 실행의 안정성을 높이는 데도 중요한 역할을 하며, 이는 장기적인 해외시장 진출에도 긍정적인 영향을 미칠 수 있다. 현지 협력사와의 전략적 동반관계를 구축하고, 지역 사회에 이바지할 수 있는 기업의 사회적 책임(Corporate Social Responsibility, CSR) 활동을 제안하는 것도 효과적이다.

5. 발주자와의 적극적인 의사소통

입찰 과정에서 발주자와의 적극적인 의사소통은 신뢰를 구축할 수 있는 중요한 요소다. 현장 설명회 참석, 질의응답 활용, 대면 협의 등을 통해 발주자의 요구사항을 명확히 이해하고, 이를 제안서에 반영해야 한다. 발주자와 지속적인 유대 관계를 형성하여, 해당 입찰은 물론 향후 사업에서도 긴밀하게 협력할 수 있도록 해야 한다. 발주자가 제시한 요구사항이 애매하거나 해석이 달라질 여지가 있다면 사전에 명확한 답변을 구하고, 이를 근거로 실현할 수 있는 해결 방안을 제안하는 것이 중요하다.

6. 제안서 작성의 전문성 확보

제안서는 발주자에게 입찰자의 능력과 경쟁력을 전달하는 주요 도구다. 따라서, 논리적이고 체계적인 구성과 가독성을 갖춘 문서 작성이 필수적이다. 프로젝트 수행 능력을 강조하며, 필요한 정보와 도표를 활용하여 신뢰성을 높여야 한다. 문구의 명확성을 유지하고, 불필요한 정보보다는 핵심 사항을 강조하여, 발주자가 빠르게 이해할 수 있도록 구성해야 한다. 제안서 디자인과 순서도 신경 쓰고, 이해하기 쉬운 시각적 자료를 포함하는 것이 효과적이다. 입찰 제출 이후 진행되는 제안서 발표를 대비하여, 발표자가 내용을 쉽게 요약하고 발표를 이어갈 수 있는 순서로 작성하는 것이 좋다.

7. 리스크 관리 능력 강조

발주자는 입찰자가 프로젝트에서 발생할 수 있는 리스크를 관리할 능력을 갖추었는지 확인한다. 리스크를 사전에 식별하고 이를 최소화할 구체적인 방안을 제안서에 포함해야 한다. 환율 변동, 자재 공급 지연, 환경적 요인, 인력 부족 등의 리스크를 분석하고, 이에 대한 대응 전략을 명시하면 신뢰를 얻을 수 있다. 비상 계획(Contingency Plan)과 리스크 완화 조치를 상세히 기술하는 것도 중요하다. Risk and Opportunity Matrix 분석을 활용하여, 각 리스크와 기회의 심각도와 발생 가능성을 분석하고, 이에 대한 대응책을 구체적으로 설명하는 것도 필요하다.

8. 과거 경험과 성공 사례 활용

    과거 유사 프로젝트 수행 경험은 발주자에게 신뢰를 줄 수 있는 중요한 요소다. 이전 프로젝트에서의 성공 사례와 이를 통해 얻은 교훈(Lessons Learned)을 제안서에 포함하여, 입찰자의 역량과 전문성을 강조해야 한다. 해당 프로젝트에서 적용한 혁신적인 수행 방법과, 이를 통한 비용 절감이나 공사 기간 단축 등의 성과를 구체적으로 설명하면 경쟁력을 더욱 강화할 수 있다. 성공 사례와 더불어 고객 추천서, 수상 이력, 품질 인증 등의 자료를 함께 제출하면 신뢰도를 더욱 높일 수 있다.

9. 효율적인 팀 구성과 협업

    입찰 과정은 다양한 분야의 전문가가 협력해야 하는 과정이다. 견적, 설계, 기술, 재무, 법무, 영업, 구매 등의 전문가가 참여하는 협업 체계를 구축하고, 효율적인 정보 공유와 의사 결정 프로세스를 마련하는 것이 중요하다. 팀원 간의 역할을 명확히 분담하고, 일정을 철저히 관리하여 원활한 입찰 준비가 이루어지도록 해야 한다.

10. 치밀한 일정 관리

    입찰 과정은 제한된 시간 내에 모든 절차를 완료해야 하므로 일정 관리가 필수적이다. 입찰 마감 기한을 고려하여 발주자 질의응답, 제안서 작성, 내부 검토, 최종 제출 등의 주요 일정을 사전에 치밀하게 계획하고 체계적으로 관리해야 한다.

2장 영업 단계

2.1 현지 시장 조사

해외 시장 진출을 위한 첫 단계는 체계적으로 현지 시장을 조사하는 것이다. 신규 진출 국가에서의 사업 가능성을 정확히 분석하기 위해, 먼저 선발대 형식의 시장 조사 조직을 구성하여 일정 기간 현지에 파견한다. 이 조직은 시장 규모, 경쟁 구도, 법적 환경, 경제 지표 등을 자세히 조사하여, 해당 시장이 자사 진출에 적합한지 평가하는 역할을 한다. 단순한 정보 수집을 넘어, 현지의 사업 환경을 실질적으로 이해하고, 전략적 결정을 내릴 수 있는 충분한 자료를 확보하는 것이 핵심이다. 조사 결과를 토대로 진출 가능성이 크다고 판단될 때만 시장 진입을 결정하며, 부족한 부분이 발견되면 보완 전략을 수립하여 실패 위험을 최소화해야 한다.

1. 현지 시장 조사의 중요성

    현지 시장 조사는 해외 진출의 성패를 좌우하는 가장 중요한 단계이다. 해외 건설 시장은 지역별로 경제 상황, 발주 구도, 경쟁사 동향, 법적 요건 등이 다르며, 이를 충분히 분석하지 않은 상태에서의 진출은 사업 실패의 주요 원인이 될 수 있다. 선발대를 통한 사전 조사는 시장 리스크를 최소화하고, 사업 타당성을 검토하는 데 필수적이다. 예를 들어, 특정 국가에서는 외국 기업의 입찰 참여에 제한이 있을 수 있으며, 현지 파트너와의 협력이 필수일 수도 있다. 노무비와 재료비 수준, 물류와 공급망 안정성, 환율 변동 등의 요소를 고려하지 않으면, 예상치 못한 비용 증가로 인해 사업 성공 확률이 낮아질 위험이 크다. 따라서, 철저한 사전 조사를 바탕으로 시장 적합성을 검토하고, 성공 가능성이 충분할 때만 진출을 결정하는 것이 바람직하다.

2. 주요 조사 항목

    1) 경제 지표

        경제 지표는 시장 진출의 타당성을 평가하는 핵심 요소로, 거시경제 미시경제 지표, 금융시장 안정성, 정부의 경제정책, 기반 시설 투자 계획 등을 분석해야 한다. 먼저, 경기 변동성을 평가해야 한다. 현지 경제가 안정적인 성장세를 유지하고 있는지, 경제 위기 가능성이 있는지 확인해야 하며, 경제성장률, GDP, 실업률, 산업별 성장률 등의 지표를 검토해야 한다. 급격한 경기 침체나 정치적 불안정성이 있는 경우, 건설 시장이 위축될 가능성이 높아 신중한 접근이 필요하다. 환율 변동 역시 중요한 요소이다. 현지 통화의 변동성이 크면 원가 산정과 계약 체결 시 리스크가 증가할 수 있다. 환율 변동이 큰 국가에서는 계약 시 환율 보전 조항을 포함하는 전략이 필요할 수 있다. 물가 상승률은 노무비, 재료비 등 공사 비용에 직접적인 영향을 미친다. 지속적인 물가 상승이 예상되는 국가에서는 원가 상승분을 고려한 진출 전략을 수립해야 하며, 장기 프로젝트의 경우 계약 조건에 물가 변동 조정(Escalation) 조항을 포함하는 것이 바람직하다. 국가별 건설 산업 육성 정책, 해외 기업 참여 지원 여부 등을 조사하여, 정부 정책과 연계한 진출 전략을 수립하는 것도 효과적이다.

2) 건설 산업 동향

현지 건설 시장의 특성과 경쟁 구도를 분석하여, 참여 전략을 최적화해야 한다. 발주자 유형, 프로젝트 유형, 경쟁사 현황, 현지 업체와의 협력 가능성 등을 종합적으로 평가하는 것이 중요하다. 먼저, 발주자 유형을 구분하여 공공이나 민간 부문의 참여 가능성을 검토해야 한다. 공공 부문 프로젝트의 경우, 정부 주도의 기반 시설 개발이 활발한지, 국제 금융기관(IMF, ADB, World Bank 등) 지원 프로젝트가 있는지 확인해야 한다. 민간 부문 프로젝트는 부동산 개발, 상업 시설, 업무 시설 등 다양한 형태로 진행되며, 주요 발주 기업과의 네트워크 구축이 필수적이다. 프로젝트 유형도 중요하다. 특정 국가에서는 도로, 철도, 항만 등 기반 시설 프로젝트가 주를 이루지만, 다른 국가에서는 상업시설, 주거시설 건설이 활발할 수 있다. 발주자가 선호하는 공법이나 기술을 조사하고, 이를 활용한 차별화된 참여와 수행 전략을 수립해야 한다. 경쟁사 분석을 통해 주요 다국적 기업과 현지 기업들의 시장 점유율, 입찰 전략, 기술적 강점을 평가해야 한다. 현지 건설사가 강세인 시장에서는 협력 가능성을 고려해야 하며, 글로벌 경쟁사가 주도하는 시장에서는 차별화된 기술력과 원가 경쟁력을 강조하는 전략이 필요하다. 현지 업체와의 협력 가능성도 분석해야 한다. 일부 국가에서는 외국 기업의 단독 입찰이 제한되며, 현지 파트너와의 공동 도급(Joint Venture,

Consortium)을 구성해야만 참여가 가능할 수 있다. 따라서, 신뢰할 수 있는 현지 시공사, 설계사, 공급업체와의 협력 방안을 모색하는 것이 중요하다.

3) 법적 행정적 규제

법적 행정적 규제 분석은 해외 건설 프로젝트의 리스크를 최소화하는 핵심 과정이다. 건설 허가 절차, 외국 기업의 사업 등록 요건, 노동법, 세금과 관세 규정, 환경 규제 등을 철저히 검토해야 한다. 외국 기업의 사업 등록 요건은 주요 검토 대상이다. 일부 국가에서는 외국 기업이 단독으로 법인을 설립하기 어려우며, 현지 기업과 합작법인을 설립해야 하는 경우가 많다. 이에 따라, 법인 설립 절차, 최소 투자 요건, 지분율 제한 등을 사전에 확인해야 한다. 노동법을 준수하는 것도 중요하다. 현지에서 외국인 노동자 고용이 제한될 수 있으며, 최저 임금, 노동 시간, 근로자 보호 규정 등이 적용될 수 있다. 이를 고려하여 현지 노동력을 효율적으로 활용할 방안을 마련해야 한다. 세금과 관세 규정도 건설 원가에 영향을 미친다. 법인세, 부가가치세, 원천징수세 등을 검토하고, 현지 조세 감면 혜택이나 이중과세 방지 협약 적용 여부를 확인해야 한다. 주요 자재와 장비의 수입 관세율을 조사하여 조달 전략을 최적화해야 한다. 일부 국가에서는 건설 프로젝트 수행 시 환경영향평가(EIA) 준수를 필수적으로 요구하며, 친환경 건설 기술과 재료 사용을 의무화하는 예도 있다. 이를 고려하여 환경 규제에 부합하는 공사 수행 방법을 개발하고, 지속 가능한 시공 방안을 마련해야 한다.

4) 한국 건설사 진출 현황

한국 건설사의 기존 진출 사례를 분석하면, 성공과 실패 요인을 도출할 수 있고, 현지 시장에서의 평판과 영향력을 파악할 수 있다. 한국 건설사가 수행한 프로젝트 유형, 공사 규모, 계약 방식 등을 분석해야 한다. 한국 기업이 특정 공사 종류(예: 기반 시설, 플랜트, 주택 개발)에 강점을 보인다면, 이를 활용한 차별화된 전략을 마련할 수 있다. 한국 건설사와 현지 기업 간 협력 형태를 조사해야 한다. 현지 건설사와의 공동도급(Joint Venture, Consortium) 방식의 협력 사례를 분석하면, 효과적인 협력 모델을 도출할 수 있다. 한국 기업의 시장 내 경쟁력도 평가해야 한다. 한국 건설사가 경쟁력을 갖춘 분야에서는 기존 강점을 극대화하는 전략이 필요하며, 진입 장벽이 높은 경우에는 새로운 수행 전략을 수립하여 차별화를 꾀해야 한다.

3. 조사 방법

   1) 공식 자료 조사

   공식 자료 조사는 객관적이고 신뢰할 수 있는 데이터를 확보하는 기본적인 방법이며, Desk Survey라고도 한다. 정부 기관, 국제 금융 기관, 상공회의소, 무역 협회 등에서 발행하는 경제 보고서, 산업 동향 보고서, 건설 시장 분석 자료 등을 분석하여, 현지 시장의 거시 경제와 정책 환경을 이해한다. 정부 기관이 발표하는 경제지표와 정책 보고서를 검토해야 한다. 해당 국가의 국토교통부, 경제부, 건설부 등에서 발표하는 기반시설 투자 계획, 공공사업 입찰 정보, 건설 규제 및 정책 변화 등을 분석하면, 사업 기회와 진입 장벽을 파악할 수 있다. 국제 금융 기관(IMF, World Bank, ADB 등)이 제공하는 경제 보고서는, 거시 경제 환경을 분석하는 데 유용하다. GDP 성장률, 외국인 투자 환경, 환율과 물가 변동성 등을 평가하여 해당 시장의 안정성을 예측할 수 있다. 상공회의소와 무역 협회에서 제공하는 산업별 시장 보고서도 참고해야 한다. 해당 국가에서 활동하는 외국 기업들의 성공과 실패 사례, 계약 방식, 주요 발주처 정보 등을 분석할 수 있다. 건설 관련 기업 협회에서 발행하는 동향 보고서는, 진출 전략을 수립하는 데 중요한 자료가 된다. 이러한 공식 자료 조사를 통해 시장의 전반적인 규모와 경제적 여건을 이해하고, 시장 진출 전략 수립의 기초 데이터를 확보할 수 있다.

   2) 직접 조사

   가장 신뢰도 높은 정보를 확보하는 방법은, 해당 국가를 직접 방문하여 조사하는 것이다. 이를 통해, 건설 현장의 실제 운영 방식과 프로젝트 수행 환경을 직접 확인하고, 진출 전략 수립에 활용할 수 있다. 주요 건설 현장 방문을 통해 현지 건설 방식과 기술 적용 사례를 분석해야 한다. 건설 프로젝트의 규모, 공법, 품질 관리 방식 등을 직접 확인하면, 현지 시공 환경에 맞는 기술과 공법을 선택하는 데 유용한 자료가 된다. 현장에서 사용되는 장비, 인력 생산성, 안전 관리 시스템 등을 분석하면, 프로젝트 수행 시 발생할 수 있는 문제점을 사전에 파악할 수 있다. 발주 기관, 주요 건설사, 설계사, 사업 관리 업체 등과의 미팅을 통해, 프로젝트 추진 방식, 계약 조건, 입찰 평가 기준 등을 파악할 수 있다. 발주 기관과의 협의를 통해 협업 가능성을 타진하고, 선호하는 계약 방식(BOT, PPP 등)을 이해하여 이에 맞는 전략을 수립할 수 있다.

3) 현지 네트워크 구축

    공식 자료만으로는 시장의 세부적인 정보를 충분히 확보하기 어려우므로, 현지에서 직접 활동하는 기업이나 전문가와의 협력을 통해 실질적인 정보를 얻는 것이 중요하다. 건설 프로젝트에서 자재 조달 비용, 인건비 수준, 공급망 안정성은 중요한 요소이므로, 현지에서 활동하는 업체와의 협력을 통해 실시간 데이터를 확보할 수 있다. 특히, 주요 건설 자재(철강재, 시멘트, 전선, 배관자재 등)의 가격 변동, 공급과 수요를 분석하는 것은 진출 전략을 수립하는 데 필수적이다. 정부 기관이나 법률 전문가와의 협력도 필요하다. 해외 건설 프로젝트는 해당 국가의 법적 요건을 준수해야 하므로, 건설 허가 절차, 환경 규제, 외국 기업의 법인 설립 요건 등을 현지 전문가와 협의해야 한다. 이를 통해 법적 리스크를 최소화하고, 허가와 등록 절차를 원활하게 진행할 수 있다. 다국적 기업과 경쟁사의 활동을 분석하는 것도 중요하다. 현지에서 이미 활동하고 있는 다국적 건설사나 한국 건설사의 전략을 분석하면, 성공적인 진출 전략을 수립할 수 있다.

2.2 영업 지사 구매 지사 운영

해외 공사는 각 국가의 경제 정책, 법규, 시장 환경, 경쟁 구도 등에 따른 사업 기회와 리스크가 국내와 다르므로, 철저한 사전 준비가 필수적이다. 특히, 대형 건설 프로젝트는 발주자와의 신뢰 관계 구축, 효과적인 영업 전략 수립, 현지 협력업체와의 협업, 조달 경쟁력 확보 등이 중요하다. 이를 위한 현지 영업 지사와 구매 지사 운영은 많은 이점을 가져다준다. 영업 지사는 프로젝트 수주를 위한 네트워크 구축과 정보 수집의 거점 역할을 하며, 발주자나 정부 기관과의 협력을 통해 입찰 참여 기회를 탐색한다. 시장 조사와 경쟁사 분석을 통해 적절한 사업 전략을 수립할 수 있도록 지원한다. 구매 지사는 프로젝트 원가 절감을 위한 현지 조달 전략을 마련하고, 자재와 장비 구매를 최적화하여 공사 수행의 효율성을 높인다. 이를 통해 해외 공사의 리스크를 최소화하고 경쟁력을 극대화할 수 있다.

1. 수행 업무
    1) 영업 지사
        해외 공사의 수주를 위해 시장 조사와 네트워크 구축을 담당하며, 발주자나 정부 기관과의 협력을 통해 사업 기회를 탐색한다. 이를 위해 현지 건설 시장의 동향을 파악하고, 정부의 기반 시설 투자 계획과 입찰 공고를 지속적으로 관찰한다. 발주자와의 신뢰 관계를 형성하기 위해 정기적인 소통과 협의를 진행하고, 경쟁사 분석을 바탕으로 차별화된 입찰 전략 수립을 지원하여 수주 가능성을 극대화한다. 현지 건설사, 설계사와 엔지니어링 업체, 금융기관과의 협력 관계를 조율하며, 프로젝트 수행에 필요한 인허가 절차와 행정 업무를 지원하여 사업 진행의 안정성을 확보한다.

    2) 구매 지사
        프로젝트의 원가 절감과 원활한 수행을 위해 최적의 조달 전략을 수립하고, 현지를 포함하여 글로벌 공급업체를 발굴하고 협력 관계를 구축한다. 주요 자재와 장비의 단가와 품질을 비교 분석하여 최적의 공급처를 선정한다. 계약 협상을 통해 유리한 조건을 확보하며, 장기적인 협력 관계를 유지하여 안정적인 공급망을 구축한다. 해외 조달이 필요한 경우 수입 관세와 물류비용을 검토하고, 통관 절차를 신속하게 진행하여 프로젝트 일정에 차질이 없도록 관리한다. 조달된 자재가 프로젝트의 품질 기준과 납기 일정을 준수할 수 있도록 공급업체의 생산 능력을 사전 평가하고, 지속적인 모니터링을 통해 품질과 공급 일정이 유지될 수 있도록 관리한다.

2. 입찰 단계에서의 역할
    1) 영업 지사
        입찰 단계에서 발주자의 요구사항을 자세히 분석하고, 현지 법규와 정책을 고려하여 최적의 입찰 지원 업무를 수행한다. 이를 위해 경쟁사의 입찰 전략과 시장 동향을 조사하여 차별화된 제안을 준비하도록 지원하며, 공동도급이 필요한 경우 현지 기업이나 글로벌 파트너와 협력을 조율한다. 발주자와의 관계를 강화하기 위해 주요 의사결정자와 지속적으로 소통하며, 회사의 차별성과 우수성을 강조하는 프레젠테이션을 진행한다. 정부 인허가와 금융 지원이 필요한 프로젝트의 경우, 현지 금융기관이나 정부 관계자와 협의하여 자금 조달 방안을 마련하고, 계약 체결 이후의 원활한 프로젝트 진행을 위한 법적 행정적 준비를 지원한다.

2) 구매 지사

입찰 단계에서 원가 경쟁력을 확보하기 위해 주요 자재나 장비의 견적을 지원하고, 현지는 물론 글로벌 공급망을 분석하여 최적의 조달 방안을 마련한다. 입찰가격 산정을 위해 주요 자재의 단가와 운송비를 검토하고, 공급업체와 사전 협상을 진행하여 원가 절감을 도모한다. 현지 협력업체와의 협약을 통해 안정적인 자재 공급망을 구축한다. 프로젝트 일정과 물류 계획을 고려하여 조달 일정을 조율하고, 수입 관세와 통관 비용을 검토하여 입찰 가격 산정에 반영한다. 입찰 요구사항에 맞춰 품질 기준과 납기 일정이 준수될 수 있도록 공급업체의 역량을 평가하며, 프로젝트 성공을 위한 조달 리스크를 사전에 식별하고 대응 방안을 마련한다.

3. 현지화 전략

1) 영업 지사

해외 사업의 성공을 위해 현지화 전략을 적극적으로 추진하며, 이를 위해 현지 법인 설립, 인력 채용, 네트워크 확장 등을 통해 시장 적응력을 높인다. 현지 언어와 문화에 익숙한 직원을 채용하여 발주자나 정부 기관과의 원활한 소통을 도모하며, 장기적인 협력을 위한 신뢰 관계를 구축한다. 주요 발주자의 요구사항과 정부 정책을 자세히 분석하여 맞춤형 사업 전략을 수립하고, 현지 컨설턴트나 금융기관과 협력하여 자금 조달과 계약 조건을 최적화한다. 법적 행정적 리스크를 최소화하기 위해 현지 법률과 규제 사항을 철저히 검토하고, 프로젝트 수행 과정에서 발생할 수 있는 문제를 사전에 대비하는 전략을 마련한다.

2) 구매 지사

조달 비용 절감과 원활한 공급망 관리를 위해 현지 업체와의 협력을 강화하며, 현지 조달 비율을 높여 물류비용을 절감하고 프로젝트의 경쟁력을 확보한다. 이를 위해 신뢰할 수 있는 현지 제조업체와 유통업체를 발굴하고, 장기적인 계약을 체결하여 안정적인 공급망을 구축한다. 현지 협력업체의 품질과 납품 능력을 지속적으로 평가하여 조달 리스크를 최소화한다. 현지 법규를 파악하고 계약과 조달 절차를 진행하며, 통관 절차를 줄여서 자재 조달 시간을 단축한다. 공사 일정과 연계하여 최적의 조달 계획을 수립하고, 현지 조달을 통한 비용 절감과 프로젝트 수행의 효율성을 극대화한다.

2.3 건설 면허 취득

해외 건설 시장에 진출하려면 해당 국가의 건설 면허와 각종 법적 행정적 자격을 사전에 확보해야 한다. 일부 국가들은 외국 건설사의 진입을 엄격히 규제하는 경우가 많으며, 이에 따라, 프로젝트 수주를 위해서는 필수적인 면허를 취득하고, 현지 법규를 철저히 준수해야 한다. 면허 취득은 발주자나 현지 정부와의 신뢰 구축에도 중요한 요소로 작용하며, 면허를 보유한 업체만이 주요 프로젝트 입찰 자격을 얻을 수 있다. 주요 건설 면허 취득 절차를 숙지하고, 현지 파트너와의 계약 관계를 신중히 검토하며, 정부 규정 변화를 지속적으로 모니터링하는 것이 성공적인 해외 진출을 위한 핵심 전략이다.

1. 면허 취득 절차
    1) 현지 법인 설립

        대부분의 국가에서는 건설 면허를 취득하기 위해 현지 법인(Local Entity) 설립이 필수적이다. 외국 기업이 직접 면허를 취득하는 것이 제한적인 경우가 많아, 현지 기업과의 합작 법인(Joint Venture) 설립이 필요할 수 있다. 일부 국가에서는 현지 기업이 최소 51% 이상의 지분을 보유해야 하는 법적 요건을 두고 있다. 예를 들어, 사우디아라비아, UAE, 카타르 등에서는 외국 기업이 단독으로 건설 사업을 수행하기 어려우며, 현지 스폰서(Local Partner)와의 협력을 필수적으로 요구하는 경우가 많다. 따라서, 법인 설립 시 현지 스폰서의 신뢰도, 경영권 분배, 운영 방식 등을 자세히 검토해야 한다. 사업 등록 과정에서 사무실, 장비 보유, 인력 채용, 사업 목적 명시, 초기 자본금 증빙 등의 요건이 포함될 수 있으므로, 국가별 요구사항을 철저히 분석한 후 법인 설립을 진행해야 한다.

2) 사업 라이선스 신청

현지 법인을 설립한 후, 해당 국가의 경제부나 상공회의소(Chamber of Commerce)에 사업 라이선스를 등록해야 한다. 사업 라이선스는 기업이 정식으로 건설업을 수행할 수 있는 법적 권한을 부여하는 문서이며, 라이선스 없이 건설 면허를 신청할 수 없다. 사업 라이선스를 신청할 때는 기업명, 법적 형태 등록, 사업 목적과 활동 범위 설정, 최소 자본금 요건 충족, 현지 사무실과 주소 등록, 현지 직원과 기술자 등록 등의 조건을 충족해야 한다. 기업명과 사업 유형(건설, 엔지니어링, 프로젝트 관리 등)을 명확히 기재해야 하며, 허가받은 사업 활동 범위 내에서만 업무 수행이 가능하므로, 명확한 범위를 정의해야 한다. 일부 국가에서는 건설업 수행을 위한 최소 자본금을 요구하기도 하므로, 이를 금융기관 보증서로 제출해야 한다. 사업 운영을 위해 창고나 장비 보관 시설을 갖출 것을 요구할 수 있다. 사업 라이선스는 신청 시 행정 절차 지연이 발생할 수 있으므로, 프로젝트 일정에 맞춰 사전에 진행하는 것이 중요하다.

3) 건설 면허 신청

사업 라이선스를 취득한 후, 해당 국가의 건설 관련 행정기관에 건설 면허를 신청해야 한다. 건설 면허는 공사 규모와 프로젝트 유형에 따라 등급(Class)을 부여받으며, 특정 공사 종류(전기, 기계, 철골, 토목 등)에 따라 별도의 승인이 필요할 수 있다. 건설 면허 신청을 위해서는 사업 라이선스, 법인 등록증, 현지 사무실과 창고 보유 증빙, 건설 기술자와 엔지니어 등록 자료, 기존 프로젝트 수행 실적과 재무제표, 최소 자본금 증빙과 보험 가입 증빙 등의 서류를 제출해야 한다. 승인 절차는 국가별로 다르며,

공공 프로젝트의 경우 승인 기간이 더 길어질 수도 있다.

4) 기술 심사와 면허 발급

면허 신청 후 해당 행정기관에서는 신청 기업의 건설 기술력, 재무 안정성, 인력 구성 등을 평가하며, 필요시 실사를 진행할 수 있다. 기술 역량 검토에서는 주요 시공 실적, 프로젝트 관리 능력, 시공 기술력 등을 평가하며, 재무 안정성 평가에서는 회사의 재무 건전성, 자본금 규모, 은행 신용등급 등을 확인한다. 법적 준수 여부도 검토 대상이며, 기존 법률 위반 사항 여부, 노동법과 환경법 준수 여부 등이 점검될 수 있다.

2. 유의 사항

1) 현지 스폰서 계약 조건 확인

해외 건설 시장, 특히 중동에서는 현지 기업과의 합작이 필수적인 경우가 많으므로, 계약 체결 시 지분 구조, 경영권 배분, 이익과 손실 분배 조건을 명확히 검토해야 한다. 불리한 계약 구조로 인해 경영권을 상실하거나, 수익 배분에서 불이익을 받을 가능성이 있으므로, 계약 내용에 관한 철저한 법률 검토가 필요하다. 특히, 현지 스폰서가 경영권에 영향을 미치는 구조인지, 단순 명의대여인지 등을 사전에 확인해야 하며, 분쟁 발생 시 해결할 수 있는 법적 장치를 마련하는 것이 중요하다.

2) 정부 정책과 법률 변경 사항 확인

중동 국가의 경우 Vision 2030(사우디아라비아)과 Centennial 2071(UAE)과 같은 국가 발전 계획에 따라, 외국 기업에 대한 규제를 점진적으로 완화하고 있지만, 특정 산업에 대한 규제가 강화될 가능성도 오히려 존재한다. 따라서, 면허 취득 후에도 지속적으로 현지 법률과 정책 변화를 모니터링하고, 면허 유지와 갱신 요건을 사전에 파악해야 한다. 국가별로 외국인 투자 제한, 노동법 개정, 세금 정책 변경 등이 이루어질 가능성이 있으므로, 이에 대한 대응 전략을 마련하는 것이 필요하다. 주요 정부 기관과 관련 규제 당국의 발표를 정기적으로 확인하여, 예상치 못한 법률 변경에도 신속히 대응해야 한다. 이를 위해 현지 법률 전문가나 컨설팅 업체와 협력하여 최신 정보를 확보하고 적절한 조처를 하는 것이 중요하다.

3) 면허 갱신과 유지 조건 준수

건설 면허는 대개 1년에서 3년마다 갱신이 필요하며, 일정 기간 활동이 없으면 자동 취소될 수도 있다. 면허 유지 조건으로 정기적인 재무 보고, 세금 신고, 직원 고용 비율 준수 등이 요구될 수 있으므로, 이를 사전에 인지하고 관리해야 한다. 갱신 시 추가적인 실사나 평가가 필요할 수 있으며, 현지 노동법 변경에 따라 외국인 직원 비율 조정이 필요할 수도 있다.

4) 프로젝트별 면허 조건 확인

공공 프로젝트에 입찰하려면 추가적인 사전 자격 심사(Pre-Qualification, PQ)가 요구될 수 있다. 특정 분야(석유, 가스, 전력, 철도 등)의 경우, 별도의 전문 면허나 기관 승인(UAE ADNOC, Saudi Aramco 등)이 필요할 수 있다. 따라서, 사전에 발주자의 요구사항을 철저히 분석하고, 해당 기관의 승인 절차를 진행해야 한다.

2.4 발주자 정보 분석

발주자 정보 분석은 단순히 자료를 수집하는 것을 넘어, 입찰 전략 수립과 경쟁력 확보에 직접적인 영향을 미친다. 발주자의 요구와 목표를 제대로 이해하고, 이를 기반으로 최적의 제안서를 작성하면 입찰 성공 가능성을 높일 수 있다. 발주자와의 신뢰를 구축하고, 발주자의 기대를 초과 달성할 수 있는 접근이 해외 공사 입찰의 성공을 보장하는 열쇠다.

1. 분석의 중요성

발주자 정보 분석은 입찰 과정의 핵심 단계로, 발주자의 요구사항과 기대치를 정확히 이해하고 입찰 전략을 수립하는 데 필수적이다. 발주자의 재정적 안정성, 프로젝트 진행 의지, 기술적 선호도 등을 파악하면, 효율적이고 경쟁력 있는 입찰을 할 수 있다. 이를 통해 발주자의 신뢰를 얻고, 입찰 성공 가능성을 높일 수 있다. 발주자 정보를 사전에 철저히 분석하지 않으면, 불명확한 제안서 작성이나 입찰 과정 중 예상치 못한 문제에 직면할 가능성이 높아진다.

2. 분석 항목

    1) 발주자의 재정 상태

    발주자가 프로젝트를 안정적으로 진행할 수 있는 재정적 역량을 갖추고 있는지 확인해야 한다. 공사 진행 중에 발주자의 재정에 문제가 발생하면, 공사 대금 지급 지연이나 부도 위험과 같은 주요 리스크로 작용할 수 있다. 이를 확인하기 위해 발주자의 과거 재정 보고서, 신용 등급, 투자자 관계, 그리고 정부 보조금이나 외부 자금 조달 여부 등을 검토해야 한다. 재정 상태 분석은 입찰자의 현금흐름 관리 계획과, 리스크 평가를 위한 중요한 정보로 활용된다.

    2) 프로젝트 목표와 우선순위

    발주자의 최우선 목표가 무엇인지 이해하는 것이 중요하다. 예를 들어, 발주자가 사업비 절감을 우선시한다면 경쟁력 있는 입찰가를 산정해야 하고, 일정 준수를 목표로 할 경우 치밀한 수행 계획을 수립해 공사 기간 단축을 제시해야 한다. 프로젝트의 우선순위는 발주자의 과거 프로젝트 사례나 입찰 공고문, 혹은 현장 설명회 내용을 통해 파악할 수 있다. 이러한 우선순위를 정확히 이해하면, 입찰자는 제안서를 발주자의 요구에 맞춤화하여 경쟁력을 높일 수 있다.

    3) 발주자의 평가 기준

    입찰서 평가의 기술적, 상업적, 그리고 기타 항목별 가중치를 이해하는 것이 중요하다. 기술 평가에 높은 가중치를 두는 발주자는 상세한 기술적 해법을 중점적으로 검토할 것이다. 반면, 상업적 요소를 더 중요시하는 경우, 경쟁력 있는 가격 제안과 비용 관리 방안이 중요하다. 발주자의 과거 입찰 사례, 현장 설명회, 그리고 질의응답 과정에서 강조된 내용을 바탕으로 평가 기준을 예측할 수 있다. 이를 통해 평가 기준에 맞춘 최적의 전략을 수립할 수 있다.

4) 발주자의 경험과 전문성

발주자가 과거에 유사한 프로젝트를 수행한 경험이 있는지 확인해야 한다. 경험이 풍부한 발주자는 요구사항이 명확하고, 관리 프로세스가 체계적이며, 의사결정이 신속하게 이루어질 가능성이 높다. 반대로, 경험이 부족한 발주자는 기술적 요구사항이 불완전하거나 변경이 잦을 수 있으므로, 이에 대비해서 유연한 대응 방안을 준비해야 한다. 발주자의 경험이 부족할 경우 프로젝트 초기 단계에서 더 많은 지원 투입과 의사소통이 필요할 수 있다.

5) 발주자의 조직 구조와 의사결정 과정

발주자의 조직 구조와 의사결정 과정을 이해하면, 효과적인 의사소통 전략을 수립할 수 있다. 발주자 조직 구조를 살펴보고 건설 공사를 관리할 전문적인 조직과 인원이 배치되어 있는지 확인해야 한다. 프로젝트 사업관리 용역사(PM, CM 등)에 전적으로 의존하고 있는지, 아니면 발주자 조직이 주도적으로 프로젝트를 관리할 수 있는지 파악해야 한다. 의사결정권자가 누구인지, 그리고 의사결정이 신속하게 내려지는지 파악하는 것은, 협상과 프로젝트 관리의 중요한 요소다. 의사결정권자가 단독으로 빠르게 결정을 내릴 때는, 명확한 제안을 통해 신속히 설득할 수 있다. 반면, 여러 계층의 검토와 승인을 거치는 복잡한 구조일 경우에는, 각 단계에 맞춘 자료 준비와 전략적 접근이 필요하다.

3. 분석 방법

1) 공식 문서 검토

발주자가 공개한 공고문, 프로젝트 개요서, 과거 입찰 자료 등을 자세히 검토한다. 이러한 문서는 발주자의 요구사항, 기술적 사양, 예산, 공사 일정과 같은 핵심 정보를 포함하고 있어, 입찰자가 제안서를 작성할 때 기본적인 방향을 설정하는 데 도움이 된다. 예를 들어, 공고문에서는 입찰서 제출 기한, 평가 기준, 그리고 발주자가 중요하게 여기는 요소(예: 공사 기간 단축, 공사비 절감)가 명시될 수 있다. 이를 철저히 분석하면 발주자의 요구를 충족시키는 맞춤형 제안을 준비할 수 있다.

2) 현장 설명회 참여

현장 설명회는 발주자의 세부 요구사항을 확인하고, 입찰에 필요한 추가 정보를 얻을 중요한 기회다. 설명회에서는 프로젝트의 목적, 공사 범위, 기술적 도전 과제에 대해 발주자가 구체적으로 설명하며, 입찰자는 이를 통해 문서로는 이해하기 어려운 정보를 파악할 수 있다. 발주자 담당자와 직접 소통하며 질문과 답변을 통해 불명확한 사항을 명확히 하고, 발주자가 중점적으로 고려하는 목표와 우선순위를 이해할 수 있다. 설명회 이후에도 발주자와의 지속적인 소통을 통해, 추가 자료를 확보하고 입찰 전략을 보완할 수 있다.

3) 과거 프로젝트 자료 분석

발주자의 과거 프로젝트 자료를 수집하여, 프로젝트 수행 방식, 평가 기준, 문제점 등을 파악한다. 예를 들어, 발주자가 과거에 동일한 유형의 프로젝트에서 중점적으로 평가했던 항목(예: 기술력, 비용 효율성 등)을 분석하면, 이번 프로젝트에서 어떤 요소를 강조해야 하는지 파악할 수 있다. 과거 프로젝트에서 발생한 지연, 비용 초과, 품질 문제 등의 데이터를 통해, 발주자가 중요하게 여길 수 있는 리스크의 관리 방안을 사전에 준비할 수 있다. 이 분석은 입찰자가 발주자의 경향성을 이해하고, 제안서를 발주자의 요구에 맞게 작성할 수 있도록 돕는다.

4) 직접 인터뷰 및 설문조사

발주자 관계자와의 인터뷰 또는 설문조사를 통해, 조직 구조, 의사결정 과정, 주요 관심사를 확인한다. 발주자의 조직 내에서 의사결정권자가 누구인지, 각 부서의 역할이 무엇인지, 또는 발주자가 프로젝트 성공을 위해 가장 중요하게 생각하는 요소가 무엇인지 인터뷰를 통해 확인할 수 있다. 설문조사는 더 많은 관계자로부터 일관된 정보를 얻는 데 유용하며, 이를 통해 발주자의 요구사항을 보다 깊이 이해할 수 있다. 인터뷰와 설문조사 결과는 제안서의 전략적 방향을 설정하고, 발주자 맞춤형 해법을 개발하는 데 중요한 기초 자료가 된다. 발주자와 협력했던 설계사나 사업관리 업체와의 인터뷰 또한 중요하다. 그들이 발주자와 협력 시 얻은 정보도 최대한 확보해야 한다.

4. 분석 정보 활용

   1) 제안서 최적화

      분석된 발주자 정보를 바탕으로 발주자의 목표와 평가 기준에 부합하도록 입찰 제안서를 작성한다. 발주자가 일정 단축을 우선시한다면, 공사 기간 단축을 강조하는 혁신적인 공법이나, 효율적인 조달 계획을 포함해 경쟁력을 높일 수 있다. 반대로, 가격이 최우선 목표면 VE나 대안을 적극적으로 검토하여 가격을 낮추는 내용을 추가한다. 이렇게 맞춤형 제안을 작성하면 발주자가 요구하는 우선순위를 충족시키고, 입찰자의 제안서가 발주자의 기대와 긴밀히 연계되어 있음을 효과적으로 보여줄 수 있다. 발주자 정보는 일회성 분석으로 그치지 않고, 지속적으로 확인하며 업데이트해야 한다.

   2) 리스크 관리

      발주자의 재정 상태와 조직 구조를 기반으로, 프로젝트 진행 중에 발생할 수 있는 리스크를 사전에 식별하고 관리 방안을 마련한다. 발주자의 재정 상태가 불안정한 경우, 지급 지연에 대비한 현금흐름 관리 계획이나, 단계별 대금 지급 조건을 협상에 포함할 수 있다. 발주자의 의사결정 과정이 복잡하거나 비효율적일 경우, 의사결정 지연으로 인한 프로젝트 차질에 대비해, 유연한 일정 관리 방안을 제안할 수 있다. 사전에 리스크를 예측하고 이에 대한 구체적인 대응 방안을 제시하면, 발주자에게 신뢰를 줄 뿐 아니라 프로젝트 성공 가능성을 높일 수 있다.

   3) 협상 전략 강화

      발주자의 의사결정 과정과 주요 의사결정권자를 파악하면, 협상 과정에서 효과적인 접근 방식을 활용할 수 있다. 발주자의 조직 내에서 의사결정권자가 기술적 측면에 더 중점을 둔다면, 기술적 우수성과 실행 가능성을 중심으로 협상을 진행해야 한다. 반면, 상업적 요소가 더 중요하다면, 경쟁력 있는 가격 제안과 비용 절감 전략을 강조하는 것이 효과적이다. 또한, 발주자의 의사결정 프로세스를 미리 이해하면 협상의 적절한 시점과 방식을 선택할 수 있어 협상 효율성을 높일 수 있다.

2.5 PQ 심사 (사전 자격 심사)

PQ(Pre-Qualification) 심사 단계는 발주자가 프로젝트 입찰 참여자들의 자격을 사전에 심사하는 단계이다. 발주자는 기술력, 재무 상태, 실적 자료 등을 사전에 평가하여, 신뢰할 수 있는 업체만 입찰에 참여하도록 제한한다. 대규모 프로젝트나 복잡한 기술이 요구되는 경우, PQ는 효율적인 입찰 절차를 보장하고 프로젝트의 품질과 결과를 극대화하는 데 이바지한다.

1. PQ 심사 절차
   1) 입찰 참여 의향(Expression of Interest, EOI) 접수

      발주자가 PQ나 본격적인 입찰 초청(Invitation to Bid) 이전에, 잠재적인 입찰 참여자들에게 입찰 참여 의향을 묻기 위해 EOI를 요청하기도 한다. 이는 주로 대형 프로젝트나 특수한 기술이 필요한 공사의 경우에 적용되며, 입찰 전에 시장의 관심도를 평가하고 적격한 입찰자를 사전에 선정하는 데 활용된다. EOI 요청 시, 발주자는 프로젝트 개요, 기술적 요구사항, 예상 일정, 자격 요건 등을 제시하고, 이에 대해 시공사들이 참여 의사를 밝히도록 한다. 시공사들은 자사의 실적, 재무 능력, 기술 역량 등을 설명하는 문서를 제출하며, 발주자는 이를 검토하여 적격한 업체만을 대상으로 PQ 접수와 입찰을 진행한다. 이를 통해 불필요한 입찰 경쟁을 줄이고, 더욱 효율적인 입찰 절차를 진행할 수 있다.

   2) PQ 공고와 제출

      PQ 단계는 발주자가 공식적으로 공고를 발표하며 시작된다. 공고문에는 프로젝트 개요, PQ 참여 자격 요건, 제출 서류, 기한 등이 포함된다. 공고는 공공 프로젝트의 경우 투명성을 확보하기 위해 공개적으로 진행되며, 민간 프로젝트에서는 특정 채널을 통해 제한적으로 이루어질 수 있다. PQ 공고 이후, 관심 있는 업체들은 발주자가 요구한 요건에 따라 서류를 작성하고 제출한다. 서류에는 회사 정보, 과거 수행 실적, 기술적 역량을 입증하는 자료, 최근 몇 년간의 재무제표 등이 포함된다. 발주자가 요구한 기준을 충족하지 못하면, 해당 업체는 평가 대상에서 제외될 가능성이 높다.

3) PQ 심사 기준 설정과 심사

발주자는 PQ 서류를 평가하기 전 명확한 심사 기준을 설정한다. 심사 기준은 기술적 능력, 재무 안정성, 과거 수행 실적, 현지화 능력 등을 포함하며, 정량적 심사와 정성적 심사를 병행한다. 기술적 능력은 프로젝트 요구사항에 부합하는 전문성과 경험을 심사한다. 재무 안정성은 부채 비율과 유동성 등을 통해 업체의 재정 건전성을 확인한다. 과거 실적은 유사 프로젝트 수행 경험과 성공 사례를 검토하며, 프로젝트 수행 능력을 입증한다. 현지화 능력은 현지 법규 준수와 현지 협력 업체 활용 가능성을 심사한다. 발주자는 제출된 자료를 기반으로 심사를 진행하며, 필요시 신청 업체와의 인터뷰나 현장 실사를 통해 추가 정보를 확인한다. 예를 들어, 복잡한 기술이 요구되는 프로젝트의 경우 시공사의 기술팀과 대면하여 세부적인 역량을 검증하거나, 제출된 재무제표의 신뢰성을 확보하기 위해 외부 회계 검토를 진행할 수 있다.

4) PQ 심사 결과 발표

PQ 심사가 완료되면 발주자는 선정된 업체 명단을 발표하고, 이들에게 입찰 초청장을 발송한다. 초청장에는 본 입찰 단계로의 진입 절차와 요구사항이 안내된다. 선정되지 못한 업체에는 탈락 사유를 통보하며, 추가 자료 요청이 있으면 이에 응답할 기회를 제공한다. 발주자는 심사 과정의 공정성과 투명성을 유지하기 위해 모든 업체를 동일한 기준으로 심사해야 한다. 선정 과정이 명확하지 않으면 불만과 분쟁이 발생할 가능성이 있으므로, 공정한 심사와 객관성 확보가 필요하다.

2. PQ 단계에서의 유의 사항

발주자는 PQ 과정에서 평가 기준과 절차의 명확성을 확보해야 한다. 평가 기준이 모호하거나 일관성이 없으면, 참여 업체 간의 신뢰를 잃고 분쟁이 발생할 수 있다. 제출 서류의 적정성도 중요한데, 특히 재무제표와 실적 자료는 정확성과 신뢰성을 기반으로 작성되어야 한다. 공정성과 투명성을 유지하기 위해 독립적인 평가위원회를 구성하거나, 외부 전문가를 참여시키는 것도 효과적이다. PQ 과정에서 현지 법규와 규제를 철저히 준수해야 하며, 현지화 능력은 국제 프로젝트에서 중요한 평가 항목으로 인식된다.

2.6 현지업체와의 공동도급

많은 국가에서 외국 건설사가 독자적으로 입찰과 공사를 수행하는 데에는 제약이 있으며, 현지 업체와의 공동도급이 필수인 경우가 많다. 공동도급을 통해 정부 허가, 면허 취득, 세무와 법적 의무를 충족할 수 있다. 현지 업체는 해당 국가의 공무원, 공급업체, 협력사와의 네트워크를 보유하고 있어, 원활한 행정 절차 진행과 프로젝트 수행에 유리하다. 허가 취득, 행정 업무 처리, 공공기관 협조 등에서 강점을 발휘한다. 현지 업체는 인력 운용, 자재 조달, 장비 운용 등에 대한 노하우를 보유하고 있어 효율적인 공사 수행이 가능하다. 외국 건설사는 시장과 환경적 리스크를 현지 파트너와 분담하여 부담을 줄일 수 있다. 또한, 자원 확보가 쉬워 공사 일정 준수에도 유리하다. 공동도급을 통해 기술력과 자금력을 갖춘 외국 건설사와 현지 경험이 풍부한 업체가 협력하면, 입찰 경쟁력이 강화될 수 있다.

1. 공동 도급 종류

    1) JV (Joint Venture)

        JV는 두 개 이상의 업체가 공동 법인을 설립하여, 프로젝트를 수행하는 협력 방식이다. 이 법인은 독립적인 법적 실체(Independent Regal Entity)로 운영되며, 각 참여 업체는 법인의 지분을 보유하고 수익과 리스크를 공유한다. 프로젝트를 수행하는 동안 모든 계약과 법적 책임은 이 공동 법인을 통해 이루어지며, 프로젝트 종료 후 법인은 해산될 수 있다. JV 방식은 단일 계약자로서 발주자와 직접 계약을 체결하며, 모든 참여 업체는 지분율에 따라 수익은 물론 리스크도 같이 분담한다. JV의 주요 장점은 프로젝트 수행 중 통합된 자원 관리와 일관된 의사결정이 가능하다는 점이다. 한 개의 법인으로 운영되므로 프로젝트의 기술적 재정적 역량을 극대화할 수 있으며, 발주자로서도 책임 소재가 명확하여 안정적인 계약 수행이 가능하다. 또한, JV 내에서 각 업체가 보유한 핵심 기술과 노하우를 결합함으로써, 프로젝트의 품질과 효율성을 높일 수 있다. 그러나, JV 방식은 법인 설립에 따른 행정적 절차와 비용 지출이 수반되며, 의사결정 과정에서 참여 업체 간의 의견 조율이 필요하다. 프로젝트 종료 후 JV를 해산하는 과정에서도 법적 재무적 정리가 필요할 수 있다. JV는 주로 대규모 프로젝트에서 각국의 기술, 자본, 경험을 결합하기 위해 활용된다.

2) Consortium

Consortium은 JV와 달리 별도의 법인을 설립하지 않고, 참여 업체들이 계약을 통해 협력 관계를 형성하는 방식이다. 각 업체는 독립적인 법적 지위를 유지하며, 계약서에서 정한 바에 따라 각자의 역할과 책임을 수행한다. 일반적으로 각 업체는 자신이 담당하는 영역(토목건축, 주요 기자재 등)을 개별적으로 수행하며, 프로젝트의 특정 부분을 맡아 책임지는 구조를 가진다. Consortium 방식은 JV와 비교하여 초기 설립 비용과 시간이 적게 든다는 장점이 있다. 법인이 아닌 계약 관계로 구성되므로, 행정 절차가 단순하고 운영이 유연하다. 각 업체는 자신의 업무 범위 내에서만 리스크를 부담하므로, 개별 업체의 전문성을 최대한 활용할 수 있다. Consortium의 또 다른 특징은 발주자가 참여 업체들과 개별 계약을 체결하거나, 리더 역할을 맡은 업체(대표사)와 계약을 체결하는 방식으로 운영될 수 있다는 점이다. 대표사는 프로젝트 수행의 중심 역할을 하며, 다른 참여 업체와의 업무 조정과 발주자와의 소통을 담당할 수 있다. Consortium 방식은 참여 업체 간의 역할과 책임이 명확하게 설정되지 않으면, 업무 조정이 어려워질 수 있으며, 프로젝트 진행 중 분쟁이 발생할 가능성이 있다. 따라서, 계약서에 각 업체의 책임 범위를 명확하게 정의하는 것이 중요하다. Consortium 방식은 주로 건축, 설비, 전기 공사가 분리된 대규모 프로젝트에서 활용된다. 예컨대, 대형 플랜트 프로젝트에서 한 업체는 토목건축 공사를, 다른 업체는 주요 기자재 납품 설치를 담당하는 형태로 Consortium을 구성할 수 있다. 특정 기술을 요구하는 프로젝트에서도, 해당 기술을 보유한 업체들이 협력하여서 참여하는 경우가 많다.

2. JV의 장점

1) 법적 일체감

JV는 별도의 법인을 설립하여 발주자와 단일 계약자의 지위를 확보한다. 이는 발주자와의 소통을 간소화하고, 계약 관리와 프로젝트 진행 과정에서 명확한 책임 주체를 설정할 수 있도록 한다. 발주자는 단일 창구를 통해 정보를 공유하고, 계약 이행 상황을 관리할 수 있어 행정 업무 부담이 줄어든다. JV 내부적으로도 프로젝트 관리와 자원 조정이 통합적으로 이루어지기 때문에, 발주자의 요구를 효과적으로 반영할 수 있는 체계를 갖출 수 있다. 법적 일체감은 발주자로 하여금 JV를 안정적인 파트너로 인식하게 만들며, 장기적인 협력 관계를 구축하는 데 이바지한다.

2) 리스크 공유

JV는 참여 업체들이 프로젝트의 리스크를 지분율에 따라 분담하는 구조를 가진다. 이는 대규모 프로젝트에서 개별 업체가 단독으로 감당하기 어려운 재정적, 법적, 기술적 부담을 분산하는 데 효과적이다. 예를 들어, 예산 초과나 일정 지연과 같은 리스크가 발생할 경우, 참여 업체들은 각자의 지분율에 따라 책임을 공유하게 된다. 이를 통해 개별 업체의 부담을 줄이고, 리스크 관리에 적극적으로 참여하도록 유도할 수 있다. 다만, 리스크를 공유하는 만큼 모든 참여 업체가 사전 리스크 분석과 대응 전략을 철저히 수립하는 것이 필수적이다.

3) 현지 시장 진입 용이

현지 업체와의 협력을 통해 법적 행정적 장벽을 줄이고 시장 진입을 더 수월하게 진행할 수 있다. JV에 현지 업체가 참여할 경우, 현지 법규 준수, 인허가 절차, 정부 기관과의 협력 등이 원활해지는 장점이 있다. 현지 파트너는 시장의 특성과 네트워크를 활용해, 프로젝트 실행에 필요한 자원과 정보를 제공할 수 있으며, 외국 업체는 기술력과 자본을 제공하여 상호 보완적인 관계를 형성할 수 있다. 이를 통해 해외 프로젝트에서 발생할 수 있는 문화적 행정적 리스크를 줄이고, 프로젝트 운영의 안정성을 높일 수 있다.

4) 효율적 자원 관리

JV는 공동 법인을 통해 자원(인력, 자본, 장비 등)을 중앙에서 통합 관리할 수 있는 장점이 있다. 이는 참여 업체 간 중복 투자를 방지하고, 자원의 효율적 배분을 가능하게 한다. 예를 들어, 특정 장비나 전문 인력을 모든 참여 업체가 공유할 수 있어, 비용 절감과 생산성 향상을 동시에 달성할 수 있다. 중앙 집중식 관리 체계는 프로젝트 일정과 품질을 통합적으로 관리할 수 있는 환경을 제공하며, 프로젝트 수행 중에 발생하는 예기치 않은 변수에 더욱 효과적으로 대응할 수 있도록 지원한다.

3. JV의 단점과 관리 방안

   1) 설립 비용과 시간

   JV 설립에는 법적 등록, 운영 구조 설계, 지분 협의 등의 절차가 필요하므로, 초기 단계에서 추가적인 비용과 시간이 소요된다. 국제 JV의 경우 현지 법률과 규정 준수에 따른 행정적 절차가 복잡할 수 있으며, 추가적인 법률 비용이 발생할 가능성이 높다. JV 운영 중에도 통합된 재무 회계 관리가 필요하므로, 관리 비용이 증가할 수 있다. 따라서, JV는 장기적이거나 대규모 프로젝트에 적합하며, 단기 프로젝트에는 비효율적일 수 있다.

   2) 운영 복잡성

   공동 의사결정 구조로 인해 프로젝트 관리와 운영이 복잡해질 수 있다. 모든 주요 결정은 참여 업체 간 합의를 통해 이루어져야 하며, 이에 따라 의사결정 속도가 느려질 가능성이 있다. 참여 업체 간의 이해관계가 상충할 경우, 신속한 결정이 어렵고 갈등이 발생할 수 있다. 이를 방지하기 위해 JV는 명확한 의사결정 프로세스를 정의하고, 신속한 실행이 필요한 주요 사안을 처리할 수 있는 프로젝트 관리 위원회(Steering Committee)나 운영 위원회를 구성해야 한다.

   3) 장기적 책임

   JV는 프로젝트 완료 후에도 법적 책임이 남아있을 수 있다. 프로젝트 품질 보증이나 하자 보수 기간에 발생하는 문제는 JV의 법적 책임으로 귀속될 수 있으며, 이에 따라 참여 업체들은 프로젝트 종료 이후에도 추가적인 관리를 하고 비용을 부담해야 한다. 따라서, JV 해산 전에 모든 법적 재정적 책임을 명확히 정리하고, 잔여 리스크를 관리할 방안을 마련해야 한다. JV 해산 이후에도 일정 기간 유지보수와 사후 관리 역할을 담당할 수 있도록 별도의 관리 조직을 설정할 수도 있다.

4) 지분 분쟁 가능성

JV 운영 중 수익 분배, 의사결정, 추가 투자 부담 등과 관련하여, 참여 업체 간 갈등이 발생할 가능성이 있다. 프로젝트가 예상대로 진행되지 않거나 손실이 발생할 경우, 손실 분담과 추가 비용 부담에 대한 의견 충돌이 심화할 수 있다. 이를 방지하기 위해 JV 계약서에는 명확한 분쟁 해결 절차(예: 중재 조항, 분쟁 조정위원회 구성 등)를 포함해야 한다.

4. Consortium의 장점

1) 독립성 유지

Consortium의 장점은 참여 업체들이 각자 법적 독립성을 유지하면서 협력할 수 있다는 점이다. 참여 업체들은 법인을 설립하지 않고 계약을 통해 협력 관계를 형성하며, 이를 통해 기존의 조직 체계와 업무 수행 방식을 유지할 수 있다. 이는 법적 재정적 리스크를 최소화하면서 프로젝트에 참여할 수 있는 유연성을 제공한다. 각 업체는 자신이 맡은 역할과 책임에만 집중할 수 있어, 불필요한 재정적 부담을 줄일 수 있다.

2) 운영 유연성

Consortium은 법인을 설립하지 않기 때문에 초기 설립 비용과 시간이 적게 소요된다. 계약을 통한 협력 관계만으로 프로젝트를 수행할 수 있어, 법적 절차가 단순화되며 신속한 프로젝트 착수가 가능하다. 이는 특히, 일정이 촉박한 프로젝트에서 Consortium이 선호되는 주요 이유 중 하나다. 법적 절차가 간소화되면서 행정적 부담이 줄어들고, 참여 업체들은 계약 체결 후 즉시 프로젝트를 진행할 수 있다. 또한, 필요에 따라 협력 범위를 조정할 수 있어 프로젝트 진행 중에도 유연한 대응이 가능하다.

3) 단기 프로젝트 적합성

Consortium은 단기적이고 명확한 범위를 가진 프로젝트에 적합하다. 법인 설립 없이 계약을 통해 협력할 수 있기 때문에, 프로젝트 기간이 짧거나 특정한 업무만 수행해야 하는 경우 유리하다. 참여 업체들은 프로젝트가 종료된 후 별도의 법인 해산 절차 없이 협력을 종료할 수 있어, 불필요한 행정적 절차를 줄일 수 있다. 각 업체가 독립적인 법적 지위를 유지하면서도 상호 협력을 극대화할 수 있어, 신속한 의사결정과 유연한 운영이 가능하다. 다만, 계약서에서 역할과 책임을 명확히 정의하지 않으면, 분쟁 발생 시 법적 대응이 복잡해질 수 있으므로 사전에 철저한 협의가 필요하다.

4) 책임 구분 용이

Consortium은 참여 업체들이 각자의 역할에 따라 책임을 명확히 분담할 수 있도록 설계된다. 이는 각 업체가 자신이 맡은 부문에만 집중할 수 있도록 하며, 프로젝트 수행 중 책임 소재를 명확히 하는 데 도움을 준다. 한 업체가 토목 건축공사를 담당하고, 다른 업체가 기계 전기 설비를 맡는 경우, 각 업체는 해당 공정에 대한 책임만 지며, 다른 공정에서 발생한 문제에 대해 연대 책임을 지지 않는다. 이러한 구조는 참여 업체들이 자신의 전문성을 극대화할 수 있도록 하며, 한 업체의 리스크가 다른 업체에 전가되지 않게 하는 역할을 한다.

5. Consortium의 단점과 관리 방안

1) 발주자와의 관계 복잡성

Consortium의 단점 중 하나는 발주자가 다수의 업체와 개별 계약을 체결해야 하므로, 계약 관리가 복잡해질 수 있다는 것이다. 발주자는 각 업체와 직접 협상해야 하며, 계약 조건, 일정 조정, 품질 관리 등에서 각 업체의 이견을 조정해야 하는 부담이 커진다. 프로젝트 진행 중에 참여 업체 간의 협력 부족 때문에, 발주자가 직접 갈등을 조정해야 하는 경우도 발생할 수 있다. 이 복잡성을 해결하기 위해 발주자는 Consortium 내에서 대표 업체를 지정하여, 단일 창구 기능을 맡도록 하기도 한다.

2) 리스크 분담 부족

Consortium은 각 업체가 자신이 맡은 업무에 대해서만 책임을 지므로, 프로젝트 전체의 리스크를 공유하지 않는다. 한 업체가 일정 지연이나 품질 문제를 발생시킨 경우,

다른 업체가 이에 대한 직접적인 책임을 지지 않기 때문에, 프로젝트 전체 일정과 품질이 영향을 받을 수 있다. 이는 Consortium 구조에서 프로젝트 전반을 통합적으로 관리하는 체계가 부족할 경우, 더욱 심각한 문제가 될 수 있다. Consortium 계약 시 프로젝트 전체 리스크 관리 방안을 명확히 설정하고, 일정 조율과 품질 관리에 대한 공동 책임을 강화하는 조치가 필요하다.

3) 관리 어려움

Consortium의 구조적 특성상 각 업체가 독립적으로 운영되므로, 프로젝트의 일정 조정, 자원 배분, 품질 관리를 통합적으로 운영하는 것이 어렵다. 참여 업체 간의 협력이 부족하면 프로젝트 수행에 악영향을 미치고, 효율성이 떨어질 가능성이 높다. 한 업체의 자재 공급 문제로 일정이 지연될 경우, 다른 업체가 이를 즉시 조정하기 어려워 전체 프로젝트가 지연될 수 있다. 이를 해결하기 위해서는 Consortium 내에 중앙 관리 역할을 담당할 업무 조정자나 프로젝트 관리팀을 두어, 일정 조정 및 품질 관리를 담당하도록 하는 것이 필요하다.

4) 갈등 가능성

Consortium에서도 역할 분담이나 책임 범위에 대한 분쟁이 발생할 가능성이 있다. 계약 초기 단계에서 협력 조건이 명확히 설정되지 않으면, 프로젝트 진행 중 책임 소재와 비용 분담 문제로 인해 참여 업체 간 갈등이 발생할 수 있다. 특정 업체가 예산을 초과하여 비용 부담을 요구할 경우, 다른 업체들이 이를 거부하면서 내부 갈등이 심화할 수 있다. 이러한 문제를 방지하려면 Consortium 계약서에 각 업체의 역할, 책임, 리스크 분담 방안, 분쟁 해결 절차를 명확히 규정하고, 정기적인 협의회를 운영하여 갈등을 예방하는 노력이 필요하다.

2.7 입찰 공고문 검토

입찰 공고문 검토는 입찰 준비 과정의 첫 단계로, 발주자의 요구사항과 프로젝트 전반을 이해하는 데 필수적이다. 정확하고 철저한 공고문 검토를 통해, 입찰자는 프로젝트의 적합성을 판단하고 전략적인 입찰을 준비할 수 있다.

1. 공고문 검토의 중요성

    입찰 공고문은 발주자가 프로젝트를 위해 입찰자를 모집하며 제공하는 공식 문서로, 프로젝트의 개요와 요구사항을 담고 있다. 공고문 검토는 입찰자가 프로젝트가 적합한지를 판단하고, 입찰 전략을 수립하기 위한 첫 단계다. 공고문을 제대로 이해하지 못하면, 발주자의 기대에 부합하지 않는 제안서를 제출하거나, 입찰 과정에서 실격되는 상황이 발생할 수 있다. 따라서 철저한 공고문 검토는 입찰 성공의 필수적 요소다.

2. 입찰 공고문 구성

    1) 프로젝트 개요

        프로젝트 개요는 해당 공사의 목적, 범위, 규모, 위치 등의 기본 정보를 포함한다. 입찰자는 이를 통해 프로젝트의 성격과 요구사항을 파악하고, 자사의 역량이 프로젝트 수행에 적합한지 검토해야 한다. 프로젝트의 목적이 기반 시설 개선인지, 신규 건설인지, 혹은 유지보수인지에 따라, 요구되는 기술과 자원이 달라질 수 있으며, 이에 맞는 내부 역량을 평가하는 것이 필수적이다. 공사의 위치에 따라 물류, 인건비, 현지 법규 등이 영향을 미칠 수 있으므로, 입찰자는 해당 지역의 환경과 법적 요건을 함께 분석해야 한다. 규모가 크고 복잡할수록 사전 준비와 추가 자원 투입이 요구되므로, 이에 대한 전략을 수립해야 한다.

    2) 입찰 일정

        입찰 일정은 입찰자의 준비 기간과 제출 기한을 결정짓는 중요한 요소로, 공고문에는 입찰 서류 구매 기한, 질의응답 기간, 현장 방문 일정, 입찰서 제출 마감일, 기술 및 상업적 평가 일정, 계약 체결 예상일 등이 포함된다. 일정 준수는 입찰 과정에서 필수적인 요건이며, 이를 놓치면 입찰 기회 자체를 상실할 수도 있다. 질의응답 기간을 적극 활용하여 공고문의 불명확한 내용을 명확히 하고, 현장 방문을 통해 실질적인 수행 조건을 확인하는 것이 중요하다. 입찰자는 모든 일정을 사전에 파악하고, 내부 준비 계획을 수립하여 각 마감 기한을 철저히 준수해야 한다.

3) 발주자의 요구사항

발주자의 요구사항은 프로젝트 수행을 위한 기술, 품질, 계약 조건을 포함하며, 입찰자는 이를 자세히 분석하여 적절한 대응 전략을 마련해야 한다. 기술적 요구사항은 프로젝트에서 적용해야 할 설계 기준, 시공 방법, 자재 사양 등을 포함한다. 품질 기준은 ISO, ASTM, EN 등 국제 규격 준수 여부가 요구될 수 있다. 발주자가 설정한 평가 기준(예: 기술력, 일정 준수 능력, 가격 경쟁력 등)을 분석하여 입찰 전략을 수립해야 한다. 계약적 조건으로는 공사비 지급 방식, 각종 보증 요구사항, 분쟁 해결 절차, 유지보수 조건 등이 포함될 수 있으며, 이를 정확히 이해하고 반영하는 것이 중요하다. 발주자의 요구사항을 충족하면서도 비용과 효율성을 고려한 차별화된 제안을 마련해야 경쟁력을 확보할 수 있다.

4) 입찰 참여 자격

입찰 참여 자격은 발주자가 특정 기준을 충족하는 업체만 입찰에 참여할 수 있도록 설정한 조건으로, 공고문에서 필수적으로 확인해야 하는 항목 중 하나다. 주요 자격 요건에는 과거 유사 프로젝트 수행 경험, 재무 건전성, 기술적 역량, 현지 법률과 규제 준수 여부 등이 포함될 수 있다. 일정 규모 이상의 프로젝트 수행 경험이 요구될 경우, 이를 충족하지 못하면 입찰에 참여하지 못할 수 있다. 특정 국가에서는 현지 기업과의 합작이나 법인 설립을 요구하는 경우가 있으므로, 이러한 법적 조건도 사전에 파악해야 한다. 입찰자는 참여 자격을 충족하는지 철저히 검토하고, 필요시 추가 인증이나 협력 파트너를 확보하여 요건을 충족할 수 있도록 조치해야 한다.

5) 계약 조건

계약 조건은 입찰자가 프로젝트의 상업적 리스크를 평가하고, 계약 체결 후 발생할 수 있는 법적 재정적 부담을 사전에 고려하는 데 중요한 정보다. 공고문에는 계약서의 주요 조항이 포함될 수 있으며, 지급 방식(예: 선금 지급, 중간 지급, 준공 후 지급), 지체보상금(Delay Damages), 계약이행보증(Performance Bond), 분쟁 해결 절차 등의 항목이 명시될 수 있다. 입찰자는 이러한 조건을 자세히 검토하고, 과도한 리스크가 존재하는 경우 발주자와 협의하여 조정이 가능한지 확인해야 한다. 지체보상금 조항은 계약 지연 시 발생할 재정적 부담을 결정짓는 중요한 요소이므로, 현실적인 일정 계획과 리스크 관리 방안을 수립해야 한다. 계약 종료 후의 유지보수 의무, 하자 보수 기간과 조건 등을 명확히 이해하고, 이를 입찰 제안서에 정확하게 반영해야 한다.

3. 입찰 공고문 검토 절차

   1) 요구사항 분석

   공고문에 명시된 발주자의 기술적 상업적 요구사항을 상세히 검토해야 한다. 발주자의 기대와 평가 기준을 정확히 이해하고, 이에 맞춘 최적의 제안서를 준비하는 것이 핵심이다. 기술적 요구사항은 프로젝트에 적용해야 할 설계 기준, 시공 방식, 자재 사양 등이 포함될 수 있으며, 상업적 요구사항은 계약 조건, 비용 구조, 유지보수 조건 등이 포함된다.

   2) 리스크 식별

   공고문에서 명시된 조건 중 프로젝트 수행 과정에서 발생할 수 있는 잠재적 리스크를 분석해야 한다. 계약 조건이 발주자에게 유리하게 설정되어 있거나, 지체보상금 조항이 과도한 경우 시공자에게 불리한 요소로 작용할 수 있다. 품질 기준이 지나치게 높거나 현실적으로 적용하기 어려운 요구사항이 포함될 경우, 프로젝트 수행 시 추가 비용이 발생하거나 일정이 지연될 가능성이 있다. 이러한 리스크를 사전에 분석하고, 필요시 발주자와 협의를 통해 조정할 수 있도록 대비하는 것이 중요하다.

   3) 경쟁 환경 분석

   공고문을 통해 경쟁 환경에 대한 단서를 얻을 수 있다. 발주자가 요구하는 조건이 특정 기술이나 역량을 강조하는 경우, 해당 조건을 충족할 수 있는 경쟁자가 누구인지 예측할 수 있다. 발주자가 친환경 건설 기술이나 최첨단 시공 방식을 요구할 경우, 기존 프로젝트에서 해당 기술을 적용한 경험이 있는 경쟁사에 유리할 수 있다. 입찰 참여 조건을 분석하면 경쟁사의 예상 입찰 전략을 파악할 수 있으며, 이에 대응하는 차별화된 전략을 수립할 수 있다.

4) 추가 정보 요구

공고문에 명시된 내용 중 불명확한 부분은 발주자에게 추가 정보를 요청해야 한다. 질의응답 기간에 발주자와의 소통을 통해, 요구사항을 명확히 이해하는 것이 중요하다. 이를 통해 불명확한 부분으로 인해 발생할 수 있는 해석 차이를 최소화할 수 있다. 기술적 사양이나 계약 조건이 애매하게 기술된 경우, 이를 명확히 확인하여 입찰자의 해석과 발주자의 기대가 일치하도록 조정해야 한다.

4. 검토 결과 활용

1) 입찰 참여 여부 결정

공고문을 자세히 검토한 후, 프로젝트가 회사의 기술적 상업적 역량과 부합하는지 판단하여 입찰 참여 여부를 결정한다. 프로젝트의 요구사항이 자사의 핵심 역량과 일치하고, 예상되는 수익성과 리스크가 수용할 수 있는 범위 내에 있는지 평가하는 것이 중요하다. 만약 프로젝트가 지나치게 높은 리스크를 수반하거나, 자원의 활용 측면에서 비효율적이라면 참여하지 않는 것이 바람직할 수 있다. 프로젝트의 전략적 가치가 높다면, 일부 리스크를 감수하더라도 참여를 결정할 수 있다. 이러한 결정 과정에서는 예상 비용, 일정 준수 가능성, 시장 내 경쟁 상황 등을 종합적으로 고려해야 한다.

2) 입찰 전략 수립

발주자의 요구사항과 평가 기준을 기반으로, 기술적 제안과 상업적 제안을 차별화된 방식으로 준비한다. 기술적 제안은 발주자가 요구하는 사양을 충족하면서도, 추가적인 가치를 제공할 수 있는 혁신적인 해법을 포함해야 한다. 에너지 절감 기술, 공사 기간 단축 방안, 유지보수 비용 절감 방안을 제시하면 경쟁력을 높일 수 있다. 상업적 제안에서는 경쟁사 대비 우위를 확보할 수 있도록 원가 구조를 분석하고, 경쟁력 있는 가격을 제시해야 한다. 단순히 최저가 전략을 구사하는 것이 아니라, 발주자의 예산과 기대 수준을 고려한 최적의 가격 모델을 개발하는 것이 중요하다.

3) 내부 심의 자료 준비

공고문 검토 결과는 내부 심의를 위한 중요한 자료로 활용된다. 회사 내 의사결정권자에게 프로젝트의 가능성과 리스크를 명확히 전달하여, 최종 승인 과정을 지원해야 한다. 이를 위해 프로젝트 개요, 기술적 요구사항, 예상 공사비, 주요 리스크, 경쟁 환경 분석 등의 내용을 포함한 보고서를 작성한다. 예상 수익성과 리스크를 정량적으로 분석하여, 입찰 참여가 기업에 미치는 영향을 구체적으로 제시하는 것이 중요하다. 내부 심의 과정에서는 경영진, 영업팀, 견적팀, 법무팀, 재무팀, 기술팀 등의 의견을 종합적으로 반영하여 최종 결정을 내린다. 필요한 경우, 주요 이해관계자와의 협의를 거쳐 입찰 전략을 조정하고, 승인 절차를 완료한 후 입찰 준비에 착수해야 한다. 검토 결과를 효과적으로 활용하면 입찰 성공 가능성을 높일 수 있다.

3장 입찰 참여 검토

3.1 주요 리스크 사전 검토

주요 리스크 사전 검토는 입찰 준비 과정에서 필수적인 단계로, 입찰자가 프로젝트의 안정성과 성공 가능성을 평가하고 강화하는 데 중요한 역할을 한다. 리스크를 철저히 분석하고, 이를 효과적으로 관리하기 위한 계획을 수립함으로써, 입찰자는 발주자로부터 신뢰를 얻고 경쟁에서 우위를 확보할 수 있다. 철저한 사전 검토는 입찰 성공의 기초를 다지는 핵심 활동이다.

1. 리스크 사전 검토의 중요성

    주요 리스크 사전 검토는 입찰 과정에서 프로젝트 수행의 성공 여부를 결정짓는 중요한 단계다. 프로젝트 초기 단계에서 발생할 수 있는 위험 요소를 식별하고, 이를 관리하기 위한 대책을 마련함으로써, 입찰자의 전략적 의사결정을 지원한다. 철저한 사전 검토는 입찰자가 예상치 못한 문제를 사전에 방지하고, 발주자에게 신뢰를 줄 수 있는 실현 가능하고 구체적인 제안서를 준비하는 데 이바지한다.

2. 리스크의 주요 유형

    1) 기술적 리스크

        프로젝트 수행 과정에서 예상되는 기술적 난관은, 입찰자가 가장 먼저 고려해야 할 요소 중 하나다. 발주자가 요구하는 기술 사양이 현재 자사가 보유한 역량으로 충족 가능한지 분석하고, 필요할 경우 추가 기술 개발이나 협력업체와의 동반 협력이 필요한지 검토해야 한다. 고난도의 특수 시공 기술이 요구되거나, 기존에 경험하지 못한 환경에서의 공사가 필요한 경우, 기술적 리스크를 완화하기 위한 대안을 마련해야 한다. 현지 법규에 따른 설계 기준이 국내 표준과 다른 경우, 전문 설계사와 협업하는 등의 해결 방법을 추가로 고려해야 한다.

    2) 재정적 리스크

        재정적 리스크는 프로젝트 수행 중 예상되는 비용 초과, 환율 변동, 자금 조달 문제 등을 포함한다. 예상 공사비를 초과하는 지출이 발생할 가능성이 있는지를 분석하고, 발주자의 지급 조건이 자사의 재무 구조와 맞는지 확인하는 것이 중요하다. 해외 공사의 경우, 환율 변동으로 인해 원가가 상승할 가능성이 있으므로 환 헤지 전략을 고려해야 한다. 발주자의 지급 지연 가능성을 고려하여 계약금과 중간 지급 조건을 자세히 검토하고, 필요할 경우 자금 조달 계획을 추가로 수립해야 한다.

3) 일정 지연 리스크

공사 일정이 지연되면 발생할 수 있는 리스크를 사전에 분석하는 것이 중요하다. 프로젝트 기간 내에 필수적인 인허가 절차가 완료될 수 있는지 확인하고, 주요 자재나 장비의 조달 일정이 지연될 가능성을 평가해야 한다. 해외 공사의 경우, 현지의 기후 조건, 법규 절차, 노사 관계 등을 고려하여 일정 조정이 필요한지를 판단해야 한다. 예를 들어, 혹한기, 혹서기, 태풍, 우기나 사막 기후와 같은 기후 요인이 공정 진행에 미칠 영향을 분석하고, 이에 대한 대응책을 마련해야 한다.

4) 법적 계약적 리스크

법적 계약적 리스크는 현지 법규, 계약 조건, 규제 사항과 관련된 위험 요소를 포함한다. 발주자가 요구하는 계약 조건이 불리한 요소를 포함하고 있는지 검토하고, 이를 조정할 필요성이 있는지를 판단해야 한다. 현지 법률이나 규제가 국내 운영 방식과 다른 부분이 있는지를 분석하고, 허가 절차가 프로젝트 일정에 영향을 미칠 가능성을 평가해야 한다. 공공 프로젝트의 경우, 행정적 승인 절차가 복잡하여 예상보다 긴 시간이 소요될 수 있으므로, 이에 대한 사전 대응 전략을 마련해야 한다.

5) 환경적 사회적 리스크

환경적 사회적 리스크는 프로젝트 수행 과정에서 발생할 수 있는 환경 규제 위반, 지역사회 반발, 환경 영향 평가 요구사항 등을 포함한다. 발주자가 요구하는 친환경 건설 기준을 충족할 수 있는지 검토하고, 환경 피해를 최소화하기 위한 대책을 수립해야 한다. 프로젝트가 지역 사회에 미치는 영향을 분석하여, 이해관계자들의 반발이 예상되면 이를 완화할 방안을 마련해야 한다. 지역 주민의 고용 창출과 같은 기업의 사회적 책임(Corporate Social Responsibility, CSR) 활동 도입을 검토할 수 있다.

3. 리스크 사전 검토 절차

　1) 리스크 식별

　　프로젝트 수행 과정에서 발생할 수 있는 모든 잠재적 리스크를 체계적으로 식별하는 것이 첫 단계다. 이를 위해 입찰 공고문, 발주자 요구사항, 현지 시장 정보, 법적 규제, 환경적 요소, 그리고 과거 유사 프로젝트 자료를 분석하여 리스크 요소를 도출한다. 공사 일정이 현지의 기후 조건에 영향을 받을 가능성이 있는지 검토하여, 일정 지연 리스크를 파악할 수 있다. 발주자의 재정 건전성을 분석해 대금 지급 지연 가능성을 사전에 인식하고, 대응책을 마련해야 한다. 계약 조항에서도 입찰자에게 불리한 조건(예: 과도한 지체보상금, 높은 품질 기준)이 포함되어 있는지 자세히 검토해야 한다.

　2) 리스크 평가

　　식별된 리스크를 평가하여 발생 가능성과 영향도를 분석하는 단계다. 리스크의 심각도와 발생 확률을 기준으로 우선순위를 설정해야 한다. 이를 위해 정량적(예: 예상되는 비용 손실, 일정 지연 일수) 또는 정성적(예: 프로젝트 성과에 미치는 영향) 평가 방법(예: Risk & Opportunity Matrix)을 활용할 수 있다. 자재 공급 지연은 발생 가능성은 높지만, 대체 공급망이 확보되어 있다면 영향이 크지 않을 수 있다. 환율 변동이나 발주자의 대금 지급 지연은 프로젝트의 재정 안정성에 직접적인 영향을 미칠 수 있어, 높은 우선순위로 관리해야 한다. 평가 결과는 리스크 대응 전략을 결정하는 데 핵심적인 자료로 활용된다.

　3) 리스크 완화 방안 수립

　　주요 리스크를 사전에 대비하고 완화할 수 있는 구체적인 대책을 마련하는 과정이다. 원가 초과를 방지하기 위해 예비비를 책정하고, 특정 자재의 공급이 불안정할 경우 대체 공급업체를 확보하는 전략을 세울 수 있다. 현지 노동법이나 노사 관계로 인해 인력 확보에 어려움이 예상된다면, 현지 인력과 해외 기술 인력을 혼합하여 운영하는 방안을 검토해야 한다. 법적 리스크를 완화하기 위해서는 현지 법률 전문가와 협력하여 계약서의 불리한 조항을 수정하거나, 현지 법규를 준수할 수 있도록 사전 절차를 철저히 준비하는 것이 중요하다. 이러한 완화 방안은 입찰 단계에서 상세한 분석 자료와 함께 발주자에게 제시될 수 있으며, 이는 프로젝트 실행 가능성을 높이는 동시에 발주자의 신뢰를 확보하는 데 이바지한다.

4) 리스크 관리 계획 수립

리스크 관리 계획은 식별된 리스크 요소를 지속적으로 모니터링하고, 발생 시 신속하게 대응할 수 있도록 전략을 수립하는 과정이다. 관리 계획에는 각 리스크에 대한 대응 전략이 포함되며, 리스크 유형별로 책임자와 대응 절차를 명확히 설정해야 한다. 리스크 대응 전략에는 회피(Avoidance), 완화(Mitigation), 수용(Acceptance), 전가(Transfer)가 있다. 기술적 리스크는 기술팀에서 담당하고, 재정적 리스크는 재무팀이 감독하며, 법적 리스크는 법무팀이 처리하는 방식으로 역할을 분담해야 한다. 리스크 발생 시 대응 절차를 사전에 정의하여, 문제 발생 시 신속한 조치가 가능하게 해야 한다. 이 계획은 발주자에게 제출하는 제안서에도 포함될 수 있으며, 입찰자가 프로젝트를 체계적으로 관리할 수 있는 능력을 보유하고 있음을 강조하는 데 도움을 준다.

4. 리스크 사전 검토 내용의 활용

1) 입찰 참여 여부 결정

리스크 검토 결과는 입찰 참여 여부를 결정하는 데 중요한 기준으로 작용한다. 프로젝트에 포함된 리스크가 과도하거나 관리 불가능한 수준으로 평가될 경우, 입찰자는 재정적 손실이나 평판 손상을 방지하기 위해 입찰을 포기할 수 있다. 경쟁력이 낮거나 발주자의 요구사항이 비현실적이라고 판단되면, 더 적합한 프로젝트를 찾거나 협력사를 통한 참여 가능성을 검토할 수 있다. 이를 통해 기업은 무리한 입찰로 인한 손실을 방지하고, 자원을 효과적으로 배분할 수 있다.

2) 제안서에 반영

식별된 리스크와 그 관리 방안을 제안서에 반영함으로써, 발주자에게 입찰자의 준비성과 신뢰성을 전달할 수 있다. 제안서에는 주요 리스크와 이에 대한 구체적인 대응 방안을 포함하여, 발주자가 우려할 만한 사항을 사전에 해소해야 한다. 자재 공급 지연 리스크에 대해 지역 대체 공급업체와의 협력 계획을 제시하거나, 현지 법규 준수에 대한 대응 방안을 명확히 기술할 수 있다. 이는 발주자에게 입찰자가 프로젝트의 실행 가능성을 충분히 준비하고 있음을 보여주어, 경쟁력을 높이는 효과를 발휘한다.

3) 발주자와의 협상에 활용

리스크 검토 결과는 발주자와의 협상 과정에서도 유용하게 활용된다. 특정 리스크가 발주자의 요구사항에서 비롯되었다면, 입찰자는 협상을 통해 조건을 조정하거나 리스크 완화를 위한 추가 지원을 요청할 수 있다. 공사 일정이 비현실적으로 짧아 일정 지연 리스크가 클 경우, 일정 조정을 요청하거나 필요한 경우 추가 예산을 요구할 수 있다. 이를 통해 발주자와의 협력 관계를 강화하고 입찰자의 입장을 보호하며, 프로젝트 실행 가능성을 높이는 데 이바지할 수 있다.

3.2 입찰서 평가 기준 검토

발주자의 입찰서 평가 기준을 철저히 분석하고, 이를 기반으로 제안서를 작성하면 입찰 경쟁력을 크게 높일 수 있다. 기술적 역량, 상업적 경쟁력, 리스크 관리 방안을 명확히 제시해, 발주자가 요구하는 조건을 충족하거나 초과 달성해야 한다. 발주자의 기대를 정확히 이해하고, 이를 중심으로 한 맞춤형 제안을 통해 프로젝트 수주 가능성을 극대화할 수 있다.

1. 발주자의 주요 평가 기준
   1) 기술적 평가 기준

   발주자는 시공자의 과거 수행 경험, 기술적 역량, 전문성을 평가한다. 유사 프로젝트의 성공 사례, 적용된 공법, 문제 해결 경험 등을 검토하며, 프로젝트의 복잡성과 요구사항을 충족할 수 있는지 분석한다. 프로젝트의 규모와 난이도가 기존 수행 프로젝트와 유사한 경우, 수행 경험이 더욱 높은 평가를 받을 수 있다. 제안된 설계와 공법이 발주자의 요구사항과 환경적 기술적 요건에 부합하는지 평가한다. 제안된 공법이 현장 조건과 적합한지, 시공 효율성과 유지보수 용이성을 고려했는지 검토하며, 발주자의 요구사항을 반영한 설계 최적화 방안이 포함되었는지 확인한다. 신기술 적용 여부와 공사 기간 단축 가능성도 평가의 중요한 요소다. 자재와 공정 품질을 보장하기 위한 관리 방안이 포함되어야 한다. 국제 품질 표준(예: ISO 9001) 준수 여부, 품질 관리 시스템 구축 여부, 품질 문제 발생 시 대응 방안 등을 평가하므로, 입찰자는 품질 보증 체계를 명확히 제시해야 한다. 이를 통해 시공 중에 발생할 수 있는 품질 문제를 최소화할 수 있도록 계획을 수립하는 것이 중요하다.

2) 상업적 평가 기준

입찰 금액이 발주자의 예산 범위 내에 있으며, 경쟁사와 비교해 합리적인 수준인지 평가한다. 입찰자는 항목별 비용 산출 근거의 투명성을 확보하고, 원가 절감 방안을 포함하여 경쟁력을 높여야 한다. 지나치게 낮은 견적을 제시하는 경우 리스크 요인이 될 수 있으므로, 현실적이고 신뢰할 수 있는 가격을 제시해야 한다. 발주자의 자금 흐름에 부합하는 지급 방식과 일정이 제시되었는지 확인한다. 계약금, 중간 지급, 준공 후 잔금 등 지급 일정이 명확히 정의되어 있어야 하며, 지급 지연 시 발생할 수 있는 재무 리스크를 사전에 고려해야 한다. 지급 일정이 불명확할 경우, 시공자의 현금 흐름에 부정적인 영향을 미칠 수 있다. 비용 대비 가치를 평가하며, 제안된 해법이 장기적인 비용 절감을 제공할 수 있는지 검토한다. 자재의 내구성, 유지보수 비용, 운영 효율성을 고려해, 총 소유 비용(Total Cost of Ownership, TCO)과 생애 주기 비용(Life Cycle Cost, LCC) 관점에서 경제성을 분석하는 것이 필요하다.

3) 리스크 관리 능력

프로젝트 진행 중에 발생할 수 있는 리스크를 사전에 예측하고, 이를 관리하기 위한 계획을 효율적으로 수립했는지 평가한다. 기후 조건, 자재 조달, 인력 확보, 공정과 관련한 리스크를 식별하고, 이를 완화할 수 있는 대응 전략을 제시해야 한다. 대체 공급 업체 확보, 공사 일정 조정, 예비 인력 확보 등의 조치를 포함할 수 있다. 예상치 못한 상황에서의 대처 능력과 계약 변경 요청에 대한 유연성을 확인한다. 설계 변경, 추가 공사 요청, 일정 조정 등이 발생할 때 신속하게 대응할 수 있는지 평가하므로, 입찰자는 이에 대한 실행 계획을 구체적으로 제시하는 것이 중요하다. 발주자의 요구사항 변경에 따른 비용 조정 방식도 명확히 정의해야 한다.

4) 조직 역량과 팀 구성

핵심 인력의 경력, 자격증 보유 여부, 프로젝트 참여 경험 등을 평가한다. 입찰자는 프로젝트 관리 전문가(PMP) 자격 보유, 엔지니어링 전문 인력의 경험, 현장 관리자 역량 등을 제시하여 프로젝트 수행 능력을 입증해야 한다. 현지 환경, 법률과 규제를 준수하며, 현지 인력을 효과적으로 활용할 수 있는지 확인한다. 현지 협력사와의 협력 관계 구축 여부, 현지 노동법 준수 여부, 인허가 절차 이행 계획 등이 포함되어야 하며, 현지 이해관계자와의 원활한 협력 능력도 평가 요소가 된다.

5) 지속 가능성과 부가 가치

환경 규제를 준수하거나 이를 초과 달성하는 친환경 공법과 기술을 평가한다. 탄소 배출 저감, 에너지 효율화, 재생 가능한 자원 활용 등의 방안을 포함하고, 발주자의 지속 가능성 목표에 부합할 수 있는 해법을 제시해야 한다. ESG(Environmental, Social, Governance) 관점에서의 사회적 책임 이행 여부도 중요한 평가 요소다. 발주자가 요구하지 않은 추가 서비스나 기술적 강점을 제안해 차별성을 확보한다. 준공 후 유지 보수 서비스 제공, 스마트 기술 적용, 현지 커뮤니티 지원 프로그램 등, 부가 가치를 창출할 수 있는 제안을 통해 경쟁력을 강화할 수 있다.

2. 발주자의 평가 기준 분석 방법

1) 입찰 지침서(Instruction to Bidders, ITB) 분석

입찰 지침서는 발주자의 요구사항과 평가 기준을 명확히 이해할 수 있는 핵심 문서로, 이를 철저히 분석해야 한다. 발주자가 요구하는 기술적 상업적 요소의 가중치를 확인하고, 이를 기반으로 최적의 제안 전략을 수립한다. 예를 들어, 입찰 지침서에 기술 60%, 가격 40%의 비율로 평가한다고 명시된 경우, 기술적 역량과 차별성을 강조하는

제안서를 작성해야 한다. 세부 평가 항목(예: 품질 관리, 일정 준수, 지속 가능성 등)이 명시된 경우, 각 항목을 충족하는 전략을 반영해야 한다.

2) 경쟁사 분석

과거 유사 프로젝트에서 경쟁사의 입찰 방식과 수주 사례를 분석하여, 발주자의 평가 경향을 파악한다. 경쟁사가 기술적 강점을 강조했거나 가격 경쟁력을 내세운 경우, 해당 전략이 효과적이었는지를 조사한다. 발주자가 기술력보다는 비용 절감을 우선시하는 경향이 있다면, 단순히 기술적 우위를 강조하기보다는 효율적인 비용 절감 방안을 중심으로 제안서를 구성해야 한다. 이를 위해 경쟁사의 이전 입찰 결과, 확인할 수 있는 제안 내용, 프로젝트 성과 등을 종합적으로 분석해야 한다.

3) 발주자와의 질의응답

발주자와의 질의응답은 평가 기준을 보다 명확히 이해할 기회이므로, 적극적으로 활용해야 한다. 평가 항목에서 모호하거나 해석이 필요한 부분에 대해 질문하고, 발주자의 우선순위를 파악할 수 있도록 한다. 발주자가 일정 준수를 최우선으로 고려하는 경우, 제안서에 일정 관리 계획을 구체적으로 포함하고, 지연 방지 대책을 명확히 제시해야 한다. 발주자가 선호하는 특정 공법이나 관리 방안이 있는지 확인하고 이를 반영하면, 평가에서 긍정적인 결과를 얻을 수 있다.

3. 평가 기준에 따른 제안서 작성 전략

1) 발주자 맞춤형 제안

발주자의 평가 기준을 철저히 분석하고, 이를 충족하는 맞춤형 제안서를 작성해야 한다. 기술적 요소가 중요한 발주자의 경우, 공법의 차별성과 효율성을 강조하고, 비용 중심의 발주자에게는 원가 절감과 경제성을 부각해야 한다. 발주자가 친환경 공법을 중시하는 경우, 에너지 절감 기술과 환경친화적 건설 방식을 제안하여 평가 기준을 충족해야 한다. 발주자가 중요하게 여기는 요소를 제안서의 서두에 명확히 제시함으로써, 이해도를 높이고 핵심 메시지를 효과적으로 전달할 수 있다.

2) 항목별 명확성 강화

발주자의 평가 항목을 체계적으로 구성하고, 항목별로 구체적이고 검증할 수 있는 데이터를 포함해야 한다. 예를 들어, 품질 관리 계획에서는 ISO 9001, ISO 14001과 같은 국제 표준을 준수하고 있음을 명확히 명시하고, 이를 입증할 수 있는 관련 인증서를 첨부하는 것이 효과적이다. 일정 관리 계획에서는 CPM(Critical Path Method) 공정표와 주요 마일스톤을 제시해, 발주자가 제안 내용을 한눈에 이해할 수 있도록 구성해야 한다. 항목별 설명이 지나치게 모호하거나 일반적이면 발주자의 신뢰를 얻기 어려우므로, 구체적인 사례와 수치를 활용해 신뢰도를 높이는 것이 중요하다.

3) 차별화 요소 강조

경쟁사와 차별화되는 독창적인 기술력, 공법, 프로젝트 수행 전략을 명확히 부각해야 한다. 발주자의 기대를 초과하는 부가 가치를 제공하는 요소를 강조하면, 평가에서 긍정적인 결과를 얻을 수 있다. 예를 들어, 기존 공법보다 빠른 시공이 가능한 신기술을 보유한 경우, 이를 활용한 일정 단축 효과와 비용 절감 효과를 수치화하여 설명해야 한다. 유지보수 비용 절감, 장기적 내구성 향상, 지역사회 기여 등, 발주자가 추가로 고려할 수 있는 부가 가치를 포함하면 차별성을 확보할 수 있다.

4) 시각적 자료 활용

발주자가 평가 기준에 따라 제안 내용을 쉽게 검토할 수 있도록 그래프, 표, 다이어그램 등의 시각적 자료를 적극 활용해야 한다. 비용 분석 항목에서는 총공사비를 항목별로 나눈 비용 분포 그래프를 삽입하여, 예산 활용 계획을 명확히 보여줄 수 있다. 일정 계획에서는 시공 프로세스를 한눈에 이해할 수 있도록 단계별 일정표를 삽입하고, 주요 공정의 상호 연관성을 다이어그램으로 시각화하면 효과적이다.

3.3 경쟁사 정보 파악

경쟁사 정보 파악은 단순히 경쟁사를 분석하는 것이 아니라, 입찰자의 강점을 극대화하고 발주자에게 매력적인 제안을 준비하는 데 목적이 있다. 경쟁사의 강점과 약점을 파악하고, 이를 기반으로 차별화된 전략을 수립하면, 입찰 경쟁에서 우위를 점할 가능성이 높아진다. 경쟁사의 정보와 전략을 철저히 분석하여 활용하면, 해외 공사 입찰의 성공 확률을 크게 높이는 결과를 얻을 수 있다.

1. 경쟁사 정보 파악의 중요성

    경쟁사 정보 파악은 입찰 과정에서 필수적인 단계다. 입찰은 본질적으로 제한된 자원을 두고, 다수의 경쟁사가 참여하는 경쟁 환경이므로, 경쟁사의 강점과 약점을 분석하면 효과적인 차별화 전략을 수립할 수 있다. 경쟁사의 입찰 성향, 기술적 우위, 상업적 접근 방식 등을 이해하면 자사의 강점을 부각하고, 발주자에게 더 나은 가치를 제공하는 제안을 할 수 있다. 경쟁사 분석은 단순한 가격 경쟁을 뛰어넘어 부가가치 요소를 강조하는 데에도 도움이 된다. 경쟁사가 낮은 가격을 제시할 가능성이 높다면, 기술 혁신, 공사 기간 단축, 유지보수 효율성 등을 강조하는 전략을 선택할 수 있다. 반대로, 경쟁사가 프리미엄 품질 전략을 추구하는 경우, 유사한 품질을 보다 합리적인 가격에 제공하는 방식으로 경쟁력을 확보할 수 있다. 경쟁사의 프로젝트 수행 이력을 분석하는 것도 중요하다. 과거 수행한 프로젝트에서 발주자가 만족한 요소와 불만족했던 요소를 파악하면, 이를 기반으로 자사의 제안서를 유리하게 작성할 수 있다. 또한, 경쟁사가 특정 시장에서 우위를 점하고 있다면, 해당 시장에서 강점을 보완할 방법을 찾는 것이 필요하다.

2. 주요 분석 항목

    1) 기술적 강점과 약점

        경쟁사의 기술적 강점과 약점을 파악하는 것은 입찰 전략을 수립하는 데 중요한 요소다. 경쟁사가 제공할 수 있는 핵심 기술이 무엇인지 분석하고, 해당 기술이 발주자의 요구사항과 얼마나 부합하는지를 평가해야 한다. 경쟁사가 특정 최신 기술을 보유하고 있더라도, 발주자가 해당 기술을 필수로 요구하지 않는다면, 이를 활용한 차별화 전략을 마련할 필요가 있다. 경쟁사의 기술적 약점을 분석하여, 경쟁사보다 우월한 기술적 해결책을 제공할 수 있는 영역을 명확히 정의해야 한다. 경쟁사가 특정 시공 공법에서 높은 비용과 긴 공사 기간을 초래한다면, 보다 효율적이고 경제적인 방법을 제안하여 경쟁 우위를 확보할 수 있다.

2) 가격 전략

경쟁사의 가격 제안 패턴을 분석하는 것도 중요하다. 경쟁사가 낮은 가격을 제시하여 시장 점유율을 확대하려는 전략을 취하는지, 아니면 가격이 다소 높더라도 고품질 서비스와 최적화된 공법을 통해 프리미엄 전략을 추구하는지를 파악해야 한다. 만약 경쟁사가 지속적으로 낮은 가격을 제시하는 패턴을 보인다면, 이에 대응하여 비용 절감 요소를 강조하거나 장기적인 유지보수 비용 절감을 포함하는 전략을 마련할 수 있다. 반대로, 경쟁사가 고품질 전략을 통해 높은 가격을 책정하는 경우, 비슷한 품질을 유지하면서도 더 효율적인 공법과 최적화된 공급망을 활용하여 가격 경쟁력을 확보할 수 있다. 발주자의 예산과 기대 수준을 자세히 분석하여, 경쟁사의 가격 전략과 비교했을 때 가장 합리적이고 현실적인 가격을 제시하는 것이 중요하다.

3) 프로젝트 수행 이력

경쟁사의 과거 프로젝트 수행 이력을 분석하면 일정 준수 능력, 품질 관리 성과, 고객 만족도를 평가할 수 있다. 경쟁사가 수행한 프로젝트 중 발주자가 과거에 협력한 경험이 있는 경우, 해당 프로젝트의 성공 여부를 분석하여 발주자의 선호도를 예측하는 것이 중요하다. 경쟁사의 프로젝트 수행 과정에서 발생한 문제점과 이를 해결한 방식, 그리고 최종적으로 발주자로부터 받은 평가를 조사해야 한다. 일정 준수 여부, 공사 중 발생한 문제 해결 능력, 품질 관리 방식 등은, 경쟁사의 신뢰도를 결정하는 중요한 요소다. 만약 경쟁사가 일정 지연으로 인해 발주자로부터 부정적인 평가를 받았거나, 품질 문제로 인해 추가적인 보완 작업을 수행했다면, 이를 활용하여 자사의 안정적인 수행 능력을 강조하는 전략을 마련해야 한다.

4) 현지화 전략

해외 공사에서는 현지화 전략이 중요한 요소다. 경쟁사가 현지 시장에서 얼마나 효과적으로 네트워크를 구축했는지, 인력을 포함한 자원을 얼마나 활용하는지를 분석해야 한다. 현지 협력업체와 공급망을 구축한 경쟁사가 있다면, 이를 분석하여 보다 효과적인 현지화 전략을 수립할 필요가 있다. 만약 경쟁사가 현지 법규와 환경 규제에 대한 이해도가 낮아 프로젝트 진행에 어려움을 겪었다면, 현지 법률과 규정을 철저히 준수할 수 있도록 현지 전문가와 협력하는 방안을 제안할 수 있다. 지역사회 기여 방안, 현지 노동력 활용 계획, 현지 기업과의 협업 등을 강조하면 발주자의 신뢰를 확보하는 데 도움이 된다. 경쟁사가 이러한 부분에서 약점을 보인다면, 이를 부각하여 차별화된 강점을 강조하는 것이 유리하다.

5) 마케팅과 커뮤니케이션 전략

경쟁사의 마케팅과 커뮤니케이션 전략을 분석하는 것도 중요한 요소다. 경쟁사가 발주자와 소통하는 방식, 입찰서 작성 스타일, 제안 프레젠테이션 방식, 질의응답 대응 능력 등을 평가하여, 발주자와의 커뮤니케이션에서 차별화된 접근 방식을 찾는 것이 필요하다. 경쟁사가 지나치게 기술적인 설명에 집중하여 발주자의 관심을 끌지 못한다면, 보다 직관적인 데이터 시각화 기법과 명확한 설명을 통해 강한 인상을 남길 수 있다. 경쟁사가 발주자의 질의에 신속하고 명확한 답변을 제공하지 못하는 경우, 사전에 예상 질의를 준비하고 명확한 근거 자료를 첨부하여 신뢰도를 높이는 전략을 사용할 수 있다. 발주자와의 지속적인 관계 구축을 위해 효과적인 보고 체계를 제안하거나, 정기적인 미팅을 통해 프로젝트 진행 상황을 공유하는 방안을 제시하는 것도 경쟁력을 높이는 방법이 될 수 있다.

3. 경쟁사 분석 방법

1) 공개 정보 수집

경쟁사의 입찰 이력, 공사 이력, 회사 발표 자료, 언론 보도 등을 통해 공개된 정보를 체계적으로 수집하는 것이 중요하다. 발주자가 공개한 과거 입찰 결과는 경쟁사의 강점과 약점을 분석하는 데 유용한 단서가 된다. 경쟁사가 어떤 프로젝트에서 강세를 보였는지, 어떤 조건에서 입찰에 실패했는지를 파악하면, 입찰 전략을 더욱 효과적으로 수립할 수 있다. 또한, 기업의 연차 보고서, 투자자 발표 자료, 산업 분석 보고서 등을 활용하여, 경쟁사의 재무 건전성과 사업 확장 계획도 함께 검토하는 것이 필요하다.

2) 현지 네트워크 활용

현지에서 활동 중인 협력업체, 업계 전문가 등과의 네트워킹을 통해, 경쟁사에 대한 정보를 얻을 수 있다. 현지 협력업체들은 경쟁사의 실제 프로젝트 수행 방식, 공사 품질, 계약 조건 등에 대한 세부적인 정보를 제공할 수 있으며, 이는 객관적인 시장 분석보다 더 신뢰성 있는 정보로 활용될 수 있다. 현지 정부 관계자나 산업 단체와의 교류를 통해, 경쟁사가 지역 내에서 얼마나 효과적으로 사업을 진행하고 있는지 평가할 수 있다. 이러한 네트워크를 적극 활용하면 경쟁사의 시장 내 입지와 발주자와의 관계를 더욱 명확하게 이해할 수 있다.

3) 경쟁사 서비스 평가

경쟁사가 제공하는 기술, 장비, 서비스 등을 철저히 분석하여, 차별화된 입찰 전략을 수립하는 것이 필요하다. 경쟁사의 주요 공법, 사용 장비, 품질 보증 체계, 유지보수 계획 등을 분석하면, 제안서에서 경쟁사의 약점을 극복하고 강점을 능가할 방안을 제시할 수 있다. 경쟁사의 특정 기술이 비용 절감 효과는 있지만 내구성이 부족한 경우, 내구성이 강화된 기술을 제시하여 경쟁력을 확보할 수 있다. 또한, 경쟁사의 유지보수 서비스가 비효율적이거나 비용이 많이 든다면, 보다 경제적이고 신속한 서비스 방안을 제안함으로써 발주자의 관심을 끌 수 있다.

4) 시장 조사

경쟁사의 시장 점유율, 가격 책정 전략, 지역 내 입지를 분석하기 위해 정밀한 시장 조사를 해야 한다. 경쟁사가 특정 시장에서 점유율을 확대하고 있다면, 해당 지역에서 어떤 차별화 전략을 사용했는지 분석하여, 대응 전략을 마련할 필요가 있다. 경쟁사의 가격 정책이 저가 전략인지, 프리미엄 전략인지에 따라 가격 책정 방식도 조정해야 한다. 시장 조사는 주요 공급망 분석, 현지 자재 조달 비용 비교, 노동 시장 동향 조사 등 다양한 요소를 포함해야 하며, 이를 통해 경쟁사의 전략적 우위를 발견하거나, 그들의 약점을 공략할 기회를 찾을 수 있다.

5) 발주자의 평가 수집

발주자와의 직접적인 대화, 질의응답 세션, 현장 설명회 등의 기회를 활용하여, 경쟁사에 대한 발주자의 평가를 수집하는 것이 중요하다. 발주자가 경쟁사의 프로젝트 수행 방식, 일정 준수 여부, 기술력 등에 대해 어떻게 평가하는지를 파악하면, 이를 기준으로 경쟁사의 약점을 공략할 수 있다. 발주자가 중요하게 여기는 요소를 미리 파악하여, 경쟁사가 미처 고려하지 못한 부분을 강조하는 전략을 세울 수도 있다. 예를 들어, 발주자가 유지보수의 용이성을 중요하게 평가하는 경우, 신속한 유지보수 서비스를 제공하는 방안을 추가하여 경쟁력을 강화할 수 있다. 발주자의 피드백은 입찰 전략을 최적화하는 데 중요한 참고 자료가 되므로, 이를 체계적으로 정리하고 분석하는 것이 필수적이다.

4. 분석 정보 활용

1) 제안서 차별화

경쟁사의 전략과 발주자의 요구를 동시에 반영하여, 제안서에서 독창적이고 차별화된 가치를 제공할 수 있도록 구성해야 한다. 경쟁사가 비용 절감을 강조하는 전략을 취할 경우, 공사 기간 단축과 품질 수준을 높이는 방식으로 접근할 수 있다. 경쟁사가 저가 전략을 활용한다면, 유지보수 비용 절감, 장기적인 성능 보장, 친환경적 요소 등을 부각하여 차별화된 가치를 제공해야 한다. 또한, 경쟁사가 특정 기술에 강점을 보유한 경우, 해당 기술이 발주자의 실질적 요구를 충족하는지 분석하고, 보다 효과적인 대안을 제시하는 전략도 고려할 수 있다.

2) 약점 보완

경쟁사의 약점을 보완하는 전략을 수립하여, 발주자가 경쟁사보다 더 나은 선택이라고 느끼게 해야 한다. 경쟁사의 기술적 한계, 일정 지연 사례, 현지화 부족 등의 요소를 분석하여, 이를 극복할 수 있는 구체적인 해결책을 제안해야 한다. 경쟁사가 프로젝트 수행 시 일정 지연을 겪은 경험이 있다면, 철저한 일정 관리 방안을 제시하고, 과거 프로젝트에서의 성공적인 일정 준수 사례를 강조하는 것이 효과적이다.

3) 발주자 영업에 활용

발주자와의 소통에서 경쟁사의 단점을 간접적으로 알리는 동시에, 자사의 강점을 강조하는 커뮤니케이션 전략을 구사해야 한다. 직접적인 경쟁사 비판보다는, 자사가 제공할 수 있는 추가적인 가치를 자연스럽게 강조하는 것이 중요하다. 경쟁사가 유지보수 지원이 부족한 경우, 신속한 유지보수와 사후 관리를 보장하는 계획을 구체적으로 설명함으로써 차별성을 부각할 수 있다. 발주자의 주요 관심사를 사전에 분석하여, 우선으로 고려하는 요소를 명확히 반영하는 것이 필요하다. 이를 위해 발주자와의 공식 회의, 현장 설명회, 질의응답 세션 등을 적극 활용하고, 질문에 대한 명확하고 신뢰성 있는 답변을 제공함으로써 경쟁사보다 우위를 점할 수 있다.

3.4 내부 심의

내부 심의 절차는 입찰 참여 여부 결정을 위한 중요한 단계로, 프로젝트의 타당성과 리스크를 체계적으로 검토하고 관리할 기회를 제공한다. 철저한 사전 분석과 부서 간 협업을 통해 심의 절차를 효과적으로 진행하면, 경쟁력 있는 입찰 전략을 수립하고 자원을 최적화할 수 있다. 심의 절차를 통해 리스크를 정확하게 파악하고, 전략적으로 중요한 프로젝트에 집중함으로써 입찰의 성공 가능성을 높일 수 있다. 건설사 별로 심의 절차는 다를 수 있는데, 일반적으로 입찰 참여 결정, 입찰서 리스크 검토, 입찰 원가율 결정 등의 절차로 진행된다.

1. 내부 심의 절차의 주요 단계
    1) 프로젝트 사전 분석

    내부 심의 절차의 첫 단계는 프로젝트의 사전 분석이다. 이 과정에서 발주자의 요구사항을 자세히 검토하고, 프로젝트의 규모와 예상 공사비를 평가하며, 경쟁 환경과 법적 기술적 리스크를 분석한다. 프로젝트가 회사의 장기 전략과 부합하는지 검토하는 것도 중요하다. 발주자가 요구하는 기술적 요건이 자사의 역량과 비교했을 때 적절한지, 추가적인 기술 확보나 인력 보강이 필요한지를 평가해야 한다. 경쟁사 정보와 같은 입찰 환경을 분석하여, 입찰 경쟁에서 우위를 확보할 수 있는 요소를 파악한다.

2) 예상 입찰 비용 산정

- 인건비와 출장 비용: 입찰 참여를 위해서는 프로젝트 매니저(PM), 견적 담당자, 기술 검토자, 영업 담당자, 법무와 재무 담당자 등 다양한 인력이 투입된다. 이들의 인건비를 산정하기 위해 입찰 준비 기간의 업무 소요 시간을 고려해야 하며, 필요에 따라 연장 근무 비용도 반영해야 한다. 해외 공사의 경우 현장 조사와 현지 협력업체 견적 접수가 필수적이므로 출장 비용도 포함해야 한다. 출장에 필요한 항공료, 숙박비, 일당, 차량 임차료 등, 항목별 비용을 구체적으로 산출하여 총 출장 비용을 산정해야 한다.

- 외주 용역비: 입찰 과정에서 자체 수행이 어려운 업무는, 외부 전문가나 컨설팅 업체에 의뢰해야 하며, 이에 따른 비용을 반영해야 한다. 공사 물량을 정확하게 산출하기 위해 수량 산출 작업을 외주 용역으로 진행하는 경우가 많으며, 설계 검토와 필요할 때 상세 설계 진행, VE와 대안 검토, MEP 시스템 분석 등을 위한 엔지니어링 컨설팅 비용도 발생할 수 있다. 입찰 조건과 계약 내용을 분석하기 위해 법률 자문을 받는 경우가 있으며, 공동도급을 고려하면 현지 파트너와의 협의와 법률적 검토에 따른 컨설팅 비용도 필요하다.

- 행정 비용: 입찰 보증금(Bid Bond) 발급 비용은 금융기관이나 보증회사에서 요구하는 수수료를 포함하며, 보증금 규모는 입찰 도서의 요구사항에 따라 달라질 수 있다. 발주처에서 제공하는 입찰서와 관련 자료를 구매하는 비용과 더불어, 입찰 서류 작성과 제출을 위한 번역, 공증, 인쇄 등의 행정 비용도 포함해야 한다. 전자 입찰 시스템을 이용할 때는 시스템 이용료나 필요 서류 제출에 따른 추가 비용이

발생할 수 있으므로 이에 대한 고려도 필요하다.

3) 심의 자료 작성

입찰 참여를 위해 프로젝트 관련 정보를 정리한 심의 자료를 작성하여, 유관부서와 의사결정권자에게 먼저 공유해야 한다. 심의 자료에는 프로젝트 개요와 발주자의 요구사항을 포함하며, 기술적 상업적 대응 방안이 구체적으로 서술되어야 한다. 예상 원가와 수익성 분석을 바탕으로 프로젝트의 재정적 타당성을 입증해야 하며, 주요 리스크와 이에 대한 관리 방안을 포함하는 것이 필수적이다. 심의 자료는 논리적으로 구성되어야 하며, 프로젝트의 잠재적인 리스크를 숨김없이 포함하고, 입찰과 수주 전략을 구체화하는 방식으로 작성되어야 한다. 또한, 경영진이 빠르게 이해하고 판단할 수 있도록 명확한 근거와 함께 작성해야 하며, 프로젝트의 중요성과 기대 효과를 설명하는 내용도 포함되어야 한다.

4) 심의

제출된 자료는 내부 심의를 통해 검토된다. 이 심의에는 영업, 견적, 구매, 기술, 재무, 법무, RM(Risk Management) 등, 다양한 부서의 담당자가 참여하여, 프로젝트의 수행 가능성과 리스크를 여러모로 평가한다. 회사의 기술적 역량이 발주자의 요구사항을 충족할 수 있는지, 예상 수익성이 충분한지, 프로젝트 일정이 현실적인지 등이 주요 논의 대상이 된다. 프로젝트 수행 과정에서 발생할 수 있는 운영상의 문제점과 법적 리스크를 자세히 검토하여, 사전 예방 조치를 마련하는 것이 중요하다. 경쟁 환경 분석도 함께 이루어지며, 경쟁사가 유리한 위치에 있는지, 자사가 경쟁력을 확보할 수 있는 요소가 무엇인지 파악하는 과정이 포함된다. 또한, 계약 조건을 검토하여 발주자의 요구사항 중 불리한 조항이 있는지, 협상을 통해 조정이 가능한지 논의된다.

5) 리스크 평가와 관리 계획 수립

내부 심의 과정에서 확인된 주요 리스크를 분석하고, 이를 완화할 수 있는 전략을 수립해야 한다. 예상되는 리스크는 입찰 일정, 기술적, 재정적, 법적, 운영적 요소 등으로 구분되며, 요소별로 대응 방안이 마련되어야 한다. 입찰 일정의 경우 회사의 가용 자원과 기간을 검토하여, 충실한 입찰 준비가 가능한지 검토해야 한다. 기술적 리스크의 경우, 프로젝트 수행을 위해 추가적인 기술 개발이나 외부 협력이 필요한지를 검토하고, 해결 방안을 제시해야 한다. 재정적 리스크는 환율 변동, 원자재 가격 상승 등의 외부 변수에 대한 대비책을 포함해야 하며, 프로젝트 수행 중에 발생할 수 있는 추가 비용 요소를 예측하는 것이 중요하다. 법적 리스크는 계약 조항의 불리한 조건을 분석하고, 협상을 통해 완화할 수 있는지 평가하는 과정이 포함된다. 운영적 리스크는 프로젝트 일정과 자원 배분 계획이 현실적인지 확인하고, 예상되는 장애 요소에 대한 대응 전략을 수립하는 것이 핵심이다. 리스크가 과도하게 크다고 판단될 경우, 프로젝트 참여 여부를 재검토할 수도 있으며, 발주자와의 협상을 통해 보다 유리한 조건을 확보할 가능성을 타진해야 한다.

6) 최종 승인

내부 검토와 리스크 평가를 바탕으로 경영진이 프로젝트 참여 여부를 최종적으로 결정하게 된다. 최종 승인이 이루어지면 공식적인 문서로 기록되며, 입찰과 계약 협상 과정에서 기준 자료로 활용된다. 이 과정에서 입찰을 진행할 프로젝트 매니저(PM)와 입찰팀이 구성되며, 팀원들의 역할과 책임이 명확히 지정된다. 입찰 준비 일정이 확정되며, 마감 기한을 준수하기 위한 세부 일정이 수립된다. 입찰 참여를 위한 예산이 승인되며, 입찰서 작성과 제출, 발주자와의 협상 등에 필요한 추가 자료 준비가 시작된다. 만약 최종 승인이 이루어지지 않을 경우, 입찰 참여를 포기하거나 보완 자료를 준비하여 재심의를 요청할 수도 있다. 승인되지 않은 주요 이유가 리스크 문제라면, 이를 완화할 수 있는 추가 대책을 마련한 후, 다시 검토 요청을 하는 것도 고려할 수 있다.

2. 심의 절차의 핵심 요소

1) 명확한 데이터 제공

내부 심의 절차에서 중요한 요소 중 하나는, 신뢰할 수 있는 명확한 데이터를 제공하는 것이다. 심의 자료에는 프로젝트의 요구조건, 예상 공사비, 공기 적정성 사전 검토, 리스크 분석, 법적 검토 결과, 경쟁사 현황 등이 포함된다. 이 모든 정보는 정확하고 구체적인 데이터를 바탕으로 작성되어야 한다. 요구조건 분석에서는 프로젝트 수행을 위한 기술적 요구사항을 명확히 정의하고, 이를 충족할 수 있는 자사의 기술력과 수행 가능성을 구체적으로 설명해야 한다. 예상 공사비 분석에서는 유사 프로젝트 자료를 바탕으로 예상 매출과 비용, 이윤율, 자금 조달 계획 등을 포함하여, 프로젝트가 재정적으로 타당한지를 평가해야 한다. 계약 공기의 적정성도 초기 검토 결과 준수가 불가능한 정도로 파악되면, 대안 공기 제안이나 향후 공사 기간 연장(Extension of Time) 방안도 생각한다. 부정확한 데이터를 적용하거나 리스크 요소를 의도적으로 축소하면, 심의 과정에서 잘못된 의사결정을 초래할 수도 있다. 의사결정권자는 물론 유관 부서의 신뢰를 얻기 어려울 수 있다. 따라서, 심의 자료에 포함되는 모든 정보는 객관적인 자료와 명확한 근거를 바탕으로 작성되고, 검증된 데이터로 보완되어야 한다.

2) 부서 간 협업

내부 심의 절차는 단일 부서의 판단만으로 이루어질 수 없으며, 여러 부서의 협업이 필수적이다. 영업팀은 발주자와의 소통을 통해 얻은 정보와 경쟁사 정보를 공유하고, 기술팀은 프로젝트 수행 가능성을 검토하며, 견적팀은 예상 원가와 수익성을 분석해야 한다. 법무팀은 계약서의 법적 리스크를 검토하고, 프로젝트 관리팀은 일정과 자원 배분 계획을 수립하여 실행 가능성을 평가해야 한다. 부서 간 협업이 원활하지 않으면 정보의 단절이 발생할 수 있으며, 이는 심의 절차의 지연과 잘못된 의사결정을 초래할 수 있다. 부서 간 협업을 통해 심의 자료를 더욱 합리적으로 구성할 수 있으며, 내부 승인 절차의 신속성과 효율성을 높일 수 있다.

3) 리스크 대응책 마련

심의 절차에서 리스크 평가는 필수적인 과정이며, 이를 효과적으로 완화할 수 있는 전략이 반드시 포함되어야 한다. 프로젝트 수행 과정에서 발생할 수 있는 리스크는 기술적, 재정적, 법적, 운영적 측면에서 다양하게 존재하므로, 각 요소에 대한 대응 방안을 구체적으로 마련해야 한다. 재정적 리스크 중 하나인 환율 변동은 해외 프로젝트에서 중요한 변수로 작용하므로, 이를 완화하기 위해 환율 헤지(hedging) 전략을 도입할 수 있다. 예상 원가 변동성이 높은 자재의 경우, 장기 공급 계약을 통해 가격을 고정하는 전략을 활용할 수 있다. 법적 리스크를 줄이기 위해 계약 검토 단계에서 불리한 조항을 사전에 식별하고, 발주자와의 질의응답이나 협상 과정에서 조정할 수 있는 여지를 파악하는 것도 필요하다. 심의 절차에서 리스크 완화 전략이 명확하게 제시되지 않으면, 프로젝트 진행 중 예상치 못한 문제에 직면할 가능성이 높아진다. 가능한 모든 위험 요소를 빠짐없이 검토하고 체계적인 대응책을 마련하는 것이 중요하다.

3.5 입찰 참여 여부 결정

입찰 참여 여부를 결정하는 과정은 단순히 수익성만을 고려하는 것이 아니라, 회사의 기술적 역량, 전략적 목표, 경쟁 환경, 그리고 발주자의 신뢰도를 종합적으로 분석하는 과정을 포함한다. 부적절한 프로젝트에 참여하면 자원의 낭비와 손실을 초래할 수 있고, 반대로 적절한 기회를 놓치면 사업 성장의 기회를 잃을 수 있다. 따라서 철저한 검토와 분석을 통해 입찰 참여 여부를 신중히 결정해야 한다. 신중한 검토와 내부 협의를 통해 적절한 프로젝트에 집중하면, 회사는 자원을 효율적으로 활용하고 입찰 성공 가능성을 높일 수 있다.

1. 입찰 참여 여부 결정을 위한 주요 고려 사항
    1) 발주자 요구사항과 회사 역량의 부합성
        입찰 참여 여부를 결정할 때 가장 먼저 검토해야 할 요소는, 발주자의 요구사항과 회사의 역량이 얼마나 부합하는지이다. 발주자가 요구하는 기술적 사양, 시공 능력, 공사 기간, 품질 기준 요건 등을 자세히 분석하여, 회사의 보유 기술과 경험을 이와 비교해야 한다. 만약 발주자가 요구하는 기술이 회사의 기존 수행 경험과 유사하거나, 보유 기술로 충분히 대응할 수 있는 경우, 입찰 참여를 긍정적으로 고려할 수 있다. 반면, 요구사항이 회사의 기존 역량을 초과하거나, 추가적인 투자나 인력 충원이 필요하다면 이에 대한 대응책을 마련하거나, 어려우면 입찰에 참여하지 않아야 한다.

2) 재정적 적합성

발주자가 목표하는 예상 사업비와 회사의 이익 목표가 부합하는지 평가해야 한다. 경쟁이 치열한 입찰에서는 낮은 가격 경쟁이 필수일 수 있지만, 지나친 가격 인하는 프로젝트의 수익성을 악화시킬 수 있다. 예상 원가 분석을 통해 적정한 이윤을 확보할 수 있는지 판단해야 하며, 원가 절감 방안을 마련할 필요가 있다.

3) 프로젝트 규모와 복잡성

프로젝트의 규모와 복잡성이 회사의 자원과 수행 능력에 적합한지 평가해야 한다. 지나치게 큰 프로젝트는 자원의 과부하를 초래할 수 있으며, 기존 수행 중인 프로젝트와 일정이 중복될 경우, 인력을 포함한 자원의 배치 문제를 일으킬 수 있다. 반대로 지나치게 작은 프로젝트는 기대 수익을 충족하지 못할 가능성이 있으므로, 내부 자원 활용의 효율성을 고려해야 한다. 해외 프로젝트의 경우, 물류 관리, 현지 법규 준수, 환율 변동 등의 추가적인 리스크도 고려해야 한다.

4) 리스크 평가

프로젝트와 관련된 주요 리스크(법적, 기술적, 재정적)를 식별하고, 이를 관리할 수 있는 능력이 있는지 판단해야 한다. 법적 리스크는 해당 국가의 법률과 규제를 준수해야 하는 요건이 포함되며, 환경 보호법, 노동법, 세금 정책 등을 고려해야 한다. 기술적 리스크는 발주자가 요구하는 기준이 지나치게 엄격하거나, 새로운 공법을 적용해야 할 경우 발생할 수 있으며, 이를 해결할 대안이 있는지 검토해야 한다. 환율 변동, 원자재 가격 상승 등 재정적 리스크를 분석하고, 이를 완화할 전략도 수립해야 한다.

5) 경쟁 환경

동일한 프로젝트에 참여하는 경쟁사의 수와 역량을 분석하는 것도 중요한 고려 요소다. 경쟁사가 강력한 기술적 우위를 가지고 있거나, 가격 경쟁이 극도로 치열한 경우, 입찰 참여가 적절한지 신중하게 평가해야 한다. 경쟁사의 과거 프로젝트 수행 이력, 가격 책정 정도, 기술력 등을 분석하여, 입찰에서 차별화를 둘 수 있는 전략을 수립해야 한다. 과거 유사 프로젝트에서 발주자가 특정 업체를 선호하는 경향이 있는지, 기존 협력업체와의 관계를 유지하려는 성향이 있는지도 고려할 필요가 있다.

6) 차별화 가능성

회사가 경쟁사와 비교해 더 나은 가치를 제공할 점이 있는지 파악해야 한다. 기술적 차별화, 가격 경쟁력, 공사 기간 단축 방안, 친환경 공법 적용, 유지보수 서비스 제공 등, 경쟁사와 차별화될 수 있는 요소를 분석하고 입찰 전략에 반영해야 한다.

7) 발주자 평판과 신뢰도

발주자의 재정 상태, 과거 프로젝트 이력, 그리고 입찰자와의 협력 관계를 검토하는 것도 중요한 요소다. 발주자가 안정적으로 공사 대금을 지급할 수 있는지 확인해야 하며, 과거 프로젝트에서 대금 지급이 지연되거나 불공정한 계약 조건을 적용한 사례가 있는지 조사해야 한다. 발주자가 과거 입찰 과정에서 공정하고 투명하게 행동했는지 평가하고, 신뢰할 수 있는 파트너인지 확인해야 한다. 예를 들어, 과거 프로젝트에서 계약 변경이 빈번했거나, 과도한 클레임을 제기한 발주자의 경우, 프로젝트 수행 중 예상치 못한 문제에 직면할 가능성이 크므로 주의해야 한다.

2. 의사 결정 과정

1) 초기 분석

입찰 공고문과 발주자가 제공한 정보를 바탕으로, 프로젝트의 전반적인 적합성을 평가하는 단계다. 공고문에 명시된 기술적 요구사항, 공사 범위, 일정, 계약 조건 등을 철저하게 검토하여, 회사의 역량과 부합하는지 확인한다. 또한, 프로젝트의 예상 원가와 예상 수익성을 개략적으로 분석하고, 현재 진행 중인 다른 프로젝트와 비교하여 수행 가능성을 평가한다.

2) 내부 심의

초기 분석이 완료되면 영업, 견적, 기술, 법무, RM 등 관련 부서가 참여하는 내부 검토 심의를 개최한다. 이 심의에서는 프로젝트의 리스크와 기회에 대해 여러모로 논의하며, 부서별 검토 내용을 종합하여 회사 전체 관점에서 적합한지를 판단한다. 영업팀은 발주자와의 관계와 시장 상황을 평가하고, 견적팀은 예상 공사비와 수익성을 점검한다. 기술팀은 프로젝트 수행의 기술적 난이도와 공법 적합성을 분석하며, 법무팀은 계약 조건과 법적 리스크를 검토하고, 발주자의 신뢰도를 분석하는 역할을 담당한다. 내부 심의를 통해 각 부서의 의견을 종합하면, 입찰 참여 여부를 보다 객관적이고 합리적으로 결정할 수 있다.

3) 최종 의사결정

리스크 평가와 수익성 분석을 종합한 후, 최종적으로 입찰 참여 여부를 결정하는 단계다. 이 과정에서 최고 경영진 또는 의사결정권자가 프로젝트 참여 여부를 결정하며, 참여가 승인되면 입찰 전략 수립과 일정 계획을 구체화한다. 이후, 입찰팀을 구성하고 세부 일정과 역할을 조정하며, 발주자의 평가 기준을 기반으로 차별화된 제안 준비 전략을 수립한다. 반대로, 입찰 불참으로 결정되면, 해당 결정을 공식적으로 문서화하고, 그 근거를 기록하여 향후 유사한 프로젝트를 검토할 때 참고 자료로 활용한다. 이를 통해 유사한 국가와 다른 프로젝트에서 더욱 효과적인 의사결정을 내릴 수 있으며, 입찰 실패 가능성을 사전에 줄이는 전략을 수립할 수 있다.

4장 입찰 준비

4.1 입찰 서류 구매

입찰 서류 구매는 입찰의 첫걸음이다. 발주자가 제공하는 정보를 완벽히 이해하고, 프로젝트의 개요와 요구사항을 파악함으로써, 이를 통해 입찰 준비 과정을 체계적으로 시작할 수 있다. 발주자가 제공하는 입찰 서류는 프로젝트의 세부 정보를 담고 있으며, 기술적 상업적 요구사항을 정확히 이해하는 데 필요한 핵심 자료다.

1. 입찰 서류 구매 절차

    1) 입찰 공고 확인

        입찰 공고는 발주자가 입찰을 시작하면서 공개하는 문서로, 입찰 서류 구매의 첫 단서를 제공한다. 입찰자는 공고문을 통해 입찰 서류 구매 방법, 비용, 구매 기간, 그리고 구매 장소 등의 세부 정보를 확인해야 한다. 또한, 공고문에서 프로젝트의 대략적인 개요와 요구사항을 파악하여, 신속하게 입찰 준비에 착수할 수 있다.

    2) 구매 자격 확인

        일부 입찰에서는 입찰 서류 구매에 특정 자격을 요구할 수 있다. 예를 들어, 사전 자격 심사를 통과한 업체나 특정 조건을 충족하는 업체만 입찰 서류를 구매할 수 있을 때도 있다. 발주자가 요구하는 재정적 기술적 요건을 충족해야 구매가 가능할 수도 있다. 입찰자는 이러한 자격 요건을 충족하는지 확인하고, 필요시 사전 등록 절차를 완료해야 한다. 구매 자격이 제한되었거나 해당 절차를 준수하지 않으면, 입찰 기회를 상실할 수 있으므로 주의가 필요하다.

    3) 구매 비용 납부

        대부분의 입찰에서는 입찰 서류 구매에 일정한 비용이 부과된다. 입찰 서류 구매를 위해 비용을 내거나, 필요 서류를 제출하기도 한다. 발주자가 지정한 방법(예: 은행 송금, 온라인 결제 등)을 통해 입찰 서류 구매 비용을 낼 수 있고, 납부 후에는 영수증이나 납부 확인서를 발급받아야 한다. 전자 입찰을 적용한다면 온라인에서 내려받기할 수 있으며, 이 경우 허가된 인증서가 필요할 수도 있다.

4) 입찰 서류 수령

입찰 서류는 발주자가 지정한 장소에서 직접 받거나, 전자 메일 또는 온라인에서 내려받기할 수 있다. 일부 입찰에서는 보안상의 이유로, 신분증, 위임장, 인감 증명서, 공인 인증서나 비용 납부 확인서를 제출해야만 서류를 받을 수 있다.

5) 서류 확인

입찰자는 입찰 서류의 내용을 즉시 확인하고, 빠진 자료나 이상 여부를 점검해야 한다. 주요 문서로는 입찰 지침서, 계약 조건, 기술 사양서, 도면, BOQ 등이 포함된다. 만약 서류에 문제가 발견되면 발주자에게 신속히 문의하여, 수정본이나 추가 자료를 요청해야 한다. 입찰 서류에 명시된 용어와 조건을 정확히 이해하고, 필요하다면 법무팀이나 관련 전문가의 검토를 받는 것이 바람직하다. 이 과정에서 발견된 문제가 늦게 해결되면, 입찰 준비에 어려움이 있으므로 신속한 확인이 중요하다.

2. 입찰 서류 구매 시 유의 사항

1) 구매 기한 준수

입찰 공고에 명시된 구매 기한 내에 입찰 서류를 구매하지 않으면, 입찰에 참여하지 못할 수 있다. 구매 마감일을 철저히 확인하여 기한을 지키는 것이 중요하다. 기한이 끝나갈 시점에 구매를 시도할 경우, 예상치 못한 시스템 오류나 행정적 문제로 인해 구매가 불가할 수도 있으므로, 충분한 여유를 두고 구매하는 것이 바람직하다.

2) 비용 환급 정책 확인

입찰 서류 구매 비용은 일반적으로 환급되지 않는다. 입찰 참여 여부가 확실하지 않으면 신중히 구매 결정을 내려야 한다. 비용을 지급한 후 입찰 참여를 포기하면 재정적 손실이 발생할 수 있으므로, 사전에 충분히 검토한 후 구매를 결정해야 한다.

3) 전자 입찰 시스템 확인

최근 많은 입찰이 전자 입찰 시스템을 통해 이루어지고 있다. 이 경우, 입찰자는 시스템 사용 방법을 숙지하고, 사용자 등록과 로그인을 완료해야 입찰 서류를 내려받을 수 있다. 시스템 오류나 네트워크 문제를 방지하기 위해 구매를 미리 진행하는 것이 좋다. 온라인 입찰 시스템이 특정 웹 브라우저나 보안 인증 절차를 요구할 수도 있으므로, 이를 사전에 확인하고 준비해야 한다.

4) 서류 번역

해외 공사 입찰의 경우, 일부 입찰 서류가 현지 언어로 작성된 경우가 많다. 이 경우, 신뢰할 수 있는 번역 전문가를 통해 주요 내용을 신속하게 해석하고 정확히 분석하는 과정이 필요하다. 입찰 서류 번역 오류로 인해 중요한 정보를 오해하면 입찰 업무에 혼란이 생길 수 있으므로, 핵심 내용은 반드시 이중으로 확인하는 것이 중요하다.

4.2 입찰서 검토

발주자가 제공한 입찰서를 철저히 검토하는 것이 최우선 과제이다. 입찰서에는 프로젝트의 범위, 기술적 요구사항, 계약 조건, 입찰 절차 등이 포함되어 있다. 이를 정확히 이해하지 못하면 입찰 전략 수립이 어렵고, 오류나 누락으로 입찰에 실패할 수도 있다. 입찰서 전체를 철저히 분석하고, 누락된 사항을 확인하며, 일정과 요구사항을 검토하는 과정이 필수적이다. 입찰서를 검토하는 과정에서 도면, 시방서, BOQ 간의 불일치, 계약 조건의 모호한 표현, 법적 행정적 충돌 사항이 발견될 수 있다. 이러한 문제를 해결하기 위해, 발주자에게 공식적으로 질의하는 입찰 질의서(Request for Information, RFI)를 활용한다. 입찰서 검토는 다음과 같은 절차와 방법으로 진행된다.

1. 입찰서 구성 파악

입찰서 검토의 첫 단계는 발주자가 제공한 입찰서의 전체적인 구성과 주요 내용을 파악하고 분석하는 것이다. 입찰서는 프로젝트의 기본 정보와 계약 조건, 기술 사양, 공사 범위, 제출 서류 요구사항 등을 포함하고 있다. 이를 명확히 이해해야 입찰 준비를 체계적으로 수행하고, 정확한 견적 산출과 기술 제안을 작성할 수 있다. 일반적으로 발주자는 입찰서를 다음과 같은 문서로 구성하여 발급하며, 각 문서는 입찰자의 입찰 전략과 의사결정에 필수적인 정보를 제공한다.

1) 입찰 지침서(Instruction to Bidders, ITB)

    입찰 지침서는 입찰 절차, 제출 방식, 평가 기준 등 입찰 준비에 필수적인 정보를 상세히 설명하는 문서이다.

    - 입찰 일정과 절차: 입찰자가 따라야 할 단계별 일정과 절차(입찰 마감일, 현장 설명회 참석, 질의응답, 입찰 개찰 일정 등)를 상세히 설명한다.
    - 입찰 서류 제출 방식: 입찰 서류의 제출 형식, On-line 혹은 Off-line 제출, 바인딩(인쇄본/전자 파일 여부), 서명 방식, 패키징(밀봉 여부) 방법 등을 포함한다.
    - 입찰 평가 기준: 가격 평가 기준, 기술 평가 기준, 가점 항목(품질 인증, 유사 공사 실적, 기술 제안 충실도, 친환경 공법, 지역 업체 활용 등) 등을 제시한다. 프로젝트에 따라 입찰 평가 기준이 비공개되기도 한다.
    - 입찰 보증 및 이행 보증: 입찰자가 제출해야 할 입찰 보증금(Bid Bond), 이행 보증금(Performance Bond) 등의 금액, 제출 방식, 유효 기간 등을 설명한다.
    - 입찰 무효 기준: 입찰자의 결격 사유(기한 내 제출 실패, 필수 서류 누락, 요구된 보증 미제출, 부정이나 담합 행위 등)가 제시된다.

2) 공사 범위(Scope of Work)

    프로젝트의 전체적인 범위, 시공 요구사항, 기술 사양을 정의하는 문서이다.

    - 프로젝트 수행 범위: 공사 구역, 주요 공사 종류(토목, 구조, 기계, 전기, 소방 등), 시공 방법과 기준을 설명한다.
    - 시공 중 요구사항: 특정 공법 사용 요구, 품질 기준, 안전 기준 등을 기술한다.
    - NSC 및 Provisional Sums: 발주자 지정 업체와 예상 금액, 잠정 금액 등을 기술한다.

3) 시방서와 도면(Specifications & Drawings)

    시방서와 도면은 공사의 세부적인 기술적 요구사항과 설계 기준을 정의하는 문서이며, 입찰자가 정확한 견적을 산출하고 시공 방안을 검토하는 데 중요한 자료이다.
- 시방서(Specifications): 사용해야 할 자재와 장비, 시공 기준, 품질 기준, 시험 방법 등을 설명한다.
- 도면(Drawings): 설계 자료이며 견적과 기술 제안의 기초 자료가 된다.
- 설계 기준(Design Criteria): 발주자가 요구하는 설계 하중, 내진 성능, 방수 기준, 에너지 절감 기준 등을 포함한다.
- 용역 보고서(Consulting Report): 지반 조사 보고서(Geotechnical Investigation Report), 환경 영향 평가서(Environmental Impact Analysis), 소음 진동 평가(Sound Vibration Analysis)와 같이, 설계를 위한 각종 용역 보고서를 포함한다.

4) 내역서(Bill of Quantities, BOQ)

BOQ는 공사에 필요한 공사 항목과 수량을 상세히 기재한 문서로, 견적 산출의 핵심 자료이다. Re-measurement 계약(단가 계약)의 경우 공사 종류별 Bill에 항목, 규격, 단위, 수량이 명기되어 있어, 입찰자는 단가와 금액을 산출하여 기재한다. Fixed Lump-sum Price 계약(총액 계약)의 경우 BOQ가 아예 제공되지 않거나, 공사 종류별 집계표(Summary Sheet)만 제공되기도 한다. 이럴 때는 입찰자가 자체적으로 작성한 내역서의 총공사비와 공사 종류별 집계 금액만 제출하거나, 입찰서의 요구조건에 따라 상세 내역서를 제출해야 하는 사례도 있다.

5) 계약 조건(Contract Terms & Conditions)

계약 조건은 계약 방식, 지급 조건, 보증 사항, 분쟁 해결 방식 등을 포함한 법적 문서이며, 계약 체결 후 계약자의 권리와 의무를 결정하는 중요한 요소이다.
- 계약 방식: 단가 계약(Re-measurement, Unit Price), 총액 계약(Fixed Lump-sum), 턴키 계약(Turnkey), 설계·조달·시공 일괄 계약(EPC), 실비 정산 보수 가산 계약(Cost Plus Fee) 등의 계약 방식이 명시된다.
- 지급 조건: 선수금 지급 여부, 중간 기성 지급 방식(완료 수량 기준, 공정률 기준, 마일스톤 기준), 최종 지급 조건 등이 포함된다.

- 계약 변경과 분쟁 해결: 계약 변경(Change Order) 절차, 클레임과 분쟁 해결(Dispute Resolution) 절차를 정의한다.
- 보험과 보증: 프로젝트 수행 중 요구되는 보험(공사 보험, 제삼자보험, 근로자보험 등)과 각종 보증(Bid Bond, Performance Bond)의 조건이 포함된다.

2. 오류 확인

   1) 기본 도서 누락

   입찰서 검토의 첫 단계는 발주자가 제공한 문서가 완전한지 확인하는 것이다. 이를 통해 누락분과 상충 부분을 파악해야 한다.

   - 도면 누락 여부: 입찰 도면(Bid Drawings)과 같이 입찰 견적을 산출하는 데 필요한 도면이 포함되어 있는지 확인해야 한다. 각종 용역 보고서도 포함될 수 있으므로 확인이 필요하다. 도면의 상세 정도를 파악하여 입찰 도면으로 수량 산출과 견적이 가능한지, 혹은 일부 상세 설계(Detailed Design)를 진행해야 하는지 파악한다.
   - 시방서(Specifications) 누락 여부: 특정 자재, 공법, 시공 기준을 규정하는 기술 시방서가 목록과 일치하여 포함되어 있는지 점검한다.
   - BOQ 누락 여부: BOQ는 견적 산출의 기초 자료이며, 세부 내역서와 집계표 등이 논리적으로 정리되어 있는지 확인한다. Fixed Lump-sum 계약의 경우 BOQ가 아예 제공되지 않는 경우가 많기에, 수량 산출을 통한 자체 내역서 작성의 필요성을 파악해야 한다.
   - 계약 조건 초안 포함 여부: 발주자가 요구하는 계약 조건(Terms & Conditions), 공사 기간, 지급 조건, 지체보상금, 분쟁 해결 조항 등이 포함된 계약 문서 초안이 제공되었는지 확인한다.

   2) 상호 일치 여부

   입찰서 내의 BOQ, 도면, 시방서가 서로 일치하는지 확인하는 과정이 필수적이다. 만약 불일치 사항이 존재하면 견적 산출이 부정확해지고, 계약 체결 후 클레임의 원인이 될 수 있다. 주요 확인 사항은 다음과 같다.

- BOQ와 도면 간 일치 여부: 특정 공종이 BOQ에 반영되어 있는지 확인한다. Re-measurement 계약이면 BOQ에 누락된 항목 때문에, 공사 수행 중 설계 변경(Change Order)과 같은 추가 업무가 수반된다. 입찰 단계에서 누락된 공사 종류나 항목을 발췌하여 BOQ에 포함하여야 한다.
- BOQ와 시방서 간 일치 여부: BOQ에 명기된 자재와 시방서에 명시된 자재 규격이 동일한지 확인한다. 예를 들어, 시방서에서 40MPa 콘크리트를 요구하는데 BOQ에는 35MPa 콘크리트가 포함되어 있다면, 이는 수정이 필요하다.
- 설계 변경 반영 여부: 입찰 도서 배포 후 발주자가 설계를 변경하고 있다고 확인되면, 변경된 내용이 도면과 시방서에 올바르게 반영되었는지 확인해야 한다.
- 도면과 시방서 변경 이력: 토목 건축 기계 전기 소방 등 분야별 도면과, 시방서의 변경 이력을 확인한다. Revision 번호를 확인하여 각 공사 종류별 도서가 서로 일치하는지 확인한다.

3) 계약 공기 확인

계약 공기는 프로젝트 일정 관리와 입찰 전략 수립의 핵심 요소이며, 명확한 일정이 제공되었는지 검토해야 한다.

- 착공과 준공 일정: 착공(Commencement Date)과 준공(Completion Date) 일정이 명확하게 명시되어 있는지 확인해야 한다.
- 마일스톤 일정: 특정 공사 종류나 구간의 완료 기한, 부분 준공 기한이 있는 경우, 이를 확인하고 일정 계획을 수립해야 한다.
- 별도 패키지 완료 일정: 일부 프로젝트는 여러 공사를 별도로 발주하여 수행하기도 하므로, 이 경우 별도 발주 공사의 진행 현황과 완료 일정을 확인해야 한다.

4) NSC와 Provisional Sum 확인

NSC(Nominated Subcontractor, Prime Cost)와 Provisional Sum(잠정 금액)은, 해당 프로젝트에서 입찰자의 직접 수행분이 어느 정도인지 파악할 수 있게 해주는 지표이다.

NSC나 Provisional Sum이 과다할 경우, 수익성은 높지 않으면서 Main Contractor의 책임만 증가할 위험이 있다.

- NSC 확인: 발주자가 특정 하도급업체(Subcontractor)나 공급 업체(Supplier)를 지정했는지 확인하고, 예상 금액과 이에 해당하는 관리비와 이윤(Attendance & Profit, Wastage & Profit)을 입찰가에 반영해야 한다.
- Provisional Sum 확인: 특정 공종이 Provisional Sum으로 설정된 경우, 실지 집행 가능성을 확인하여 입찰 가격에 반영하여야 한다. 입찰 당시나 계약 시점에는 Main Contractor 분으로 책정되었다가, 집행 시점에 발주자가 직접 발주하거나 집행을 취소한다면, 공사 범위가 축소될 수도 있다.

3. 입찰 일정 확인

   1) 질의응답 기간

   입찰서의 내용이 불명확하거나 도면, 시방서, BOQ에서 불일치 사항이 발견되면, 질의응답(Request for Information, RFI)을 통해 확인해야 한다. 발주자는 일반적으로 RFI 제출 기한을 정해두며, 이 기간 이후에는 추가 질의를 받지 않는 사례가 많다. 발주자가 질의에 대한 답변을 언제 제공하는지 확인해야 한다. 답변이 늦어진다면 입찰 준비에 차질이 생길 수 있으므로, 일정이 촉박한 경우 발주자와 협의하여 신속한 응답을 받을 수 있도록 조치해야 한다. 일부 프로젝트에서는 질의응답 횟수를 제한하기도 하므로 이를 확인해야 한다.

   2) 현장 설명회(Pre-Bid Meeting) 일정

   현장 설명회 일정과 참석 여부를 미리 확인해야 한다. 발주자가 공식적으로 설명회를 개최한다면, 일정과 장소를 확인하고 참석자를 지정해야 한다. 대부분의 프로젝트에서는 실제 공사 부지 방문도 포함되므로, 현장의 정확한 상황을 파악할 수 있다. 현장 설명회 중 직접 질문이 가능한지, 또는 이후 별도의 질의응답 과정을 거쳐야 하는지 확인해야 한다. 설명회 참석 시 주요 경쟁사가 누구인지 파악하여, 경쟁 입찰 전략을 수립하는 데 참고할 수 있다.

3) 입찰 제출 마감일

입찰 제출 마감일을 확인하고, 서류 준비 및 내부 검토 일정과 연계하여 계획을 수립해야 한다. 마감일을 준수하지 못하면 입찰 자체가 무효 처리될 수 있으므로, 사전에 충분한 준비가 필요하다. 발주자는 일반적으로 특정 날짜, 시간과 장소를 지정하며, 전자 입찰(온라인)과 종이 문서 제출(오프라인) 방식이 다를 수 있다. 입찰 서류는 여러 부서(현지 지사, 영업팀, 견적팀, 기술팀, 법무팀 등)의 검토와 협업을 거쳐야 하므로, 마감일 기준 최소 3~5일 전까지 최종본을 완성하여 상호 검증하는 것이 바람직하다. 온라인 제출 방식인 경우, 발주자의 입찰 사이트에서 사전 테스트를 진행하여야 한다. 업로드 방식과 용량 제한을 확인하고, 마감 직전에 기술적 문제가 발생하지 않도록 대비해야 한다. 일부 프로젝트는 전자 입찰을 위해 인증서를 미리 발급받아야 할 경우도 있다. 인쇄본 제출이 요구되는 경우, 밀봉(Sealed Submission) 방식, 바인딩 요구사항, 원본과 사본 부수, 전자문서 별도 제작(PDF 변환 후 CD나 USB 저장), 직접 제출이나 우편 배송 가능 여부 등을 사전에 확인해야 한다. 일부 입찰에서는 공증(Notarization)이나 기업 대표로부터 위임된 권한(Power of Attorney)을 지닌 지사장의 서명이 포함된 제출 공문이 필요할 수 있으므로, 이를 미리 준비해야 한다. 입찰 보증(Bid Bond), 비밀 유지 서약서(Non-Disclosure Agreement), 성실 이행 서약서(Pledge of Faithful Performance) 등은 입찰서에 포함된 양식을 따르거나, 별도의 양식으로 작성해서 제출할 수 있다.

4) 가격과 기술 제안 개찰 일정

입찰서 제출이 완료된 후, 발주자가 가격 입찰서(Commercial Proposal)와 기술 제안서(Technical Proposal)를 언제 개찰하는지 확인해야 한다. 중동 국가의 공공기관 프로젝트의 경우에는, 제출 장소에서 입찰자 가격을 개봉하고 공표하므로, 입찰 순위를 바로 확인할 수 있다. 가격이 우선인 프로젝트가 대부분이므로, 최저가 입찰자를 보통 Lowest Bidder라고 한다. 일부 프로젝트에서는 기술 평가(Technical Evaluation)를 먼저 진행한 후, 이를 통과한 입찰자만 가격 평가(Commercial Evaluation)에 포함하기도 한다. 가격 입찰서 개찰 시 가격 평가 비중, 경쟁사 가격 비교 방법, 최저가 또는 종합 평가 방식 여부 등을 파악해야 한다. 발주자가 평가 결과를 언제 발표하는지 확인하고, 평가 과정 중 보완 자료 제출이 필요한 경우 이를 사전에 준비해야 한다. 입찰 결과에 대한 이의 제기가 가능한지 확인하고, 필요시 대응할 수 있도록 내부 전략을 마련한다.

5) 계약 체결과 착공 일정

계약 체결과 예상 착공 일정을 정확히 파악해야 한다. 발주자는 평가 완료 후 일정 기간 내에 낙찰을 통지하고 계약 체결을 요구할 수 있으며, 이 과정에서 계약 조항 협의가 필요할 수 있다. 계약 체결 전 낙찰 통지서(Letter of Acceptance, LOA)를 먼저 발급하는 사례도 있다. 입찰 보증금(Bid Bond)을 이행 보증금(Performance Bond)으로 전환하여 제출하는 일정도 확인해야 한다. 계약 체결 후 착공까지의 소요 기간을 확인하고, 공사 준비 기간이 충분한지 검토해야 한다. 계약 체결 후 자재나 장비를 발주할 경우, 납품 일정과 공사 일정이 맞는지 확인해야 한다. 공사 현장 인력, 장비, 협력업체 선정 등의 일정이 계약 일정과 맞물려야 하므로 사전 계획 수립이 필요하다.

4.3 발주자 요구사항 분석

발주자 요구사항 분석은 성공적인 입찰과 프로젝트 수행을 위한 필수 과정이다. 다양한 분석 기법을 활용해 발주자의 기대를 명확히 파악하고, 이에 대응하는 맞춤형 전략을 수립함으로써, 경쟁에서 우위를 점하고 발주자의 신뢰를 얻을 수 있다.

1. 발주자 요구사항 분석의 중요성

발주자 요구사항 분석은 입찰 과정에서 중요한 단계로, 발주자가 프로젝트를 통해 달성하려는 목표와 기대를 정확히 이해하는 데 초점이 맞춰진다. 발주자의 요구사항은 기술적, 금액적, 그리고 계약적 요소로 구성되며, 이를 상세히 분석하지 않으면 입찰 성공 가능성이 낮아질 수 있다. 철저한 분석을 통해 발주자의 기대를 정확히 충족하거나 초과하는 제안을 준비하면, 발주자의 신뢰를 얻고 평가에서 높은 점수를 받을 가능성이 커진다.

2. 발주자 요구사항 분석 주요 항목

   1) 요구사항 문서 검토

   발주자가 제공한 입찰 공고문과 입찰 도서를 철저히 검토하는 것은, 요구사항 분석의 첫 단계다. 이 과정에서 프로젝트 범위, 기술적 요구, 일정, 예산 등 발주자가 명시한 모든 조건을 체계적으로 분석해야 한다.

   2) 계약 조건 분석

   발주자가 제공한 계약 조건은 프로젝트의 주요 리스크와 책임 분배를 결정하는 중요한 요소다. FIDIC과 같은 국제 계약 조건에 명시된 의무 사항과 지급 조건을 활용하여, 제안서 작성 시 이를 충족하는 방안을 마련해야 한다. 리스크가 계약자에게 전가되는 조항이 있는지, 독소 조항이 있는지 확인하고, 필요시 발주자와 협의해야 한다.

   3) 평가 기준 검토

   발주자가 제시한 평가 기준(예: 기술 60%, 가격 40%)의 가중치를 분석하여, 제안서의 작성 방향을 설정한다. 기술 평가 비중이 높은 경우, 혁신적인 공법이나 대안 설계를 강조할 수 있고, 가격 평가가 중점이면 가격 경쟁력을 높이거나 비용 절감 방안을 제시하는 전략을 수립할 수 있다.

   4) 질의응답(RFI) 활용

   입찰 공고문이나 기술 사양서에서 불명확한 사항이 있는 경우, 발주자와의 공식 질의응답 과정을 통해 명확히 해야 한다. 이는 발주자의 요구사항을 더욱 구체적으로 이해하는 데 도움을 주며, 모호한 부분을 제안서에 잘못 반영하는 실수를 방지한다.

   5) 현장 설명회(Pre-Bid Meeting) 참여

   발주자가 주최하는 현장 설명회는 요구사항을 구체적으로 이해하고, 발주자의 의도를 파악하는 중요한 기회다. 현장에서 발주자가 직접 언급하는 세부 요구사항이나 프로젝트 목표는, 제안서 작성의 방향성을 결정하는 데 핵심 자료가 된다.

6) 유사 프로젝트 사례 분석

발주자가 과거에 발주한 유사 프로젝트 사례를 분석하여, 요구사항의 경향과 성공 요인을 파악한다. 발주자가 이전 프로젝트에서 특정 공법이나 품질 기준을 중시했다면, 이를 현재 제안서에 반영해 발주자의 신뢰를 높일 수 있다.

7) 경쟁사 분석

경쟁사가 발주자의 요구사항을 어떻게 충족시키는지 분석하고, 이를 기반으로 차별화된 전략을 수립한다. 경쟁사의 기술적 접근이 발주자에게 강점으로 평가될 경우, 이를 보완하거나 다른 측면에서 우위를 확보할 방안을 마련할 수 있다. 경쟁사 정보를 분석함으로써 발주자에게 더 높은 가치를 제공할 수 있는 제안을 준비할 수 있다.

8) 요구사항 도출 회의

영업팀, 입찰팀, 기술팀, 재무팀, 법무팀 등이 참여하는 회의를 통해, 발주자의 요구사항을 분석하고 실현할 수 있는 대응 방안을 도출한다. 각 팀이 자신의 전문성을 바탕으로 구체적인 검토 내용을 공유하고, 이를 통합해 종합적인 분석 자료를 작성한다.

9) Risk & Opportunity Matrix 작성

리스크와 기회 요인을 발생 가능성과 연결하여 분석하는 Matrix를 작성한다. 발주자의 요구사항과 관련된 리스크를 식별하고, 이를 관리하기 위한 대책을 수립한다. 특정 기술 사양이 자사의 기술력으로 구현할 수 없다고 판단된다면, 이를 보완할 대안을 마련하거나, 전문 업체들과 협의를 진행할 수 있다. 경쟁사 대비 강점을 보유하고 있는 분야에 대해서는 이를 강조하거나 키울 방법을 검토할 수 있다.

3. 발주자 요구사항 분석 시 유의 사항

1) 모호한 요구사항 해소

발주자가 요구사항을 명확히 제시하지 않았을 경우, 이를 질의응답 과정이나 현장 설

명회를 통해 명확히 해야 한다. 기술 사양이나 공법에 대한 구체적인 기준이 부족하다면, 발주자와의 소통을 통해 이를 확인해야 한다. 모호한 요구사항을 해소하지 못하면, 프로젝트 실행 중 추가 비용이나 일정 지연 등의 리스크가 발생할 가능성이 크다. 이러한 리스크를 사전에 방지하기 위해 발주자와 적극적으로 소통하며, 명확한 요구사항을 도출하는 것이 중요하다.

2) 발주자의 우선순위 이해

발주자가 요구하는 여러 요소 중에서 가장 중요한 우선순위를 이해하는 것이 필요하다. 발주자가 일정 준수를 최우선으로 강조한다면, 효율적인 공정 계획과 일정 관리 전략을 제안서에 포함해야 한다. 비용 절감이 우선순위라면 가격 경쟁력이 있는 업체를 발굴하고, 비용 절감 방안을 중점적으로 제시해야 한다.

3) 현지 규제와 요구사항 간의 충돌 분석

발주자의 요구사항이 현지 법률이나 규제와 충돌할 가능성을 미리 분석해야 한다. 발주자가 요구한 특정 자재나 공법이 현지 환경 규제를 위반할 경우, 이를 해결할 대안을 마련해야 한다. 이러한 대안을 제시함으로써 발주자와 협의할 수 있는 여지를 확보하고, 프로젝트 실행 중에 발생할 수 있는 법적 문제를 사전에 방지할 수 있다.

4. 분석 결과의 활용

분석 결과는 기술적 상업적 제안서의 작성 방향을 설정하는 데 활용된다. 발주자가 강조하는 핵심 요구사항을 우선순위로 반영하여 제안서를 구성함으로써, 발주자의 기대를 충족시킬 수 있다. 예를 들어, 발주자가 품질을 중시한다면, 고품질 자재와 공법을 제안하고, 이를 뒷받침하는 구체적인 데이터를 제시해 경쟁력을 강화한다. 분석 결과를 기반으로 발주자가 직면한 문제를 해결하거나, 요구사항을 충족할 맞춤형 제안을 제시한다. 공사 일정이 촉박한 경우 공사 기간 단축을 위한 혁신적인 공법과 효율적인 조달 방안을 포함한 계획을 제안할 수 있다. 발주자의 특정 요구를 충족하기 위해 제안서를 맞춤화하면, 경쟁사와 차별화된 강점을 발주자에게 제시할 수 있다.

4.4 입찰 전략 수립

효율적인 입찰 전략 수립은 입찰 성공의 핵심으로, 발주자의 요구를 충족하면서도 경쟁사와 차별화된 가치를 제공하는 데 목적이 있다. 철저한 분석을 통해 수립된 기술적 상업적 전략은, 입찰자의 경쟁력을 극대화하며 수주 가능성을 높일 수 있다.

1. 입찰 전략 수립의 중요성

    입찰 전략 수립은 발주자의 요구사항을 충족하면서도, 입찰 경쟁력을 높일 수 있는 차별화된 접근법을 제시하는 데 중점을 둔다. 기술적 전략은 프로젝트의 품질과 성과를 보장하며, 상업적 전략은 가격 경쟁력과 수익성을 확보하는 데 목적이 있다. 이 두 가지 전략이 조화를 이루어야 발주자에게 신뢰를 줄 수 있는 제안서를 작성할 수 있다.

2. 기술적 전략 수립

    1) 발주자 요구사항 분석

        기술적 전략 수립의 첫 단계는 발주자가 제시한 요구사항을 철저히 분석하는 것이다. 발주자의 기술 사양, 성능 기준, 공사 일정, 품질 관리 요건 등을 철저히 검토하여, 이에 적합한 방안을 도출해야 한다. 예를 들어, 특정 내구성을 요구하는 구조물이 포함된 프로젝트라면, 해당 요구사항을 충족할 수 있는 최적의 공법과 자재를 선정하는 과정이 필요하다. 발주자가 선호하는 특정 인증 기준(예: ISO 14001, LEED 등)이 있는지 확인하고, 이를 충족할 수 있도록 제안서를 구성해야 한다.

    2) 핵심 기술 강조

        발주자가 필요로 하는 기술적 문제를 해결하기 위해, 자사의 핵심 기술을 강조하는 것이 중요하다. 이는 단순한 기술 보유 여부를 나열하는 것이 아니라, 해당 기술이 프로젝트 수행 과정에서 어떤 가치를 제공할 수 있는지를 구체적으로 설명해야 한다. 공사 기간 단축이 중요한 프로젝트라면, 기존의 현장 조립 공법 대비 시공 기간을 단축할 수 있는 프리패브리케이션(Pre-Fabrication)과 같은 대안 공법을 제안하고, 과거 프로젝트에서 해당 기술을 성공적으로 적용한 사례를 포함하는 것이 효과적이다. 유지 보수 비용 절감이 중요한 프로젝트라면, 생애 주기 비용(Life Cycle Cost, LCC)을 절감할 방안을 제시하여, 장기적인 비용 절감 효과를 강조해야 한다.

3) 차별화 요소 개발

기술적 전략 수립 과정에서 경쟁사와 차별화될 수 있는 요소를 명확히 정의해야 한다. 경쟁사와 유사한 기술을 보유하고 있다면, 어떻게 더 효율적으로 적용할 수 있는지, 추가적인 부가가치를 제공할 수 있는지를 분석해야 한다. 동일한 강도의 콘크리트를 사용하더라도, 시공 과정에서 환경친화적인 공법(예: 저탄소 콘크리트 활용, 폐기물 재활용)을 적용하여 지속 가능성을 강조할 수 있다. 디지털 기술을 활용한 시공 관리(예: BIM, IoT 기반 공정 모니터링)를 적용하면, 프로젝트 관리 효율성을 높이는 방안을 제시할 수 있다.

4) 리스크 관리 계획 수립

기술적 전략에는 프로젝트 수행 중에 예상되는 기술적 리스크를 분석하고, 이를 최소화하는 방안을 포함해야 한다. 시공 과정에서 예상되는 기술적 문제(예: 불명확한 지반 조건, 고온·저온 환경에서의 시공)나, 공사 일정 내 발생할 수 있는 기술적 변수(예: 자재 납기 지연, 인력 부족)에 대해 사전에 대응할 수 있는 계획을 마련해야 한다. 긴급한 기술적 문제가 발생했을 때, 이를 해결하기 위한 대체 기술 적용이나 신속한 엔지니어링 지원을 제시함으로써, 발주자로부터 신뢰를 얻을 수 있다.

3. 상업적 전략 수립

1) 경쟁력 있는 가격 제안

상업적 전략 수립의 핵심은 발주자의 예산 내에서 최적의 가격을 제안하면서도, 입찰자의 수익성을 확보하는 것이다. 이를 위해 원가를 철저히 분석하고, 재료비, 노무비, 장비 비용, 운송비, 관리비, 이윤 등 모든 비용 요소를 세밀하게 검토해야 한다. 원가 분석에서는 단순히 견적을 산출하는 것이 아니라, 경쟁사 대비 우위를 점할 수 있는 요소를 도출하는 것이 중요하다. 현지 공급망을 활용하여 재료비를 절감하거나, 공정을 최적화하여 노무비를 줄이는 전략을 제시할 수 있다. 프로젝트 규모와 계약 조건에 따라, 발주자와 협상을 통해 추가 비용 절감 가능성을 모색해야 한다. 경쟁력 있는 가격을 제시하는 동시에 발주자가 요구하는 성능을 유지할 방안을 강조하는 것이, 효과적인 상업적 접근 방식이다.

2) 장기적 비용 절감 방안 제안

발주자는 초기 건설 비용은 물론, 운영과 유지보수 비용까지 고려하여, 프로젝트의 전체 생애 주기 비용(Life Cycle Cost, LCC)을 평가한다. 따라서 상업적 전략 수립 시, 단순히 저렴한 공사 비용을 제안하는 것이 아니라, 장기적인 비용 절감 효과를 입증할 방안을 포함해야 한다. 에너지 절약형 설비를 적용하면 전력 비용을 줄일 수 있고, 내구성이 높은 자재를 사용하면 유지보수 비용을 절감할 수 있다. 자동화 시스템이나 스마트 유지보수 솔루션을 활용하여 운영 효율성을 높이는 전략도, 발주자에게 매력적인 요소가 될 수 있다. 이러한 비용 절감 방안을 명확한 자료와 사례를 통해 입증하면, 발주자로부터 긍정적인 평가를 받을 가능성이 높아진다.

3) 재정적 리스크 관리

해외 공사에서는 환율 변동, 물가 상승, 정치적 불안정, 규제 강화와 같은 재정적 리스크가 프로젝트 수익성에 미치는 영향이 크다. 입찰자는 재정적 리스크를 사전에 분석하고, 이를 완화하기 위한 구체적인 전략을 제시해야 한다. 환율 변동 리스크를 줄이기 위해 환율 헤지 전략을 적용할 수 있으며, 원자재 가격 상승에 대비해 장기 구매 계약을 체결하거나, 대체 공급망을 확보하는 방안을 검토할 수 있다. 계약 조건에 물가 변동 조항(Escalation)을 포함하고, 인플레이션이나 환율 변동에 따른 추가 비용을 조정할 수 있도록, 발주자와 협의하는 것도 효과적인 방법이다.

4) 부가가치 제안

입찰에서 경쟁력을 확보하기 위해서는 단순히 가격만을 강조하는 것이 아니라, 발주자에게 실질적인 부가가치를 제공할 수 있는 요소를 포함해야 한다. 프로젝트 종료 후 일정 기간 무상 유지보수 서비스를 제공하거나, 발주자 기술진을 대상으로 한 교육 프로그램과 같은 내용을 포함하면 긍정적인 평가를 받을 수 있다. 기업의 환경적 사회적 책임을 고려한 ESG(Environmental, Social, Governance) 전략을 강조하는 것도, 하나의 부가가치가 될 수 있다.

4. 전략 통합의 중요성

    기술적 전략과 상업적 전략은 독립적으로 운영되는 것이 아니라, 하나의 통합된 전략으로 작동해야 한다. 기술적 우위가 가격 경쟁력을 뒷받침해야 하며, 비용 절감 방안이 기술적 구현 가능성을 높이는 방식으로, 상호 보완 관계를 형성해야 한다. 고급 기술을 적용하면 초기 비용이 상승할 수 있지만, 공사 기간을 단축하거나 장기적으로 유지보수 비용을 절감할 수 있다는 점을 강조함으로써, 전체적인 경제성을 확보할 수 있다. 기술적 차별화 요소를 활용하여 경쟁사보다 우위를 점하는 것도 효과적인 전략이 될 수 있다.

4.5 입찰팀 구성과 현지 출장 업무 수행

입찰팀 구성과 현지 출장 업무는 입찰 전략의 핵심적인 기반을 제공한다. 팀원 간의 명확한 역할 분담과 전문성을 바탕으로, 현지에서 기술과 가격 자료를 직접 확인하고 효율적인 입찰을 준비해야 한다. 현지 출장에서 수집한 정보와 자료를 입찰 전략과 제안서에 반영하면, 경쟁력을 높이고 프로젝트 수주 가능성을 높일 수 있다.

1. 입찰팀 구성의 중요성

    1) 전문성과 협업

        성공적인 입찰을 위해서는 영업, 견적, 기술, 재무, 법무와 지원 부서 등, 각 분야의 전문가들로 입찰팀을 구성해야 한다. 각 전문가는 자신의 전문성을 바탕으로 발주자의 요구사항을 충족시키고, 경쟁사와 차별화된 제안을 작성할 수 있는 기반을 제공한다. 기술 전문가는 혁신적인 설계와 시공 방안을 제시하고, 견적 전문가는 합리적인 비용 산출과 원가 관리를 통해 경쟁력을 확보한다. 이와 함께 팀 간의 효율적인 협업과 업무 분담은 중복 작업을 줄이고, 입찰서의 완성도를 높이는 데 이바지한다.

2) 해외 입찰에서의 팀 구성

해외 공사에서 입찰팀의 역할은 국내와 달리 더욱 중요해진다. 발주국의 법적 행정적 요구사항, 시장 환경, 그리고 문화적 특수성을 반영한 입찰 준비가 필수적이기 때문이다. 이를 위해 현지 조사와 출장 업무를 담당할 팀원들이 포함되어야 하며, 현지에서 협력업체와 직접 소통하고 필요한 자료를 수집할 수 있는 능력을 갖춘 인력이 필요하다. 현지 법률과 관세 규정을 분석하거나, 현지 파트너와의 협력 방안을 마련하기 위해 현지 전문가를 팀에 포함하는 것이 효과적이다.

3) 전략적 팀 구성과 입찰 성공

입찰팀 구성은 단순히 인력을 배치하는 것이 아니라, 각 팀원의 역할과 책임을 명확히 정의하고, 목표를 공유하는 전략적 과정이다. 영업팀, 견적팀, 기술팀, 법무팀 및 지원 부서 간의 긴밀한 협력과 지속적인 의사소통은, 발주자의 평가 기준을 충족하고 입찰 경쟁에서 우위를 확보하는 데 필수적이다. 특히, 프로젝트 매니저(PM)는 각 부서 간 조율 임무를 수행하며, 전체 입찰 과정을 통합적으로 관리해야 한다. 이를 통해 입찰 과정의 업무 효율성을 높이고 경쟁력을 강화할 수 있다.

2. 입찰팀 구성 요소와 역할

1) 팀 구성원과 주요 역할

- 프로젝트 매니저(PM): 입찰 전체 과정을 총괄한다. PM은 입찰 전략을 수립하고 각 부문의 작업을 조율한다. Proposal Manager라고 부르기도 한다.
- 영업팀: 현지 지사와 협업하여 발주자와의 주요 의사소통을 담당한다.
- 기술팀: 기술 제안서 작성, 발주자 요구사항 분석, 설계와 공법 검토를 담당한다. 발주자의 기술 사양을 충족하거나, 초과할 수 있는 최적의 기술적 솔루션을 제시한다.

- 견적팀: 비용 산출, 원가 분석, 가격 경쟁력 확보를 위한 업무를 수행한다. 비용 효율성을 높이고 최적의 가격 구조를 제안한다.
- 법무팀: 계약서 검토, 법적 리스크 분석, 계약 조건의 법적 타당성을 확인한다. 계약상의 불리한 조건을 식별하고, 이를 수정하거나 협상한다.
- 현지 지사: 현지 법규, 문화, 시장 정보를 조사하며, 발주자와의 현지 소통을 담당한다. 현지 발주 환경에 맞춘 실질적인 조언을 제공한다.
- 구매 부문: 현지 상황에 맞춘 자재 조달 전략 수립과 현지 협력업체 발굴을 진행한다. 프로젝트의 현지 적응력을 높이고, 경쟁력을 강화하는 데 이바지한다.

2) 팀 구성 시 고려 사항
- 해외 경험: 해외 프로젝트 수행 경험이 풍부한 인력을 배치한다. 이는 프로젝트의 복잡성과 국제적인 요구를 충족시키기 위한 필수 조건이다. 해당 국가의 프로젝트 수행 경험 보유자는 현지 상황을 가장 잘 알 수 있기에 필수적이다.
- 전문성 확보: 발주자가 요구하는 기술적 상업적 조건에 적합한 전문성을 보유한 인력을 선정한다. 각 팀원이 자신의 전문 분야에서 발주자의 기대를 충족하거나 초과 달성할 수 있어야 한다.
- 유연성 제고: 현지 상황과 발주자 요구사항 변화에 유연하게 대응할 수 있는 팀으로 구성한다. 예측 불가능한 변화에 적응할 수 있는 능력도 중요하다.

3. 현지 출장 업무 수행 계획
1) 현지 출장 준비

현지 출장 준비는 성공적인 입찰을 위한 사전 단계로, 현지 법규, 협력사 리스트, 시장 동향, 발주자의 기대 사항을 철저히 조사하는 것을 목적으로 한다. 이를 통해 프로젝트와 관련된 주요 정보를 수집하고, 발주자의 요구와 현지 조건 간의 차이를 분석할 수 있다. 건설 자재와 노무비 수준을 조사해 예상 비용을 산출하고, 현지 규제와 인증 요건을 파악해 법적 리스크를 최소화한다. 철저한 사전 조사를 통해 현지 출장의 효율성을 높일 수 있다.

2) 일정 계획

출장 일정 계획은 발주자 미팅, 현장 답사, 협력사 견적 의뢰 및 접수와 같이, 주요 활동을 체계적으로 조직하는 과정으로, 효율적인 시간 관리와 목표 달성을 위해 필수적이다. 각 일정의 세부 계획은 출장의 목표와 기대 성과를 기반으로 설정하며, 활동 간의 우선순위를 명확히 구분해야 한다.

3) 자료 준비

현지 출장 중 활용할 견적 의뢰 자료, 조사 체크리스트 등의 사전 준비는 출장의 성과를 높이는 중요한 단계다. 철저한 준비는 현지 출장 업무의 효율성을 높일 수 있다. 추가로, 출장 중에 발생할 수 있는 예상치 못한 상황에 대비해, 대체 자료나 추가 문서를 준비해 유연성을 확보해야 한다.

4) 현지 업무 수행

현지 업무 수행 단계에서는 발주자와의 미팅, 현장 답사, 협력사 접촉이 주요 활동으로 이루어진다. 발주자 미팅에서는 발주자를 직접 만나 프로젝트 요구사항, 평가 기준, 협상 가능 조건을 논의하며, 발주자의 우선순위와 기대 사항을 명확히 파악해야 한다. 발주자의 공사비 지급 조건이나 공사 일정과 관련된 구체적인 요구사항을 확인함으로써, 제안서에 반영할 수 있는 실질적인 정보를 확보한다. 현장 답사 때는 프로젝트 부지를 직접 방문해 환경, 접근성, 자재와 장비 반입 가능성을 확인한다. 현장의 지형 조건, 물류 경로, 인프라 상태를 조사하여 공사 진행 시 발생할 수 있는 리스크를 사전에 평가한다. 협력사 접촉은 현지 협력업체와의 협업 가능성을 검토하고, 견적을 접수하는 단계이다. 조달 업체의 공급 능력, 품질 보증 체계, 가격 수준 등을 평가하며, 경쟁력 있는 가격을 산정할 기반을 마련한다.

4. 현지 출장 시 유의 사항

1) 발주자 국가 문화와 관습 존중

발주자 국가 문화, 관습과 종교를 이해하고 이를 업무 수행에 반영하는 것은 출장의 기본이다. 현지 문화에 대한 이해와 존중은 현지인과의 관계를 긍정적으로 형성하며, 문화나 종교 차이에서 발생할 수 있는 문제를 예방할 수 있다. 예를 들어, 이슬람의 라마단(금식) 기간에 중동 국가로 출장을 간다면, 낮에는 공개된 장소에서 음식을 먹지 못하는 것과 같은 종교적으로 유의해야 할 사항들을 미리 확인해야 한다.

2) 리스크 관리

현지 출장에서는 정치적, 경제적, 환경적 리스크를 사전에 평가하고, 대응 방안을 마련하는 것이 필수적이다. 특히, 견적을 접수할 협력업체에 대한 철저한 사전 평가를 통해 조달 리스크를 줄이고, 실질적이면서 경쟁력 있는 가격을 산정해야 한다.

3) 시간과 비용 관리

출장 일정을 효율적으로 관리하여 불필요한 시간 낭비와 비용 초과를 방지하는 것이 중요하다. 모든 미팅과 현장 방문을 출장 일정 내에 효과적으로 진행할 수 있도록 준비하고, 출장 목적을 달성할 수 있도록 세부 계획을 수립해야 한다. 시간과 비용을 효율적으로 관리하면 출장의 성과를 극대화하고, 예산 초과 문제를 방지할 수 있다.

4) 현지 협력 강화

현지에서 직접 협력사, 정부 기관, 발주자와의 협력 관계를 구축하고 강화하는 것이 필수적이다. 현지 정부 기관을 방문하여 추가 허가 요건을 직접 확인하거나, 협력사와의 긴밀한 협력을 통해 조달 안정성을 확보해야 한다. 지속적으로 공사를 수행하고 있지 않은 국가의 협력사들에게는 입찰을 위한 일회성 접촉이 아니고, 장기적인 협력을 목표로 하고 있다고 인식시키는 것이 중요하다.

4.6 입찰 일정 관리

입찰 일정 관리는 입찰 성공을 위한 필수적인 활동으로, 제한된 시간 내에 체계적이고 효과적으로 작업을 수행할 수 있도록 돕는다. 효율적인 일정 관리를 통해 입찰자는 발주자가 요구하는 품질과 내용을 충족하는 제안서를 기한 내에 제출할 수 있다. 해외 공사의 경우 현지 요인 적용과 다국적 팀 협업이 요구되므로, 일정 관리의 중요성이 더욱 강조된다. 철저한 계획, 정기적인 점검, 그리고 유연한 대응 방안을 통해 입찰 일정을 관리해야 한다.

1. 입찰 일정 관리의 중요성

    입찰 일정 관리는 입찰 준비 과정의 모든 단계를 계획하고 실행하며, 입찰서 제출 마감일을 준수하기 위한 체계적인 프로세스를 말한다. 입찰 성공의 핵심 요소로 입찰 과정에서 발생할 수 있는 혼란을 최소화하고, 제한된 시간 내에 고품질의 제안서를 제출할 수 있도록 돕는다. 해외 공사의 경우 현지 법률, 규제, 시차, 다국적 협업과 같은 외부 요인들이 영향을 미치므로, 일정 관리의 중요성이 더욱 커진다.

2. 입찰 일정 관리의 주요 단계

    1) 일정 계획 수립

        입찰 일정 관리는 발주자가 제시한 주요 마감일을 기반으로, 전체적인 계획을 수립하는 것에서 시작된다. 입찰 공고문에 명시된 현장 설명회 일정, 질의응답 기간, 입찰서 제출 마감 등을 확인하고, 이를 중심으로 세부적인 일정을 계획한다. 초기 계획 단계에서 명확한 일정이 수립되면, 전체 입찰팀이 동일한 일정을 공유하며 효율적으로 입찰 준비 업무를 진행할 수 있다.

    2) 주요 마일스톤 식별

        입찰 일정에서 중요한 단계인 마일스톤을 식별한다. 내부 심의, 제안서 작성과 검토, 입찰 품의, 최종 제출과 같은 주요 이벤트를 식별하고, 이를 기준으로 세부 작업 일정을 배치한다. 각 마일스톤은 전체 입찰 준비의 진행 상황을 평가할 수 있는 기준점으로 작용하며, 마일스톤 완료 여부를 통해 일정 관리의 효율성을 판단할 수 있다.

    3) 업무 분담

        입찰 준비 과정에서 각 단계에 필요한 업무를 세분화하고, 이를 수행할 책임자를 지정한다. 각 팀원의 전문성을 최대한 활용할 수 있도록 설계되며, 팀 간의 협업을 통해 작업의 중복이나 누락을 방지한다.

4) 일정 관리와 의사소통

입찰 준비 과정에서 일정이 계획대로 진행되고 있는지 지속적으로 관찰한다. 추가 입찰 서류 발급과 같이 예상치 못한 문제가 발생하면, 신속히 일정을 조정하여 마감에 차질이 없도록 해야 한다. 이를 위해 정기적인 진행 상황 점검 회의를 운영하며, 각 단계의 작업 완료 여부를 확인한다. 입찰서 제출 마감일을 최우선으로 고려하며, 필요한 경우 작업 우선순위를 재설정하거나, 자원을 추가로 투입하여 문제를 해결한다. 입찰 일정 관리는 팀 내 명확한 의사소통을 통해 이루어진다. 각 부서와 팀원이 자신의 역할과 책임 명확히 이해하도록, 정기적인 회의와 진행 상황 공유 체계를 운영한다.

5) 최종 점검과 제출

입찰서 제출 마감일 전에 모든 작업이 완료되었는지 점검한다. 최종 점검 단계에서는 제안서 내용 검토, 서류 누락 확인, 제출 방식(온라인 또는 오프라인) 확인 등이 포함된다. 특히, 발주자가 요구한 제출 양식을 정확히 준수했는지, 모든 서명과 인증이 완료되었는지 확인해야 한다.

3. 입찰 일정 관리의 주요 요소

1) 시간 관리 도구 활용

효율적인 일정 관리를 위해 Microsoft Excel이나 Microsoft Project와 같은 프로젝트 관리 도구를 활용한다. 이러한 도구를 통해 작업 계획을 시각적으로 관리하고, 각 작업의 상태와 진행률을 실시간으로 확인할 수 있다.

2) 여유 시간 확보

예상치 못한 상황(예: 추가 입찰 자료 발급, 입찰 질의에 대한 답변 지연, 내부 검토 지연 등)을 대비하여, 주요 작업 일정에 여유 시간을 포함한다. 이는 비상 상황에서도 입찰서 제출 마감일을 준수할 수 있도록 하는 안전장치 역할을 한다.

3) 명확한 의사소통

모든 팀원에게 일정 변경 사항을 신속히 공유하여 작업 혼란을 방지한다. 팀 간 명확한 의사소통이 이루어지지 않으면, 일정 지연이나 작업 누락이 발생할 수 있다. 정기적인 회의와 업데이트를 통해, 모든 팀원이 동일한 정보를 공유하도록 한다.

4) 리스크 관리

입찰 일정 관리 과정에서 발생할 수 있는 리스크(예: 자료 준비 지연, 재 심의 등)를 식별하고, 이를 해결하기 위한 대책을 사전에 마련한다. 예를 들어, 자료 준비가 지연될 것 같으면, 보완 자료 제출 마감일을 사전에 발주자와 협의하거나, 필요한 경우 추가 인력을 투입해 작업 속도를 높일 수 있다.

4. 일정 관리 시 유의 사항

1) 현지 시차와 법적 요구사항

발주국과의 시차를 정확히 계산하여 작업 일정을 조율해야 한다. 예를 들어, 발주자가 현지 시각으로 오전 10시까지 입찰서를 제출하도록 요구하면, 국내 기준으로는 하루 전날 밤에 작업이 완료되어야 할 수 있다. 또한, 발주국의 법적 행정적 요구사항(예: 공휴일에 따른 업무 제한)을 철저히 검토하여 일정에 반영해야 한다.

2) 다국적 팀 협업

여러 국가의 팀원과 협업이 진행 중이면, 각국의 업무 시간대와 휴일을 고려하여 일정을 조정해야 한다. 팀 간의 효과적인 의사소통과 업무 분담을 위해, 업무 시간대를 기준으로 회의 일정을 조율하는 것도 중요하다. 화상 회의 시간을 모든 지역의 업무 시간에 겹치도록 설정하거나, 녹화된 회의 자료를 공유하는 방식으로 진행할 수 있다.

3) 자료 준비 지연

각 부서의 협조가 늦어지는 경우 입찰 일정 전체가 지연될 위험이 있다. 예를 들어, 기술팀에서 제공해야 할 설계 자료가 늦어지면, 견적팀의 비용 산출 작업도 차질을 빚게 된다. 이를 극복하기 위해 초기 단계에서 명확한 작업 일정을 설정하고, 각 부서의 역할과 마감일을 구체적으로 할당해야 한다. 정기적인 진행 상황 점검 회의를 통해 부서 간의 협력 상황을 모니터링하고, 지연이 예상되면 즉각적인 대책을 마련해야 한다.

4) 예상치 못한 변수

추가 입찰 자료 발급, 질의응답 지연, 발주자의 일정 변경, 또는 내부 심의 지연과 같은 예상치 못한 변수가 발생할 수 있다. 이를 해결하기 위해 초기 일정 설계 시 단계마다 여유 시간을 확보하고, 일정 유연성을 높이는 전략을 적용해야 한다. 또한, 변수 발생 시 신속히 대응할 수 있도록, 책임자와 의사결정 구조를 사전에 명확히 설정해야 한다. 팀 간 협력을 강화해 비상 상황에서도 빠르게 대안을 마련하고, 발주자와의 소통 창구를 통해 일정 변경 사항을 즉각 공유하는 것도 효과적이다.

5) 팀 간 의사소통 문제

팀 간 의사소통이 원활하지 않으면 일정 관리가 어려워질 수 있다. 기술팀, 영업팀과 견적팀 간 정보 공유가 제대로 이루어지지 않으면, 중요한 정보가 누락되거나 업무가 중복될 가능성이 있다. 이를 방지하기 위해 정기적인 상태 모니터링 체계를 도입하고, 실시간 의사소통 도구를 활용해야 한다. 특히, 각 팀의 책임자 간 의사소통을 강화하고, 모든 팀원이 현재 진행 상황과 남은 작업을 명확히 이해하도록 해야 한다. 또한, 의사소통에 대한 명확한 프로세스를 설정해 혼란을 줄이고, 중요한 정보가 모든 팀원에게 정확히 전달되도록 해야 한다.

4.7 입찰 질의서 (Request for Information)

입찰 질의서(Request for Information, RFI)는 발주자의 요구사항을 명확히 이해하고, 이를 기반으로 최적의 제안서를 작성하기 위한 도구다. 발주자가 제공한 입찰 자료에서 불명확하거나 추가 정보가 필요한 부분에 대해, 명확한 답변을 받기 위해 주고받는 서류다. 명확하고 구체적인 질문 작성, 발주자의 회신 관리, 이를 입찰 전략에 반영하는 체계적인 접근이 중요하다. 발주자의 회신 내용을 효과적으로 활용하면 입찰 제안서의 품질과 경쟁력을 높이고, 발주자와의 신뢰를 강화할 수 있다.

1. RFI 작성과 송부 절차

    1) 입찰 자료 검토

        RFI를 작성하기 위해서는 먼저 입찰 자료를 상세하게 검토해야 한다. 입찰 지침서, 시방서, 도면, BOQ, 계약 조건 등의 문서를 분석해서, 불명확하거나 추가적인 설명이 필요한 항목을 식별한다. 예를 들어, 시방서에 모호한 표현이 있으면, 해당 항목이 입찰 전략에 영향을 미칠 수 있으므로 명확히 파악해야 한다. 계약 조건, 프로젝트 일정과 같이 공사 진행에 직접적으로 영향을 미치는 요소도 꼼꼼히 확인해야 한다.

    2) 질문 항목 구성

        RFI에 포함될 질문은 간결하고 명확하게 작성되어야 하며, 발주자가 쉽게 이해하고 답변할 수 있는 구체적인 문구를 사용한다. 관련 입찰 도서를 구체적으로 참고하고 명기해야 한다. 예를 들어, "구조 도면 S-104(기초 구조 평면도)에 기초 콘크리트의 강도 기준이 명시되지 않았습니다. 해당 자재의 구체적인 강도 요구사항을 알려주시기를 바랍니다"와 같이 구체적인 정보 요청 형식으로 작성한다. 이를 통해 불필요한 혼선을 방지하고, 필요한 정보를 신속히 확보할 수 있다.

    3) 우선순위 설정

        식별된 모든 질문은 입찰자의 입찰 전략과 기술 제안서 작성에 미치는 중요도에 따라, 우선순위를 설정해야 한다. 예를 들어, 비용 산정과 공법 선택에 영향을 미치는 질문을 상위에 배치하고, 기타 부가적인 질문은 뒷부분에 정리한다. 이러한 우선순위 설정은 발주자의 효율적인 답변을 유도하고, 입찰자가 필요한 정보를 적기에 확보할 수 있도록 돕는다.

    4) RFI 작성

        RFI 문서는 발주자의 요구사항에 맞춰 체계적으로 작성해야 한다. 문서에는 명확한 제목과 함께 각 질문에 번호를 부여해 관리 용이성을 확보한다. 질문은 간결하면서도 구체적으로 작성하고, 응답 기한을 명확히 명시해야 한다. RFI 문서 구성은 일반적으로 다음과 같다.

- 문서 제목: 입찰 질의서(프로젝트 이름과 입찰 번호 포함) 제목을 작성한다.
- 질문 번호: 각 질문에 번호를 부여한다. 공종별로 따로 번호를 매기기도 한다.
- 관련 문서 : 도면, 시방서, BOQ와 같은 입찰 도서를 명기한다.
- 질문 내용: 간결하고 구체적으로 작성한다.
- 필요 응답 기한: 답변이 필요한 시점을 명확히 명시한다.

5) 송부와 확인

작성된 RFI는 발주자가 지정한 이메일 주소나 온라인 시스템을 통해 보낸다. RFI를 보낼 때는 요청 사항과 기한을 구체적이고 명확하게 전달하여, 발주자가 효율적으로 답변을 준비할 수 있도록 한다. 송부 후에는 발주자로부터 회신 여부를 확인해 답변이 제대로 수신되었는지 관리한다.

2. 발주자 회신 관리

1) 회신 확인과 검토

발주자로부터 수신된 답변은 즉시 검토하여 질문에 대한 충분한 답변이 제공되었는지 확인해야 한다. 모든 질문이 명확히 해결되었는지 검토하고, 불충분하거나 모호한 답변이 있을 때는 후속 질의를 발송한다.

2) 회신 내용 정리

발주자의 답변 내용을 항목별로 정리하여 체계적으로 관리한다. 정리된 내용을 관련 부서에 신속하게 공유하여, 각 부서가 필요한 정보를 효율적으로 활용할 수 있도록 한다. 이러한 협업은 회신 내용을 입찰 문서에 반영하는 데 중요한 역할을 한다.

3) 입찰 전략 수정

발주자의 회신을 기반으로 기술 제안서, 상업 제안서, 일정 계획을 수정하거나 보완한다. 회신에서 추가된 사양이나 요구사항으로 인해 비용과 일정의 변동이 예상될 경우, 이를 즉각적으로 반영하여 전략을 재정립한다. 예를 들어, 발주자가 특정 공법을 요청하거나 기술 사양을 변경하였으면 기술 검토를 추가로 시행하고, 수정 견적이 필요하면 협력업체에 관련 변경 내용을 정리하여 보낸다.

3. RFI 작성 시 유의 사항

    1) 발주자 입찰 지침 준수

    발주자가 제시한 RFI 형식, 송부 방법, 질의 기한 등의 지침을 철저히 준수해야 한다. 예를 들어, 특정 파일 형식(pdf, .docx, xlsx)을 요구하거나, 지정된 이메일 또는 온라인 시스템을 통해 보내도록 요청하였으면 이를 정확히 따라야 한다. 지침을 준수하지 않으면 발주자의 답변이 지연되거나, RFI가 무효 처리될 수 있으므로 세부 사항을 사전에 확인하는 것이 중요하다.

    2) 질문 제한 준수

    발주자가 RFI에 포함할 수 있는 질문 수를 제한하는 경우, 시공자의 입찰 전략에 큰 영향을 미치는 질문을 신중히 선정해야 한다. 예를 들어, 공사 비용 산정, 공법 선정, 또는 프로젝트 일정에 직접적인 영향을 미치는 질문을 우선하여 작성해야 한다. 이를 통해 제한된 질문 수 내에서도 핵심적인 정보를 먼저 확보할 수 있다. 질문 우선순위를 잘못 설정하면 입찰 준비 과정에서 중요한 정보를 놓칠 수 있으므로 전략적으로 접근해야 한다.

    3) 회신 지연 대비

    발주자의 회신이 예상보다 지연될 가능성을 고려해 RFI 제출 일정을 사전에 조정해야 한다. 예를 들어, 입찰 마감 기한보다 최소 2주 전에 질의를 송부하여 발주자의 회신을 받을 충분한 시간을 확보해야 한다. 이는 발주자가 답변 준비 과정에서 예상치 못한 시간이 소요되더라도, 시공자가 입찰 준비에 차질을 빚지 않도록 하기 위함이다. 또한, 회신 지연을 대비해 사전에 가능한 모든 질문을 정리하여 한 번에 제출하는 것이 효과적이다.

4. RFI 관리와 활용

   1) 내부 기록 보관

   RFI를 통해 발주자와 주고받은 모든 질의응답 기록은 체계적으로 관리하고 보관해야 한다. 답변 내용을 공유 플랫폼에 정리해 팀 간에 효율적으로 공유함으로써, 입찰 전략 수립과 향후 협상 자료로 활용할 수 있다. RFI 기록은 계약 협상과 향후 공사 수행에도 큰 영향을 미치므로, 정확하게 기록되고 공유되어야 한다.

   2) 입찰서에 반영

   발주자의 회신 내용은 입찰서 작성에 반드시 반영되어야 하며, 특히 기술적, 상업적 내용을 수정하거나 보완할 때 활용된다. 추가된 사양이나 공법 변경으로 인해 비용이 변동되는 경우, 협력업체 재 견적을 통해 이를 반영해야 한다. 이를 통해 입찰서의 정확성과 경쟁력을 높일 수 있다.

   3) 경쟁사 입찰 준비 상황과 전략 파악

   입찰 과정에서 발주자는 모든 입찰자의 질의를 취합하여, 동일한 답변을 모든 입찰자에게 배포한다. 이는 공정성을 유지하고 특정 입찰자에게만 정보를 제공하는 것을 방지하려는 조치이며, 모든 입찰자는 동일한 수준의 정보에 접근할 수 있다. 입찰자는 배포된 질의응답 자료를 검토함으로써, 경쟁사의 입찰 준비 현황과 전략을 간접적으로 파악할 수도 있다. 특정 내용이 포함된 질의응답을 통해, 해당 입찰자가 어떤 부분을 중점적으로 분석하고 있는지 유추할 수 있으며, 기술적 요구사항이나 공사 범위에 대한 해석 차이를 확인하여 입찰에 반영할 수도 있다.

4.8 추가 입찰 서류

입찰 기간에 발행되는 Bid Bulletin, Addendum, Corrigendum과 같은 추가 서류는, 발주자의 요구사항과 프로젝트 조건 변경을 반영하며, 입찰자들이 동일한 기준에서 경쟁할 수 있도록 하는 중요한 역할을 한다. 이들 자료는 발주자와 입찰자 간의 명확한 의사소통을 지원하며, 입찰 준비 과정에서 발생할 수 있는 문제를 최소화하는 데 이바지한다. 따라서, 입찰자는 추가 입찰 서류의 내용을 철저히 검토하고, 이를 입찰서 작성에 정확히 반영해야 한다.

1. 추가 입찰 서류의 개요

    입찰 과정에서 발주자는 필요에 따라 추가 입찰 서류를 발행하며, 이는 입찰 공고 이후 입찰자에게 제공되는 보완 정보나 변경 사항을 포함한다. 이러한 추가 서류는 발주자의 요구사항이나 프로젝트 조건의 변경, 명확화, 또는 수정된 지침을 반영하며, 입찰자들에게 정확하고 동등한 정보를 제공하여 공정한 경쟁을 보장하는 역할을 한다. 추가 입찰 서류는 프로젝트 진행 과정에서 발생할 수 있는 불확실성을 해소하고, 발주자와 입찰자 간의 원활한 협력을 가능하게 한다. 이를 통해 입찰자들은 명확한 정보를 기반으로 경쟁력 있는 제안을 준비할 수 있다.

2. 추가 입찰 서류 발급 원인

    1) 설계나 요구사항의 변경

        발주자가 공사 설계, 사양, 프로젝트 요구사항을 수정하거나 보완할 필요가 있을 때 추가 서류가 발행된다. 이러한 변경은 입찰 진행 중에 발견된 기술적 개선점이나, 발주자의 요구사항 변화에 따라 발생할 수 있다. 발주자는 이러한 변경 사항을 신속히 전달함으로써, 입찰자들이 수정된 요구사항에 따라 제안을 준비할 수 있도록 한다.

    2) 입찰자의 질의응답

        입찰자들이 입찰 문서에서 명확하지 않은 사항에 대해 질의하면, 발주자는 이를 반영한 추가 정보를 제공하기 위해 서류를 발행한다. 예를 들어, 특정 항목의 사양에 대한 명확화나, 도면상의 불일치를 해소하기 위한 보완 자료가 포함될 수 있다.

    3) 오류나 누락의 수정

        초기 발행된 입찰 문서에서 오류나 누락이 발견되었을 경우, 이를 수정하기 위해 추가 입찰 서류가 발행된다. 예를 들어, BOQ에서 항목이 누락되거나 단위가 잘못 표기된 경우, 이를 바로잡는 수정 사항이 포함된다.

4) 법적 규제적 변경 사항 반영

입찰 기간 중 프로젝트와 관련된 법률, 규정, 또는 정책이 변경될 경우, 이를 반영한 추가 자료가 발급된다. 예를 들어, 환경 규제 요건의 추가나 현지 법규의 변경 사항이 입찰 문서에 반영될 수 있다. 이는 프로젝트가 변경된 법적 요구사항을 준수하도록 보장하며, 공사의 지속 가능성을 확보하는 데 이바지한다. 발주자는 이러한 변경 사항을 빠르게 전달하여 입찰자들이 새로운 조건에 맞는 제안을 준비할 시간을 제공한다.

5) 입찰 조건 변경

입찰 조건의 행정적 변경 사항도 추가 서류 발행의 주요 원인이다. 예를 들어, 입찰 일정 변경, 보증 요건 변경, 또는 제출 형식 수정 등, 발주자의 요구사항에 따라 입찰 조건이 변경될 수 있다.

3. 추가 입찰 서류의 주요 형태

1) Bid Bulletin

Bid Bulletin은 발주자가 입찰자들에게 입찰 조건에 대한 공지나 정보를 공식적으로 전달하는 문서다. 주로 입찰 일정 변경, 현장 방문 일정, 입찰 절차 관련 공지와 같은 일반적인 정보를 포함하며, 발주자가 입찰 프로세스 진행 상황을 입찰자들에게 투명하게 전달하는 데 사용된다. Bid Bulletin은 입찰 조건 자체의 변경이 아닌, 절차나 일정과 관련된 내용을 전달하는 데 주요 목적이 있다.

2) Addendum

Addendum은 기존 입찰 문서에 대한 보완이나 변경 사항을 포함하는 공식 문서로, 입찰 조건이나 기술 사양의 변경을 반영한다. 예를 들어, 설계 도면 변경, BOQ 수정, 새로운 요구사항 추가 등이 포함될 수 있다. 특히, Addendum은 프로젝트의 기술적 변경이나 시공 방법에 영향을 미칠 수 있는 중요한 정보를 포함하기 때문에, 이를 놓치지 않도록 꼼꼼히 검토해야 한다. Addendum 변경 사항을 잘못 이해하거나 빠뜨릴 경우, 입찰자에게 불이익이 발생할 수 있으므로 철저한 관리가 필요하다.

3) Corrigendum

Corrigendum은 초기 입찰 문서에서 발견된 오류를 수정하기 위해 발행되는 문서다. 주로 오타, 물량 오류, 도면 번호 누락 등 초기 문서에서 발생한 실수를 바로잡는 데 초점이 맞춰져 있다. 새로운 정보를 추가하지 않으며, 기존 문서의 정확성과 일관성을 보장하기 위해 사용된다. Corrigendum은 발주자의 실수로 인해 입찰자가 불리한 상황에 놓이는 것을 방지하고, 공정한 입찰 환경을 조성하는 데 이바지한다. 예를 들어, BOQ에서 잘못된 단위나 물량으로 인해 비용 산정이 잘못될 것이 예상되면, 이를 즉시 수정하여 입찰자들에게 동등한 기준을 제공한다.

4) Clarification

Clarification은 입찰자가 제출한 질의 사항에 대한 발주자의 답변을 포함하며, 입찰 문서의 해석을 명확히 하는 데 사용된다. 예를 들어, 특정 기술적 사양의 정의나, BOQ 항목의 적용 범위와 같은 질문에 대한 답변이 포함될 수 있다. Clarification은 추가 작업이나 변경이 아닌, 정보의 명확화를 목적으로 하며, 입찰자 간 정보의 비대칭성을 줄여 공정한 경쟁 환경을 조성한다. 입찰자의 질의에 대해 발주자가 명확한 답변을 제공함으로써, 입찰자들이 발주자의 의도를 정확히 이해하도록 돕는다. Clarification을 통해 발주자는 복잡한 기술적 문제나 계약 조건에 대한 오해를 해소하여, 입찰 과정에서의 불필요한 논란을 줄일 수 있다. 입찰자는 이를 적극적으로 활용해 제안서의 정확성을 높이고, 발주자가 요구하는 기준에 부합하는 답변을 준비할 수 있다.

5) Revised Documents

Revised Documents는 기존 문서를 대체하거나 수정된 형태로 다시 발행되는 문서다. 수정된 설계 도면이나 변경된 BOQ와 같은 내용이 포함되며, 기존 문서의 내용을 무효화하고 새로운 문서를 기준으로 입찰 준비가 이루어져야 한다. 입찰자는 기존 문서와의 차이점을 명확히 파악하고, 이를 입찰 제안서에 반드시 반영해야 한다. 발주자는 이러한 문서를 통해 프로젝트의 중요한 변경 사항을 정확히 전달하며, 입찰자는 이를 기반으로 전략을 재조정해야 한다.

4.9 입찰일 연장

입찰일 연장은 여러 요인에 의해 발생하며, 이를 효과적으로 관리하기 위해 발주자와 입찰자 간의 명확한 소통과 체계적인 절차가 필요하다. 연장의 원인을 분석하고, 공식적인 절차에 따라 일정을 조정하며, 후속 업무를 철저히 수행하면 입찰일 연장으로 인한 부정적인 영향을 최소화할 수 있다. 연장된 시간을 활용해 제안서 품질을 개선하고, 경쟁력을 강화하는 기회로 삼는 것이 중요하다.

1. 입찰일 연장의 원인

    입찰 과정에서 입찰일 연장은 다양한 요인에 따라 발생하며, 이는 입찰 참여 업체와 발주자 모두의 계획에 영향을 미친다. 일반적으로 자원의 부족, 빠듯한 일정, 추가 입찰 자료 발급, 그리고 발주자의 내부 사정이 주요 원인으로 작용한다.

    1) 자원의 부족

        입찰자가 견적 인력이나 기술 인력과 같은 자원이 부족한 경우, 제안서를 제때 준비하지 못하는 상황이 발생할 수 있다. 이는 특히, 입찰자가 동시에 여러 프로젝트 입찰에 참여하거나, 내부 조직의 과부하 상태에 있을 때 흔히 발생한다. 예를 들어, 기술팀과 견적팀이 다른 프로젝트에도 투입되어 입찰 준비에 필요한 자원을 충분히 확보하지 못하면, 입찰 일정을 맞추지 못할 가능성이 크다. 이러한 상황은 입찰 작업의 우선순위 설정과 자원 배분이 적절히 이루어지지 않으면 더욱 악화한다.

    2) 빠듯한 일정

        발주자가 초기 입찰 공고에서 제시한 일정이 지나치게 빠듯한 경우, 입찰 참여 업체가 요구사항을 충족하기 어려워지는 상황이 발생한다. 더욱이, 입찰 프로세스 중 설계 변경이나 발주자의 추가 입찰 서류 발급 등으로 인해 일정 준수가 사실상 불가능해질 수 있다. 예를 들어, 발주자가 변경된 설계 도면을 입찰 마감 직전에 제공하면, 이를 반영하기 위한 시간이 부족해질 수 있다. 이러한 빠듯한 일정은 특히 대규모 공사나 기술적으로 복잡한 프로젝트에서 더욱 빈번하게 발생한다.

3) 추가 입찰 자료 발급

발주자가 입찰 진행 중에 수정된 요구사항이나 추가 도면, 기술 사양 등을 발급하면, 입찰 참여 업체는 새로운 정보를 검토하고 반영하기 위해 추가 시간이 필요하다. 이는 발주자가 프로젝트 범위를 명확히 정의하지 않았거나, 입찰 과정에서 요구사항이 변경될 때 주로 발생한다. 예를 들어, 발주자가 발행한 Addendum에서 새로운 기술 기준을 제시하면, 기존 제안서를 수정하거나 보완하는 데 시간이 더 소요될 수 있다. 이러한 추가 입찰 자료 발급은 입찰일을 연장하는 주요 원인 중 하나로 작용한다.

4) 발주자의 내부 사정

발주자의 내부 승인이 지연되거나, 평가 기준이 변경되는 경우 입찰일 연장이 불가피하게 발생한다. 발주자의 내부 의사결정 과정이 복잡하거나, 여러 부서의 승인이 필요한 경우 일정이 지연될 가능성이 높다. 또한, 발주자가 평가 기준을 수정하거나 입찰 조건을 변경하는 경우, 입찰 참여 업체들은 새로운 기준에 맞춰 제안서를 재작성해야 한다. 예를 들어, 발주자가 환경 규제와 관련된 추가 요구를 도입하면, 업체는 해당 내용을 반영하는 데 추가 시간이 필요하다.

2. 입찰일 연장 절차

1) 연장 필요성 확인

입찰일 연장은 발주자가 연장의 필요성을 인지하는 단계에서 시작된다. 발주자는 입찰 참여 업체들의 요청이나 내부 검토 결과를 바탕으로, 입찰일 연장의 필요성을 검토한다. 예를 들어, 다수의 업체가 추가 질의응답 요청을 통해, 자료 준비 시간이 부족하다는 의견을 제시하면, 발주자는 이를 근거로 입찰일 연장을 고려하게 된다. 대부분의 입찰에서는 다수의 입찰자가 서로 소통하여 함께 연장을 요청하기도 한다.

2) 발주자의 내부 검토와 승인

발주자는 연장의 타당성을 내부적으로 검토하며, 연장이 프로젝트 전체 일정이나 예산에 미치는 영향을 분석한다. 내부 검토 과정에서는 입찰일 연장이 프로젝트의 주요 목표(예: 착공 시점, 공사 완료 일정)와 충돌하지 않는지를 자세히 평가한다.

   3) 연장 공지 발송

      입찰일 연장이 확정되면, 발주자는 모든 입찰 참여 업체에 공식적으로 변경된 일정과 사유를 공지한다. 공지는 일반적으로 공식 문서나 이메일 등으로 발송되며, 모든 업체가 동일한 정보를 동시에 받을 수 있도록 한다. 공지 내용에는 새로운 마감일, 연장의 사유, 수정된 요구사항, 추가 서류 제출 기한 등이 포함된다.

3. 입찰일 연장 후속 업무

   1) 입찰 일정 재조정

      입찰일이 연장되면, 참여 업체는 변경된 일정에 맞춰 팀별 작업 일정을 재조정해야 한다. 설계팀, 견적팀, 법무팀 등 각 부서 간의 협업 일정을 새롭게 구성하고, 주요 마일스톤에 따라 작업을 분배한다. 예를 들어, 연장된 시간을 활용해 추가 검토 과정을 계획하거나, 원래 일정에서 누락된 작업을 보완할 수 있다. 이 단계에서 각 팀원에게 새로운 역할과 책임을 명확히 할당하는 것이 중요하다.

   2) 자원 재배치

      연장된 일정에 맞춰 인력과 자원을 효율적으로 재배치하여, 작업 환경을 최적화한다. 주요 작업 단계에 필요한 인력을 분산 배치하거나, 부족한 자원을 보충하기 위해 외부 협력사와의 추가 계약을 체결할 수 있다. 예를 들어, 설계팀에 추가 인력을 투입하거나, 일정이 늘어난 만큼 자재 비용과 인건비를 재계산하여 예산을 조정해야 한다.

   3) 추가 입찰 자료 검토와 반영

      발주자가 발급한 추가 입찰 자료(Addendum, Corrigendum, Clarifications 등)를 철저히 검토하고, 새로운 정보를 입찰 제안서에 반영해야 한다. 추가 도면이나 기술 사양이 발행되었다면, 설계와 비용 산출 과정을 수정해야 한다. 추가 질의응답이 필요하면 이를 신속히 발주자에게 제출하여 불명확한 사항을 해결한다. 이 과정을 통해 입찰 제안서의 완성도를 높이고, 발주자의 요구를 정확히 충족할 수 있다.

4) 내부 검토와 제안서 품질 향상

연장된 시간을 활용하여 입찰 제안서의 품질을 높일 기회를 얻는다. 기술 제안서와 상업 제안서를 재검토하여 부족한 내용을 보완하고, 데이터의 정확성을 검증한다. 내부 검토 과정을 추가로 진행해 기술 검토와 견적 간의 일관성을 확인하고, 발주자의 평가 기준을 보다 충실히 반영할 수 있도록 수정 작업을 진행한다.

5장 견적

5.1 원가 구성 요소 분석

원가 구성 요소 분석은 입찰 견적의 핵심 요소로, 프로젝트 비용을 정확히 산정하고, 경쟁력 있는 견적을 제시하는 데 중요한 역할을 한다. 직접비, 간접비, 예비비, 일반관리비 등을 체계적으로 분석하여, 입찰에 성공하는 동시에 목표한 회사의 수익성을 확보할 수 있다.

1. 원가 구성 요소 분석의 중요성

    원가 구성 요소 분석은 프로젝트 수행에 필요한 비용을 정확히 파악하고, 입찰에서 경쟁력 있는 가격을 제시하기 위한 필수 단계다. 체계적인 원가 분석을 통해 비용 초과 리스크를 줄이고, 발주자에게 신뢰를 줄 수 있는 합리적인 제안서를 작성할 수 있다. 규모가 크고 복잡한 공사에서는 특히, 예상치 못한 비용 발생을 방지하기 위해 원가 구성 요소를 상세히 분석해야 한다. 경쟁이 치열한 입찰 환경에서 적정한 원가 산정은, 회사의 수익성을 유지하면서도 경쟁력을 확보하는 핵심 전략이다.

2. 주요 원가 구성 요소

    1) 직접비(Direct Costs)
        - 재료비: 프로젝트에 필요한 자재 구매와 조달 비용으로, 원가에서 가장 큰 비중을 차지한다. 현지 조달 가능성, 물류비용, 수입 관세, 환율 변동 등이 분석 포인트다.
        - 노무비: 프로젝트에 투입되는 인력의 임금과 부대 비용이다. 현지 노무비 수준, 숙련도에 따른 임금 차이, 추가 작업 시간 비용 등이 주요 분석 대상이다. 노무비는 현지 노동법 준수와 인력 배치 효율성을 고려해 산정해야 한다.
        - 장비비: 공사용 장비 임대나 구매 비용으로, 장비 가동률, 유지보수 비용, 현지 임대료와 구매비 비교 등이 포함된다.

    2) 간접비(Indirect Costs)
        - 현장 관리비: 현장 사무소 임대료, 전기와 수도 요금, 현장 운영 비용 등이 포함된다. 직원 투입 계획과 운영 효율성을 분석해 비용을 관리한다.
        - 공통가설공사비: 가설 건물, 수도와 전기, 양중 장비와 같은 공사 수행에 필요한

가설 공사비이다.

3) 예비비(Contingency)

예상치 못한 상황(공사비 상승, 일정 지연 등)에 대비하기 위해, 사전에 설정하는 추가 비용이다. 일반적으로 원가의 2~5%로 책정되며, 프로젝트 복잡성과 유사 프로젝트의 과거 데이터를 바탕으로 조정한다.

4) 일반관리비(Overhead)

본사 관리비, 지사 관리비, 마케팅 비용, 연구개발 비용 등, 프로젝트에 간접적으로 영향을 미치는 비용이다. 간접비를 프로젝트 원가에 적절히 배분하는 방식(고정 비율, 활동 기반 배분 등)이 중요하다. 대부분의 건설사는 매년 일반관리비 비율을 새롭게 책정한다. 부문별 국가별로 다른 비율을 적용하기도 하고, 소규모 회사는 전체 프로젝트에 같은 비율을 적용하기도 한다.

5) 이윤(Profit)

이윤은 회사의 목표 이윤을 반영하기 위해 입찰 가격에 추가하는 요소다. 프로젝트 규모와 시장 상황에 따라 조정된다. 일반적으로 입찰 품의 시 경영진에 의해 입찰 원가율이 결정되며, 이에 따라 이윤의 비율도 정해진다.

3. 원가 구성 요소의 분석 절차

1) 원가 항목 분류

원가를 직접비, 간접비, 예비비, 일반관리비로 구분하고, 각 항목의 세부 비용을 체계적으로 정의한다. 예를 들어, 직접비는 재료비, 노무비, 장비비로 세분화하고, 간접비는 현장 관리비, 공통가설공사비로 나눈다. 이러한 분류는 원가 구조를 명확히 하고, 각 항목의 영향을 평가하며, 누락된 비용 요소를 식별하는 데 유용하다.

2) 자료 수집과 비용 산정

과거 유사 프로젝트 자료를 수집하여, 현재 프로젝트와 비교할 수 있는 자료를 도출한다. 이를 통해 예상되는 비용 범위를 설정하고, 리스크 관리의 기초 자료로 활용한다. 현지 시장 조사를 통해 재료비와 노무비의 최신 정보를 확인하며, 공급업체로부터 견적서를 받아 상세한 공사비 자료를 확보한다.

3) 비교 검증

산출된 원가를 시장 표준, 경쟁사 데이터, 과거 유사 프로젝트와 비교하여 적정성을 검토한다. 이를 통해 과다하거나 과소 산정된 항목을 식별하고, 내부 검토 회의를 통해 누락된 비용이나 산정 오류를 점검한다.

4) 최적화

현지 자재 사용, 기술 효율화, 공법 개선 등 다양한 방안을 통해 원가를 최적화한다. 예를 들어, 현지에서 조달할 수 있는 자재를 활용하거나, 유지보수가 편리한 장비를 선택해 비용을 절감할 수 있다. 또한, 작업 공정을 분석하여 인력 배치와 작업 일정을 최적화함으로써 불필요한 비용을 줄인다.

4. 원가 구성 요소 분석 시 유의 사항

1) 환율 변동 리스크

해외 프로젝트의 경우 환율 변동이 재료비와 노무비에 큰 영향을 미칠 수 있다. 환율 변동으로 인해 자재 수입 비용이나 해외 인력 고용비가 증가할 가능성을 사전에 고려해야 한다. 이를 예비비에 반영하거나 환율 헤지(Foreign Exchange Hedging) 전략을 통해 변동성을 최소화할 수 있다. 특히, 프로젝트 기간이 길수록 환율 리스크가 커지기 때문에 환율 변동 추이를 지속적으로 모니터링하고, 필요시 헤지 옵션 적용과 같은 조치를 고려해서 금융 비용을 반영해야 한다.

2) 현지 법규와 규제 준수

현지의 노동법, 환경 규제, 세금 제도 등을 철저히 검토하고, 이에 따른 추가 비용을 원가 산정에 반영해야 한다. 예를 들어, 현지 환경 규제로 인해 특정 공법 사용이 제한되거나, 특정 장비가 필요할 경우 추가 비용이 발생할 수 있다. 또한, 현지 세율과 관세 요건을 검토하여 예상치 못한 비용 발생을 방지해야 한다.

3) 비용의 객관성 확보

원가 산출 근거를 명확히 설명할 수 있도록, 상세한 산출 근거와 내역서를 준비해야 한다. 협력업체나 공급사의 견적 대비표, 기술 검토서, 일위대가 자료들을 객관적이고 투명하게 작성해야 한다.

4) 장기적 경제성 고려

원가를 낮추는 것을 목표로 하기보다, 프로젝트 완료 후 발생할 유지보수 비용까지 포함한 전체 생애 주기 비용(Life Cycle Cost)을 분석해야 한다. 예컨대, 초기 비용이 더 높은 자재를 선택하더라도 유지보수 비용이 적다면, 장기적으로 더 경제적일 수 있다.

5.2 현지 업체 조사

현지 협력업체와 자재 장비 공급업체 조사는, 비용 절감, 일정 준수, 품질 보증 측면에서 프로젝트 성공에 필수적이다. 업체의 신뢰성과 역량을 주기적으로 평가하고 협력 관계를 유지하면, 현지 조건에 맞는 최적의 조달 전략을 수립할 수 있고 입찰 경쟁력을 높일 수 있다. 철저한 조사와 검증은 프로젝트 수행 중에 발생할 수 있는 조달 리스크를 최소화하고, 안정적인 조달과 공사 수행을 보장하는 핵심 과정이다.

1. 업체 조사의 중요성

현지 업체 조사는 해외 프로젝트의 원활한 수행과 비용 효율성을 확보하는 데 핵심적인 단계다. 현지에서 협력업체와 자재를 조달하면, 입찰 경쟁력을 확보하고 프로젝트 성공 가능성을 높일 수 있다. 조달 시간 단축과 관세 비용 절감 효과를 통해 전체 프로젝트 비용을 효과적으로 관리할 수 있다. 현지 공급업체와의 협력은 발주자와의 신뢰 구축에도 긍정적인 영향을 미치며, 프로젝트의 품질 관리와 일정 준수 측면에서도 안정성을 높이는 중요한 요소가 된다.

2. 주요 조사 항목

1) 업체의 신뢰성 평가

현지 업체의 신뢰성을 평가하기 위해서는, 재무 상태, 법적 문제 여부, 시장 평판 등을 검토해야 한다. 업체의 재무제표 분석을 통해 자본금, 부채비율, 매출 추이 등을 확인하여, 업체의 재무 건전성을 확인할 수 있다. 법적 검토를 통해 해당 업체가 소송, 채무불이행, 면허 정지 등의 이력이 없는지 조사해야 한다. 필요시 현지 법률 전문가의 의견을 반영하는 것이 바람직하다. 시장 평판 조사는 기존 협력업체나 발주처, 현지 건설 협회, 설계사 등을 통해 업체의 신뢰도를 검증하는 방법이다. 과거 프로젝트에서의 문제 발생 여부와 계약 이행 성실성 등을 확인하는 것이 중요하다.

2) 수행 역량 평가

협력업체와 공급사의 수행 역량을 평가하기 위해서는, 과거 수행 실적, 보유 기술, 인증이나 면허 현황을 종합적으로 검토해야 한다. 업체의 주요 프로젝트 수행 내역을 확인하여, 유사한 규모와 성격의 공사를 수행한 경험이 있는지 분석하고, 프로젝트 수행 시 발생했던 주요 이슈와 해결 방법을 조사해야 한다. 기술력과 인력 보유 현황을 점검하여 엔지니어링 역량, 주요 장비 보유 여부, 숙련된 인력 확보 상황 등을 평가해야 한다. 특히, 품질 인증과 면허 보유 여부는 필수적인 검토 사항으로, 국제적으로 인정되는 인증, 현지 정부 발행 건설 면허, 산업별 기술 인증 등이 업체의 신뢰도를 높이는 요소가 된다.

3) 계약 이행 능력 평가

협력업체의 계약 이행 능력을 평가하기 위해서는, 공정 준수 능력, 문제 해결 능력, 협업 태도를 중점적으로 분석해야 한다. 업체의 공정 준수 이력을 확인하여, 일정 내 납품이나 수행 경험이 있는지 검토하고, 과거 프로젝트에서 공사 지연이나 품질 문제 발생 사례가 있었는지 분석해야 한다. 현지 네트워크와 공급망 안정성을 평가하여, 자재 조달이나 인력 확보에 차질이 발생할 가능성을 사전에 예측해야 한다. 해외 공사는 법률, 노동 환경, 세금 문제 등이 국내와 다르고 복잡하므로, 업체가 현지 규제를 준수하고 행정 절차 대응 능력을 갖추고 있는지 확인하는 것이 중요하다.

3. 업체 조사 방법

   1) 시장 조사와 자료 수집

   현지 시장 자료를 활용해 주요 공급업체와 시공 협력업체의 정보를 수집한다. 현지 상공회의소, 건설 협회, 온라인 플랫폼 등을 통해 신뢰할 수 있는 업체를 확인하는 과정으로, 업체의 기본 정보, 사업 범위, 재정 상태 등을 파악하는 데 중요하다. 예를 들어, 정부 기관이 제공하는 시공 능력 순위로 인증된 협력업체 목록을 활용하면, 품질과 신뢰성이 검증된 업체를 우선으로 선정할 수 있다. 현지 산업 전시회나 무역 박람회 참석을 통해 최신 시장 동향을 파악하여, 주요 자재 공급업체와 시공 능력을 갖춘 협력사를 발굴할 수 있다. 유사 프로젝트 수행 경험을 분석하여, 해당 공사의 규모와 난이도에 적합한 역량을 갖추었는지 평가한다. 공정 준수 이력을 확인하여 계약 이행 능력을 검토하고, 지체보상금 부과 사례나 공사 지연 여부를 조사해야 한다. 기술력과 시공 품질을 판단하기 위해 보유 장비, 핵심 기술 인력, 면허와 인증 상태도 점검해야 한다. 특히, 현지 법규와 노동법을 준수하는 업체인지 확인하는 것이 중요하며, 불법 고용이나 세금 미납 이력이 없는지 조사해야 한다.

   2) 업체 방문

   주요 업체를 직접 방문하여 본사나 생산 시설의 규모, 인력, 시설, 생산 공정, 품질 관리 체계를 검토한다. 본사와 현장 방문은 공급업체와 공사를 수행할 협력업체의 시공 역량과 품질 관리 수준을 직접 확인할 중요한 기회다. 협력업체의 경우, 장비 보유 현황, 숙련 인력 구성, 공정 준수 능력을 검토하여 프로젝트 수행 역량을 판단해야 한다.

4. 업체 리스트 관리

   1) Subcontractor List 관리

   공사를 수행하기 위해서는 철골, 콘크리트, 기계, 전기, 배관, 내장 등 다양한 공사 종류별 하도급업체와 협력해야 한다. 따라서, 프로젝트 수행 지역에서 신뢰할 수 있는 협력업체를 미리 확보하고, 이들의 리스트를 관리하는 것이 필수적이다. 리스트에는 공사 종류별 업체명, 담당자, 연락처, 주요 수행 공사 실적, 면허 및 인증 여부 등을 포함해야 한다. 기존 프로젝트 수행 업체를 우선 등록하고, 현지 협회나 네트워크를 활용하여 신규 업체를 지속적으로 발굴해야 한다.

2) Vendor List 관리

자재와 장비 공급업체의 리스트 또한 체계적으로 관리해야 한다. Vendor List에는 각 자재 품목별 공급업체, 담당자, 연락처, 주요 납품 실적, 원산지 정보, 인증 여부 등을 포함해야 한다. 주요 자재(철근, 콘크리트, 배관자재, 전선, HVAC 장비 등)에 대한 현지 공급망을 사전에 확보하는 것이 중요하다. 특정 국가에서는 품질 인증이나 규격 기준이 표준과 다를 수 있으므로, 해당 국가의 인증을 보유한 업체를 포함해야 한다.

3) 데이터베이스화

Subcontractor List와 Vendor List는 데이터베이스화하여 체계적으로 관리해야 한다. 이를 위해 Microsoft Excel이나 프로젝트 관리 소프트웨어(예: ERP 시스템)를 활용하여 업체 정보를 입력하고, 최신 정보로 유지해야 한다. 업체별 거래 이력, 과거 프로젝트 수행 평가, 계약 조건 등을 데이터베이스에 기록함으로써, 입찰 시 참고할 수 있도록 한다. 새로운 프로젝트 수행 시 해당 국가의 최신 업체 정보를 반영하고, 정기적으로 업체 정보를 평가하여 리스트를 지속적으로 업데이트해야 한다.

5.3 지역별 법규와 관세 정보 분석

지역별 법규와 관세 정보 분석은 프로젝트의 리스크를 줄이고, 원활한 수행을 보장하기 위한 필수적인 과정이다. 법적 요구사항, 관세 체계, 행정 절차를 철저히 분석해, 예상치 못한 문제를 예방할 수 있다. 정확한 정보 수집, 전문가 자문, 유사 사례 분석 등을 통해 발주자의 요구를 충족하며, 비용 효율적인 전략을 수립할 수 있다. 현지 법률과 규정을 철저히 준수함으로써 기업의 신뢰성을 높이고, 사업 운영에도 긍정적인 영향을 얻을 수 있다.

1. 분석의 중요성

    지역별 법규와 관세 정보 분석은 해외 프로젝트의 성공적인 수행을 위해 필수적이다. 각 지역의 법적 규제와 관세 체계를 이해하면, 예상치 못한 비용과 리스크 발생을 방지할 수 있다. 발주자와의 계약 준수를 보장하고, 현지 정부나 규제 기관과의 원활한 협력을 가능하게 한다. 이를 통해 프로젝트 진행 과정에서 발생할 수 있는 법적 분쟁을 예방하고, 불필요한 비용 지출을 최소화할 수 있다.

2. 주요 분석 요소

    1) 법적 요구사항과 규제

        해외 프로젝트 수행 시 현지의 법적 요구사항과 규제를 철저히 분석하는 것이 중요하다. 현지 건축 기준, 안전 규정, 환경 규제 등을 검토한다. 자재 사용에 대한 규제나 환경 영향 평가 요건을 확인하여, 프로젝트가 현지 법규를 준수할 수 있도록 한다. 근로 시간, 최저 임금, 외국인 노동자 고용 규정을 확인한다. 예를 들어, 외국인 인력의 비율 제한이나 현지 고용 의무 이행 등과 같이, 현지 고용 정책에 부합하는 인력 운용 방안을 마련해야 한다. 법인세, 부가가치세, 기타 세금 신고 요건을 분석하여 세무 리스크도 최소화해야 한다.

    2) 관세와 수입 규제

        수입 자재나 장비의 관세 관련 규제를 명확히 파악하는 것이 중요하다. 자재별 코드를 기준으로 정확한 관세율을 확인하고, 견적에 반영해야 한다. 특정 자재나 장비에 대한 수입 제한이나 금지 규정을 확인한다. 환경 규제로 인해 금지된 자재 목록을 검토하여, 불필요한 법적 리스크를 방지할 수 있다. 자유무역협정(FTA)이나 지역 무역 협정에 따라 관세 혜택 여부를 검토한다. 특정 국가에서 수입 시 관세 면제 여부를 확인하여, 비용 절감 효과를 극대화할 수 있다.

    3) 행정 절차

        프로젝트 수행 과정에서 요구되는 각종 행정 절차와 허가 요건을 사전에 파악하여, 지연 요소를 최소화해야 한다. 공사 시작 전에 필요한 허가와 승인 절차를 검토한다. 건축 허가, 환경 영향 평가 승인, 도로 점용 허가 등과 같은 필수 절차를 사전에 검토하여 프로젝트 지연을 예방할 수 있다.

3. 분석 방법

   1) 법률과 관세 정보 수집

   현지 정부 기관의 공식 웹사이트나 보고서를 통해 법규와 관세 정보를 수집한다. 신뢰할 수 있는 정보원을 활용하는 것이 중요하다. 상공회의소, 무역 협회, 현지 컨설팅 업체 등을 통해 보다 정확하고 최신의 정보를 확보할 수 있다. 예를 들어, 관세율과 수입 규정을 다루는 WTO(세계무역기구) 자료를 활용하여, 국가별 관세 체계와 규제 정보를 체계적으로 분석할 수 있다.

   2) 전문가 자문

   현지 법률 전문가나 관세 중개인의 자문을 통해, 구체적인 법적 요건과 관세 절차를 파악한다. 전문가 자문은 복잡한 규제 사항을 명확히 해석하고, 예상치 못한 법적 리스크를 예방하는 데 효과적이다. 발주자의 요구와 현지 법규 간의 충돌 가능성을 사전에 식별하고, 이에 대한 해결책을 마련하여 프로젝트 수행 과정의 법적 안정성을 확보할 수 있다.

   3) 유사 사례 분석

   과거 유사 프로젝트에서 적용된 법규와 관세 체계를 분석해 유용한 데이터를 얻는다. 이를 통해 실제 사례에서 발생한 법적 쟁점과 해결 방안을 참고할 수 있으며, 효과적인 리스크 관리 전략을 수립하는 데 도움이 된다.

4. 분석 결과 활용

   1) 조달 전략 최적화

   법규와 관세 정보를 기반으로 자재와 장비 조달 계획을 최적화한다. 수입 자재 대신 현지 자재 사용으로 비용 절감 가능성을 검토하고, 현지 공급망을 강화함으로써 물류

비용과 리스크를 줄일 수 있다. 수입이 필수인 경우, 관세와 통관 절차를 미리 계획해서 지연을 방지하고, 필요한 서류를 준비하고 통관 일정 관리를 통해 프로젝트 진행의 안정성을 확보한다.

2) 계약 조건 최적화

발주자와의 계약 조건에 법적 규제적 요건을 반영해서, 책임과 비용 분담을 명확히 한다. 발주자가 요구하는 특정 허가 비용이나 관세 부담 조건을 계약서에 명시하여, 분쟁 가능성을 줄이고 계약 이행 과정에서 투명성을 강화한다.

5.4 협력사 견적 의뢰

1. 견적 의뢰 절차
   1) 요구사항 정의

   필요한 자재나 공사의 범위, 시방, 수량, 조건 등을 견적 요청 전에 명확히 정의한다. 예를 들어, 자재 종류(철근, 콘크리트), 규격(강도), 납품 일정과 같은 구체적인 요구사항을 설정해야 한다.

   2) 협력사 리스트 작성

   견적 요청 대상이 될 공급사와 협력사의 리스트를 작성한다. 과거 거래 실적, 품질, 시장 평판, 기술력, 납품 이력 등을 종합적으로 검토하여 신뢰할 수 있는 업체를 선정해야 한다. 기존에 관리하고 있던 Subcontractors List와 Vendors List를 활용한다. 발주자가 특정 공법이나 자재를 지정(specified)했다면, 이를 수행할 업체는 반드시 포함해야 한다.

   3) 견적 요청서 발송

   사양과 조건을 담은 견적 요청서를 협력사와 공급사에 발송한다. 견적 요청서에는 필요한 자재나 서비스의 상세 사양, 수량, 납품 일정, 요구되는 품질 조건 등이 포함되어야 한다. 관련된 도면, 시방서, BOQ 등 상세한 참고 문서를 첨부하여, 공급사가 정확한 견적을 작성할 수 있도록 지원한다.

4) 견적 접수와 평가

업체로부터 받은 견적서를 분석하고, 기술적 상업적 평가를 진행한다. 가격은 물론 품질 기준, 납품 일정, 기술적 요구사항 충족 여부 등을 종합적으로 검토해야 한다. 필요 시 추가 질의응답을 통해 부족한 정보를 보완한다. 업체들의 견적을 종합적으로 검토 대비하여, 지나치게 낮은 가격을 제출한 업체는 수행 가능성을 다시 확인해야 한다.

2. 견적 의뢰 서류의 종류

1) Inquiry(문의서)

Inquiry는 특정 자재나 서비스에 대해 공급사의 관심과 공급 가능 여부를 확인하고, 기본 정보를 요청하는 문서다. 협력사와 초기 논의를 시작하거나 시장 조사를 진행할 때 주로 사용된다. 작성 방법은 일반적으로 다음과 같다.

- 제목: 자재 또는 서비스의 이름과 기본 목적을 간단하게 기재한다.
- 내용: 필요한 자재나 서비스의 개요(예: 자재 규격, 공법, 예상 수량, 납품 일정)를 간략히 설명한다.
- 질문: 공급사의 공급 가능 여부와 참여 의향 등 필요한 정보를 요청한다.
- 첨부 파일: 관련 도면, 시방서와 참고 자료가 있다면 함께 제공한다.

2) Request for Quotation(RFQ, 견적 요청서)

RFQ는 특정 자재나 서비스에 대한 공식적인 견적을 요청하는 문서로, 상세한 사양과 조건이 포함된다. 작성 방법은 일반적으로 다음과 같다.

- 소개: 프로젝트 이름, 목적, 발주자 정보를 기재한다.
- 자재: 규격, 수량, 품질 기준(예: ISO, ASTM)을 명시한다.
- 서비스: 작업 범위, 요구 기술, 공사 일정이나 납품 일정을 명시한다.
- 제출 기한: 견적서를 제출해야 하는 날짜를 기재한다.

- 기타 조건: 공사 일정, 납품 장소, 결제 조건, 운송 조건 등을 명시한다.
- 첨부 파일: 도면, BOQ, 시방서, 계약 조건(예: Purchase Order 양식을 첨부한다.

3) Request for Proposal(RFP, 제안 요청서)

RFP는 단순 견적 요청이 아닌, 기술적 제안과 함께 상업적 조건을 요청하는 문서다.
- 배경 정보: 프로젝트 개요, 필요성 등을 기재한다.
- 요구사항: 기술적 제안(설계안, 공법 등)과 상업적 조건을 기재한다.
- 평가 기준: 제안서 평가 방식(기술 60%, 상업 40% 등)을 제시한다.
- 제출 기한: 제안서를 제출해야 하는 일정을 명기한다.
- 첨부 문서: 시방서, 도면, 일정표 등을 포함한다.

4) Material Requisition(자재 요청서)

Material Requisition은 특정 자재의 구매를 요청하기 위한 내부 문서로, 주로 조직 내에서 사용된다. 해외 구매 지사에 요청할 때도 사용할 수 있다.
- 요청 부서와 담당자: 요청서를 작성한 부서와 담당자의 정보를 기재한다.
- 자재 상세 정보: 자재 이름, 규격, 수량, 필요 일정 등을 포함한다.

3. 서류 작성 시 유의 사항

1) 명확한 요구사항

자재나 서비스에 대한 구체적인 정보를 정확하게 명시하는 것이 중요하다. 예를 들어, 자재의 규격, 품질 기준(ISO, ASTM 등), 수량, 납품 일정 등 상세 정보를 포함해야 한다. 요구사항이 명확하지 않으면 공급사로부터 부정확한 견적이 제출될 수 있다.

2) 첨부 문서 활용

도면, BOQ, 시방서 등 관련 문서를 첨부하여, 요구사항의 모호함을 최소화해야 한다. 특정 자재의 설치 방법이 명시된 도면이나, 품질 기준을 명확히 정의한 시방서를 제공하면, 공급사의 이해도를 높일 수 있다. 필요시, 도면과 시방서의 중요한 부분을 명기하여 공급사의 혼란을 방지하는 것도 효과적이다.

3) 제출 기한 준수 요청

견적서 제출 기한을 정확히 명시하여 일정 관리를 쉽게 해야 한다. 기한을 설정할 때는 공급사가 요구사항을 충분히 검토하고 응답할 수 있는 현실적인 시간을 제공해야 한다. 복잡한 기술적 요구사항이 포함되었으면 시간이 추가로 필요할 수도 있다. 기한 내에 응답하지 않을 때 발생할 결과를 명확히 전달하여, 공급사가 기한을 준수하도록 유도할 필요가 있다.

4) 투명성과 공정성

모든 공급사에 같은 정보를 제공하고, 공정한 경쟁 조건을 설정해야 한다. 특정 공급사만이 이익을 얻을 수 있는 정보를 독점적으로 제공하는 것을 피하고, 모든 공급사가 동등한 기회를 가질 수 있도록 관리해야 한다. 이는 협력사와의 신뢰를 형성하는 데 중요하며, 입찰 프로세스의 객관성과 공정성을 유지하는 데 필수적이다.

5.5 협력사 견적 검토

정확한 입찰 가격 산정을 위해서는 협력사로부터 접수한 견적서에 대한, 철저한 기술적 상업적 검토와 추가 확인을 해야 한다. 이 과정에서 체계적이고 명확한 기준을 적용함으로써, 입찰의 원활한 진행과 입찰 경쟁력을 확보할 수 있다.

1. 견적서 검토
    1) 견적서의 완전성 확인

    견적서를 검토하는 첫 번째 단계는, 협력사가 제출한 견적서가 요청한 모든 항목을 포함하고 있는지 확인하는 것이다. 자재나 서비스의 규격, 수량, 단가, 총액, 납기 일정, 결제 조건 등, 주요 항목이 빠지지 않았는지 철저히 점검해야 한다. 예를 들어, 자재에 대한 품질 인증서(ISO, ASTM 등)가 제출되지 않았거나, 결제 조건이 구체적으로 명시되지 않은 경우, 이러한 미비점을 확인하고 보완 요청을 해야 한다. 불완전한 견적서는 비교와 분석 과정에서 오류를 초래할 수 있으므로, 모든 정보가 빠짐없이 포함되었는지 검토하는 것이 중요하다. 이를 통해 견적서의 완전성을 확보하고, 협력사가 제공한 정보의 신뢰성을 높일 수 있다.

2) 기술 평가(Technical Bid Evaluation, TBE)

견적 내용이 프로젝트의 기술적 요구사항과 부합하는지 평가하는 과정이다. 제출된 자재나 서비스가 시방서에 명시된 품질 기준, 규격, 인증 요건 등을 충족하는지 확인해야 한다. 특히, 자재의 성능이나 품질이 프로젝트의 기술적 요구에 적합한지 확인하며, 필요한 경우 협력사가 제안한 대체 항목의 적합성을 검토한다. 공급사가 원래 요청한 자재 대신 유사한 대체품을 제안할 경우, 해당 품목이 프로젝트의 요구 기준에 부합하는지 상세히 검토해야 한다. 이 과정에서 기술팀과 협력하여 사양과 성능을 비교하고, 대체품의 장단점을 분석해야 한다.

3) 상업 평가(Commercial Bid Evaluation, CBE)

견적서의 상업적 내용은 단가와 총비용을 중심으로 철저히 분석해야 한다. 자재나 서비스의 단가가 시장 가격과 비교해 과도하게 높거나 낮은 경우, 추가적인 분석이 필요하다. 단가가 시장 평균보다 높을 경우, 공급사와의 협상을 통해 합리적인 가격으로 조정하거나 대체 공급사를 검토해야 한다. 견적에 포함된 총비용(원재료비, 운송비, 세금 등)을 검토하여, 적절하게 반영되었는지 확인해야 한다. 이 과정에서 비용 대비 가치를 평가하며, 단순히 최저가를 선택하기보다는 품질, 일정, 기술적 적합성을 종합적으로 고려해야 한다.

4) 견적 조건 검토

견적서에서 제시된 사양이나 공사 방법을 포함한 견적 조건이, 프로젝트 요구 조건과 부합하는지 확인해야 한다. 협력사가 제안한 조건이 프로젝트의 주요 공정 일정과 공사 금액에 미치는 영향을 분석하고, 적정성 여부를 평가해야 한다. 업체별로 제시하는 견적 조건이 다를 수 있으므로, 공통된 조건이나 다른 조건이 있으면 이를 비교 분석해서 오류를 줄여야 한다. 견적 조건이 프로젝트 요구와 맞지 않을 경우, 협력사와의 추가 논의를 통해 대체 방안을 모색할 필요가 있다.

5) 임의 네고율 적용

업체 견적을 입찰가에 반영할 때, 향후 업체와의 협상을 통해 일정 수준의 금액 하향 조정이 가능할 것으로 판단하여 '임의 네고율'을 적용한다. 입찰 시 업체로부터 접수하는 견적 금액은 실제 공사 수행 시 적용될 금액보다 다소 높게 제출되는 경향이 있다. 이는 입찰 견적의 특성상 공사를 수주할 가능성이 불확실한 상태에서, 제한된 시간 내에 견적을 완료해야 하기 때문이다. 따라서 업체들은 시장 가격과 비교하여 일정 수준의 리스크를 반영한 보수적인 견적을 제출하며, 이에 따라 입찰 견적은 실제 계약 체결 시 합의가 이뤄질 금액보다 높게 형성될 가능성이 크다. 공사 수행 단계에서 실질적인 업체 선정을 위해 다시 입찰하면, 경쟁 입찰로 인해 애초 제출된 견적보다 낮은 금액으로 계약이 이루어지는 경우가 많다. 이는 공사 수주가 확정된 이후 업체들이 더욱 공격적인 가격을 제시할 수 있기 때문이다. 업체의 수주 의지, 입찰 견적의 현실화, 공사 일정, 현지 시장 상황에 따라 가격 조정이 이루어지는 것이 일반적이다. 이러한 점을 고려하여 일반적으로 2~5% 범위에서 하향 조정 가능성을 염두에 두고 견적가에 반영한다. 다만, 프로젝트 특성이나 업체의 성향을 정확하게 파악하지 않은 상태에서, 임의 네고율을 공격적으로 적용하는 것은 지양해야 한다.

2. 추가 확인

1) 기술 협상(Technical Clarification)

견적서의 기술적 세부 사항이나 협력사가 제안한 대체 항목이 명확하지 않을 경우, 기술 협상을 통해 추가적인 세부 정보를 확인해야 한다. 협력사가 제시한 자재나 서비스가 프로젝트 요구사항과 얼마나 일치하는지를 평가하기 위해, 구체적이고 명확한 질문을 구성한다.

- 진행 방법: 기술팀과 협력하여 질문을 구성하고, 협력사로부터 기술 자료를 확보한다. 특정 자재의 성능 시험 결과를 요구하거나, 대체 자재의 시방서나 인증서(ISO, ASTM 등)를 요청하여 제안의 적합성을 검토한다.

- 중점 사항: 기술 협상은 프로젝트 품질과 성능에 직접적인 영향을 미치므로, 대체 자재나 공법이 기존 요구사항을 충족하거나 개선할 수 있는지 철저히 검토해야 한다.

2) 상업적 협상(Commercial Negotiation)

견적서에 포함된 가격과 결제 조건 등에 대해 협력사와 상업적 협상을 진행해야 한다.
- 가격 조정: 협력사에 시장 평균 단가나 목표하는 단가를 제시하며 가격 인하를 요청한다. 필요시 조건부 낙찰 의향서(Conditional Letter of Intent)를 발급하기도 한다. 이는, 입찰 단계에서 업체에 공사 수주 시 낙찰을 확약하는 서류로서, 이에 따라 업체는 더욱 현실적인 가격을 제시할 수 있다.
- 결제 조건: 신용장(L/C), 분할 결제, 잔금 지급 조건 등 자금 관리 계획에 부합하는 조건을 협의한다.
- 협상의 목표: 비용 절감과 더불어 품질, 납기, 기술적 요구사항을 모두 충족하는 조건을 확보하는 것이다.
- 납품 일정 확인: 제안된 납품 일정이 타당한지 추가 논의하고, 공급사의 생산 능력과 물류 체계를 검토한다.
- 추가 문서 요청: 협력사의 신뢰성과 품질을 검증하기 위해 추가 자료를 요청한다. 과거 납품 실적, 품질 인증서, 제조 과정의 시험 성적서 등이 포함된다.

5.6 경쟁력 있는 가격 산정

경쟁력 있는 가격 산정은 원가 분석, 시장 자료, 발주자 요구를 종합적으로 고려하여, 합리적이고 균형 잡힌 견적을 제시하는 과정이다. 원가를 철저히 분석하고 부가가치 제안을 포함하는 전략을 통해, 발주자에게 매력적인 제안을 준비해야 한다. 투명성을 확보하고 리스크 관리 전략을 통해 입찰 경쟁에서 우위를 확보하면, 프로젝트의 성공 가능성을 높일 수 있다. 균형 잡힌 가격은 수익성을 유지하면서, 발주자의 신뢰를 확보할 수 있는 최적의 전략이다. 이를 위해 비용 요소별로 철저한 원가 분석을 수행하고, 시장 동향과 경쟁사 분석을 통해 경쟁력 있는 가격을 산정해야 한다. 리스크 관리와 효율적인 자원 배분을 고려한 가격 전략은, 장기적으로 기업의 수익성과 지속 가능성을 높이는 중요한 요소로 작용한다.

1. 가격 산정의 주요 원칙

    1) 정확한 분석

    원가는 재료비, 노무비, 장비비와 간접 공사비 등으로 구성되며, 모든 요소를 세부적으로 정확하게 검토해야 한다. 이는 프로젝트의 규모, 범위, 현장 조건 등을 고려하여 정확한 수치를 도출하는 과정이다. 간접비와 예비비를 포함해 발생할 수 있는 모든 비용을 산정함으로써, 예상치 못한 비용 발생을 최소화할 수 있다. 원가 분석은 가격 산정의 기초이자 리스크 관리를 위한 필수 단계로, 불필요한 비용 발생을 억제하고 수익성을 확보하는 데 중요한 역할을 한다.

    2) 시장과 경쟁 환경 분석

    시장 가격 범위와 경쟁사의 과거 입찰 자료를 분석해 비교 우위를 찾는다. 현재 시장 상황과 경쟁사들의 전략을 이해함으로써, 경쟁력 있는 가격 차별화를 가능하게 한다. 과거 프로젝트에서 확인된 경쟁사의 기술적 강점과 제안 내용을 검토해 차별화된 접근법을 개발하고, 발주자의 선호도를 기반으로 경쟁력 있는 가격대를 설정해야 한다. 이를 통해 단순한 가격 경쟁을 넘어 가치 기반의 차별화 전략을 수립할 수 있다.

    3) 발주자 요구사항 충족

    발주자의 요구사항과 평가 기준(예: 기술과 가격 비중)을 분석해 제안서를 최적화한다. 발주자가 중요하게 여기는 요소를 중심으로, 가격과 기술 제안의 균형을 맞춰야 한다. 요구사항을 충족하거나 초과 달성하는 방안을 포함해 부가가치를 높이며, 발주자가 기대하는 품질과 성과를 실현할 수 있게 설계해야 한다.

    4) 현지화 전략 활용

    해외 프로젝트에서는 현지 건설 자재와 숙련된 현지 협력업체를 활용함으로써, 수입 비용과 노무비를 효과적으로 절감할 수 있다. 현지 시장의 물가와 노동 조건을 반영해 비용을 최적화하며, 이를 통해 경쟁력 있는 가격을 제시할 수 있다. 수입 대체 전략을 통해 물류비용을 줄이고, 환율 리스크를 관리하여 재정적 안정성을 높인다.

5) 부가가치 제안

발주자에게 부가가치를 제공해 제안의 경쟁력을 높인다. 유지보수 서비스, 품질 보증, 기술 교육 등을 포함해 차별화된 제안을 제시함으로써, 단순한 가격 경쟁을 넘어 발주자의 신뢰를 얻을 수 있다. 장기적인 유지보수 계약이나 에너지 효율 개선 해법을 추가로 제공하면, 발주자에게 비용 절감과 운영 효율성을 동시에 제공할 수 있다. 이러한 부가가치는 발주자의 신뢰와 만족도를 높이는 핵심 요소로 작용한다.

6) 리스크 관리 전략 반영

리스크를 효과적으로 관리하는 계약 조건을 포함한다. 예상치 못한 비용 상승 리스크를 최소화하기 위해 예비비를 설정하고, 이를 통해 프로젝트 진행 중에 발생할 수 있는 변수에 유연하게 대응할 수 있다. 계약 조항에 비용 변동 시 대비할 수 있는 보호 장치(예: Escalation 조항)를 명시하여, 환율 변동, 자재 가격 상승 등 외부 요인에 대비해 발주자와 공동으로 대처할 방안을 제시한다. 이러한 리스크 분배 전략은 프로젝트의 안정성을 확보하고, 예상치 못한 재정적 부담을 최소화하는 데 이바지한다.

2. 가격 산정 방법

1) 비용 기반 접근법(Cost-Based Pricing)

직접비, 간접비, 예비비, 목표 이윤을 합산해 가격을 산정한다. 이 방법은 비용 구조가 명확해 견적의 신뢰성을 높인다. 과대 또는 과소 산정 시 경쟁력을 잃을 수 있으며, 실제 시장 상황과 괴리가 발생할 수 있다. 따라서 철저한 원가 분석과 객관적이면서 현실적인 비용 반영이 필수적이다.

2) 시장 기반 접근법(Market-Based Pricing)

시장 데이터를 기반으로 발주자가 수용할 수 있는 가격 범위에서 견적을 산출한다. 유사 프로젝트의 가격을 참고해 경쟁력을 유지하며, 현재 시장의 추세와 경쟁사 가격 전략을 분석하여 가격을 설정한다. 최근 입찰이 완료된 프로젝트의 수주 원가를 분석해, 유사한 전략으로 입찰 가격을 산정하거나, 경쟁사의 입찰 전략을 파악해 가격 경쟁력을 확보할 수 있다. 다만, 비용 구조를 정확하게 파악하지 못하면 이익이 감소할 수 있으므로 주의가 필요하다. 시장 변화에 대한 지속적인 모니터링과 경쟁사 분석이 성공적인 가격 전략의 핵심이다.

3) 가치 기반 접근법(Value-Based Pricing)

발주자가 얻는 가치를 중심으로 가격을 책정하며, 품질과 효율성을 강조한다. 이는 단순한 비용 절감을 넘어 발주자에게 제공하는 부가가치와, 차별화된 기술력을 반영한 가격 전략이다. 예를 들어, 친환경 건축 프로젝트에서는 에너지 효율성을 높이는 첨단 기술 적용, 유지관리 비용 절감 등의 가치를 강조해 프리미엄 가격을 책정할 수 있다. 발주자의 요구를 초과 달성할 수 있는 기술적 강점을 강조하여, 높은 가치를 전달하는 것이 중요하다. 다만, 가치를 명확히 전달하지 못하면 경쟁력을 잃을 수 있으며, 발주자의 평가 기준에 부합하는 설득력이 필요할 수도 있다.

5.7 견적 오류 방지 전략

견적 오류를 방지하는 것은 입찰 성공과 프로젝트 수행 안정성을 보장하는 데 필수적이다. 체계적인 견적 데이터 관리, 세부 항목 검토, 리스크 반영 등의 전략을 통해 오류를 최소화할 수 있다. 철저한 준비와 검증은 성공적인 입찰과 프로젝트의 성과를 극대화하는 열쇠가 된다. 견적 오류는 주로 세부 항목 검토 부족, 계산 실수, 데이터 입력 오류, 그리고 리스크 요인에 대한 고려 부족에서 발생한다. 규모가 크고 복잡한 프로젝트에서는 다양한 부서와 협력해야 하므로, 각 부서 간의 정보 공유 부족이 오류를 유발할 수 있다.

1. 주요 견적 오류 유형

    1) 항목 누락

    자재, 노무비, 장비비 또는 간접비 항목을 일부 빠뜨리는 것이다. 이러한 누락은 프로젝트 실행 단계에서 추가 비용 발생으로 이어질 수 있으며, 수익성 악화의 원인이 된다. 특정 자재의 보관 비용이나 운송비를 고려하지 않은 경우, 예상치 못한 추가 비용이 발생하게 된다. 현장 설치 비용이나 지원해야 하는 공통장비비 누락이 발생할 때도, 전체 견적의 신뢰성이 저하될 수 있다.

2) 항목 중복

동일한 재료비, 노무비 또는 장비비 항목을 중복 반영하여, 불필요한 비용이 견적에 포함될 수 있다. 이는 전체 견적 금액을 과도하게 증가시켜 입찰 경쟁력 저하와 견적 신뢰도 하락을 초래할 수 있다. 예를 들어, 양중 장비비가 협력업체 견적에 포함되어 있는데도, 공통가설공사비에 중복 계산할 수 있다. 이러한 오류를 방지하려면 견적 항목을 철저히 검토하고, 중복 계산 여부를 확인하는 절차가 필요하다.

3) 비용 과소 산정

작업 시간, 자재 소요량, 노무비 단가 등을 과소 산정해 원가 초과 위험을 초래한다. 이는 실제 프로젝트 진행 중 예상보다 많은 자원이 소요되어, 비용 초과로 이어질 수 있다. 장비 가동률을 높게 산정하거나, 유지보수 비용을 과소평가한 경우가 이에 해당한다. 과소 산정은 수익성 저하는 물론 프로젝트 일정에도 부정적인 영향을 미친다.

4) 비용 과다 산정

작업 단가를 지나치게 높게 설정하거나 불필요한 예비비를 과도하게 포함하여 입찰 경쟁력을 잃게 된다. 과다 산정은 경쟁 입찰에서 불리한 결과를 초래하며, 발주자로부터 비효율적인 비용 관리로 인식될 수 있다. 예를 들어, 실제 시장 가격보다 높은 재료비를 적용하거나, 불확실성에 대비해 과도한 예비비를 책정한 경우가 해당한다.

5) 리스크 요소 반영 오류

환율 변동, 물가 상승, 일정 지연 등 예상 리스크를 견적에 반영하지 않아 추가 비용이 발생한다. 이러한 리스크 요소의 누락은 프로젝트 실행 단계에서 불가피한 추가 비용 발생으로 이어질 수 있으며, 예상치 못한 재정적 부담을 초래할 수 있다. 수입 자재의 환율 변동을 고려하지 않아 예산 초과가 발생하거나, 국제 공급망 불안정으로 인한 자재 가격 상승을 반영하지 않아 비용 관리에 어려움을 겪을 수 있다. 이러한 리스크를 사전에 반영하는 것이 견적의 정확성과 프로젝트 안정성을 확보하는 데 필수적이다.

2. 견적 오류 방지 전략

   1) 체계적인 데이터 관리

      과거 프로젝트 데이터를 체계적으로 저장하고 분석하여, 견적의 기초 자료로 활용한다. 유사 프로젝트의 재료비, 노무비, 장비비 데이터를 참고해, 입찰 가격을 정확하게 비교 검토한다. 이를 통해 데이터에 기반한 신뢰성 있는 견적 산출이 가능하며, 시장 조사와 공급업체 견적 비교를 통해 최신 데이터를 확보하여, 변화하는 시장 상황에 유연하게 대응할 수 있다.

   2) 항목별 세부 분류와 검토

      모든 비용 항목(직접비, 간접비, 예비비)을 세분화하여 산정한다. 세부 항목으로 분류함으로써 누락 가능성을 최소화하고, 각 항목의 정확성을 높인다. 체크리스트를 활용해 주요 항목 누락 여부를 점검하며, 공통 장비비나 설치비 등 간과하기 쉬운 항목을 포함하는 것이 중요하다.

   3) 검증 프로세스 구축

      내부 검토 절차를 통해 견적서를 여러모로 검증한다. 견적, 기술, 구매팀이 참여하는 교차 검토를 시행하여, 다양한 관점에서 오류를 식별할 수 있다. 또한, 외부 전문가나 자문 업체(예: Quantity Surveyor)를 활용해 추가 검증을 받을 수 있으며, 이는 견적의 객관성과 신뢰성을 강화하는 효과적인 방법이다.

   4) 리스크 관리 전략 반영

      예상할 수 있는 리스크(환율 변동, 자재 가격 상승, 일정 지연 등)를 분석하고 이를 견적에 반영한다. 리스크 요소별로 대응 전략을 수립하고, 예비비를 적정 수준으로 설정하여 불확실성에 대비한다. 발주자와 계약 시 비용 조정 조항을 포함함으로써, 리스크 발생 시의 재정적 부담을 최소화할 수 있다. 예를 들어, 환율 변동 리스크를 관리하기 위해 환율 헤지(Foreign Exchange Hedging) 전략을 적용하는 것이 효과적이다.

5) 현지 요인 반영

현지 법규, 환경 규제, 노동 조건 등을 견적에 반영해 추가 비용 발생을 예방한다. 현지 시장 조사와 공급망 분석을 통해 자재와 노무비의 변동성을 예측하고, 이를 견적에 반영하는 것이 중요하다. 예를 들어, 현지 자재를 활용해 물류비를 절감하거나, 현지 노무비 수준을 반영해 경쟁력을 확보함으로써 비용 효율성을 극대화할 수 있다.

5.8 공종 간 견적 누락

공종 간 견적 누락은 입찰 단계에서 철저한 검토와 공종 간 협업을 통해 예방할 수 있다. 각 공종별로 견적을 취합할 때, 공종 간의 경계가 명확하지 않은 작업이나 항목이 누락되기 쉽다. 이러한 누락 사항은 설계 도면이나 시방서에 포함되어 있으나, 특정 공종에 명확히 할당되지 않아 발생하기도 한다. 입찰 이후의 시공 단계에서 추가 비용 발생과 일정 지연의 원인이 될 수 있으므로, 입찰 단계부터 철저히 대처해야 한다. 도면과 시방서의 일치성 확인, 공종 간 협의 강화, 책임 매트릭스 작성 등, 체계적인 검토 과정을 통해 누락 가능성을 최소화해야 한다.

1. 누락 사항 발생 원인
   1) 도면 간의 불일치

   건축, 기계, 전기 도면 간에 작업 범위가 중복되거나 불명확하면, 견적 누락이 발생할 수 있다. 예를 들어, 장비에 대한 전기 공급이 전기 도면에서는 기계 공사에 포함된 것으로 명시되어 있지만, 기계 도면에는 전기공사에 포함된 경우가 있다. 이럴 때, 전기 공급 주체에 대한 명확한 책임 구분이 이루어지지 않으면, 전기 공종에서 해당 작업을 포함하지 않고 견적을 제출하게 되어 누락이 발생할 가능성이 크다. 도면상의 설계 오류나 중복된 정보로 인해 특정 작업 비용이 두 개 이상의 공종에서 중복으로 산출되거나, 반대로 누락되는 문제도 발생할 수 있다.

2) 도면과 시방서 간의 불일치

설계 도면과 시방서 간의 불일치도 견적 누락의 주요 원인 중 하나다. 시방서에는 특정 공종에서 수행해야 할 작업 범위가 명확하게 기술되어 있어야 하지만, 설계 변경 과정에서 시방서에 최신 자료가 반영되지 않을 수 있다. 도면만 변경되고 시방서가 업데이트되지 않는 경우가 발생할 수 있다. 예를 들어, 시방서에는 특정 기계 장비의 설치가 요구되었으나, 도면에 해당 장비가 포함되지 않은 경우, 해당 공종에서는 시방서를 검토하지 않고 도면만을 기준으로 견적을 산출한다면 누락이 발생할 수 있다. 반대로, 도면에는 특정 시공 항목이 포함되어 있으나, 시방서에는 해당 사항이 언급되지 않은 경우, 시공 범위의 모호성으로 인해 공종 간 책임이 불분명해질 수 있다.

3) 입찰 추가 자료 파악 부족

입찰 추가 자료(Addendum, Corrigendum, Revised Documents 등)을 정확히 검토하지 않으면, 최신 변경 사항이 반영되지 않은 채 견적을 산출하는 문제가 발생할 수 있다. 대형 프로젝트에서는 입찰 공고 후에도 여러 차례 문서가 업데이트되며, 발주자는 질의응답 과정에서 변경된 지침을 제공하는 경우가 많다. 이러한 변경 사항이 모든 공종별 견적에 적절히 반영되지 않으면, 특정 작업이 누락되거나 기존 견적 내용이 최신 요구사항과 일치하지 않게 된다.

4) 공종 간 소통 부족

기술팀, 설계팀, 견적팀(건축, 기계, 전기 등) 간에 소통이 원활하지 않을 경우, 중요한 정보가 공유되지 않으면서 견적 누락이 발생할 가능성이 높다. 건축, 토목, 기계, 전기 등 여러 공종이 동시에 견적을 해야 하므로, 이 과정에서 긴밀한 협력이 이루어지지 않으면 특정 작업이 누락될 가능성이 크다.

5) 작업 범위 정의 부족

입찰 공고나 발주자의 요구사항에서 공종별 작업 범위가 명확히 구분되지 않았을 때도, 공종 간 누락이 발생할 수 있다. 공사 범위가 불명확하면 특정 공종이 해당 작업을 포함할지를 판단하기 어려우며, 결과적으로 견적에서 누락될 가능성이 커진다. 발주자가 특정 공종별 작업 범위를 명확히 정의하지 않은 경우, 입찰자가 이를 자의적으로 해석하면서 공종 간 중복 견적 또는 누락 견적이 발생할 수 있다.

2. 공종 간 누락 방지 방법

   1) 입찰 자료 상호 검토

      모든 입찰 자료를 공종별로 비교하여 작업 범위를 교차 검토하는 과정이 필수적이다. 일반적으로 공종별 설계 도면은 각각의 설계사에 의해 작성되므로, 상호 검토 없이 견적을 산출하면 특정 작업이 누락될 가능성이 크다. 이러한 문제를 방지하기 위해 각 공종의 설계 도면과 시방서를 상호 대조하는 체계적인 검토 절차를 도입해야 한다.

   2) 공종 간 협의

      각 공종별 담당자 간에 정기적인 협의회를 개최하여 작업 경계를 명확히 해야 한다. 특히, 공종 간 경계가 모호한 작업에 대해 명확한 책임을 정의해야 한다. 협의회에서 논의된 사항은 반드시 회의록으로 기록하여 작업 범위를 문서화해야 하며, 해당 문서를 견적 산출 과정에서 참고할 수 있도록 관리해야 한다. 협의 과정에서 발주자의 요구사항과 설계 변경 사항을 지속적으로 공유하며, 각 공종의 작업 범위를 실질적으로 검토해야 한다. 이러한 협의 절차는 공종 간 소통을 강화하여 정보 누락을 최소화하는 데 중요한 역할을 한다.

   3) 책임 매트릭스 작성

      공종별 작업 범위와 책임을 명확히 정의한 매트릭스를 작성하여, 각 공종이 수행해야 할 작업을 구체적으로 구분해야 한다. 책임 매트릭스(Responsibility Matrix)는 공종 간 인터페이스가 발생하는 작업을 사전에 정의하여, 업무의 중복이나 누락을 방지하는 데 효과적이다. 주요 장비의 전원 공급과 관련하여 전기 공사와 기계 공사 간 책임 구분이 불명확하면 누락 가능성이 높아지므로, 이를 매트릭스를 통해 사전에 조정해야 한다. 책임 매트릭스는 입찰 단계에서 공종 간 조율을 원활하게 하고, 시공 과정에서 발생할 수 있는 책임 소재 문제를 최소화할 수 있다.

4) 도면과 시방서 일치성 검토

도면과 시방서 간의 일치성을 철저히 검토해야 한다. 도면과 시방서 간의 불일치는 견적 누락의 주요 원인이며, 설계 변경이 이루어졌으면 모든 공종 도면과 시방서가 동기화되었는지 확인하는 것이 필수적이다. 도면상의 설계 오류나 중복된 정보로 인해, 특정 작업이 두 개 이상의 공종에서 중복해서 산정되거나, 반대로 누락되는 문제가 발생할 수 있다. 따라서, 입찰 단계에서 도면과 시방서를 교차 검토하는 절차를 수립하고, 변경 사항이 모든 문서에 반영되었는지 지속적으로 확인해야 한다.

5) 입찰 추가 자료 검토 철저

입찰 기간에 발주자가 제공하는 Addendum, Corrigendum, Revised Documents 등을 철저히 검토하고, 변경 사항이 모든 공종 견적에 적절히 반영될 수 있도록 관리해야 한다. 입찰 공고 이후에도 여러 차례 문서가 업데이트될 수 있으며, 발주자는 질의응답 과정을 통해 지침을 추가로 제공하는 경우가 많다. 이러한 변경 사항이 실시간으로 공유되지 않거나, 견적팀과 각 공종별 담당자들이 최신 정보를 반영하지 못하면, 특정 작업이 누락될 가능성이 커진다. 이를 방지하려면 입찰 추가 자료를 관리하는 문서 관리 시스템을 구축하고, 업데이트된 내용을 모든 입찰팀에게 즉시 공유하는 체계를 마련해야 한다. 특히, 변경된 자료가 기존 도면 및 시방서와 어떻게 달라졌는지 상세하게 비교 분석하는 절차가 필요하다. 변경 사항이 기존 자료와 어떻게 차이가 있는지 명확하게 비교하는 변경 관리 대조표(Change Comparison Table)를 작성하여, 모든 담당자가 이를 숙지하도록 해야 한다.

5.9 수량 산출과 내역서 작성

정확한 수량 산출은 입찰에 필수적이다. 수량 산출은 입찰가 산정의 기초 자료가 되며, 수주 후 예산 책정의 기반이 된다. BOQ가 제공되지 않는 Fixed Lump-sum Price Contract일 경우에는 견적을 위해 당연히 수량을 산출해야 하지만, 발주자가 수량을 제공하는 Re-measurement Contract에서도, BOQ 수량 검증을 위해 자체적으로 수량을 산출하는 입찰자들이 대부분이다. 부정확한 수량은 입찰 견적의 정확성과 객관성을 확보하기 어렵게 만든다. 수량을 과다하게 산출하면 원가 경쟁력이 낮아질 위험이 있다.

1. 수량 산출 방법
    1) 도면 기반 산출

        토목, 구조, 건축, 기계, 전기 도면을 자세히 검토하여 각 공사 종류별 수량을 산출한다. 이를 위해 도면에서 치수를 확인하고, 공사 종류별 수량을 산출할 수 있는 정보를 추출해야 한다. 도면상에 빠진 요소가 있는지 확인하고, 시방서와 설계 기준과도 일치하는지 검토해야 한다. 입찰 도서 전체를 파악하고, 정밀한 검토를 통해 오류를 방지하는 것이 중요하다. 이를 위해 유사 프로젝트의 물량 통계와 비교하는 등의 검증 작업이 필수적이다.

    2) 표준 적산 방법 적용

        표준 적산 방법은 수량 산출 시 객관성과 일관성을 유지하는 데 필수적인 요소다. 항목별로 표준화된 적산 방법을 적용하여, 산출 효율성과 정확성을 높일 수 있다. 국내의 경우 대부분의 적산 용역사는 국내 표준 적산 방법을 적용하고 유사한 산출 프로그램을 사용한다. 해외 프로젝트 적산의 가장 큰 걸림돌은, 영문이나 해당 국가의 언어로 작성된 입찰 도서이다. 해당 국가의 내역 체계가 국내와 다르기도 하다. 그러므로 국내 업체들이 이러한 해외 프로젝트의 적산을 수행할 때, 기간도 오래 걸리며 정확도가 낮아질 위험도 존재한다. 서로 다른 내역 체계를 이해하지 못한 상태에서 국내 적산 방식대로 수량을 산출하고 내역서를 작성한다면, 해당 국가의 협력사 견적 단계에서 어려움을 겪으며, 발주자에 제출하지 못하는 BOQ가 생성될 수 있다. 해당 국가에서 수행한 입찰이나 공사 수행 자료를 참고하여, 최대한 유사하게 내역을 작성할 필요가 있다. 이를 위해서는 적산 용역사에 명확한 적산 지침을 제공하고, 실무자가 아예 항목 규격 단위가 포함된 공내역서를 작성해서 제공할 수도 있다. 일부 입찰자들은 현지 적산 업체(Quantity Surveyor)에 수량 산출 용역을 주기도 한다.

3) 소프트웨어 활용

BIM(Building Information Modeling)이나 전문 적산 프로그램을 활용하면, 더욱 정밀한 수량 산출이 가능하다. BIM 모델을 기반으로 한 수량 산출은, 3D 도면을 활용하여 실시간으로 각 구성 요소의 수량을 자동 산출할 수 있도록 한다. 이를 통해 단순한 길이, 면적과 체적 계산을 넘어, 재료별 상세한 수량을 도출할 수 있으며, 설계 변경 시에도 신속하게 수정할 수 있는 장점이 있다.

2. 산출 수량 검토

1) 수량의 정확성과 일관성

수량 검토 시 도면과 시방서, 산출 내역 간의 일관성을 유지하는 것이 필수적이다. 산출된 수량이 도면상의 치수는 물론 시방서에서 요구하는 사양과 정확하게 일치하는지 검토해야 한다. 동일한 공종 내에서도 도면상의 변화나 설계 오류가 있을 수 있으므로, 비교 검토를 통해 수량 산출의 정확성을 보장해야 한다. 특히, 토목, 구조, 건축, 기계, 전기 공사 간의 내역 형식과 수량 산출 방식을 일치시킬 필요가 있다.

2) 중복 혹은 누락

중복 산출이나 누락된 항목이 없는지 점검해야 한다. 일부 항목이 과다 산출되거나 중복으로 반영될 경우, 예산 초과와 불필요한 비용 증가를 초래할 수 있다. 반대로 특정 항목이 누락될 경우, 시공 중 추가 비용이 발생하거나 공사 일정이 지연될 수 있다. 이를 방지하기 위해 산출된 수량을 상세히 검토하고, 동일 공종 내에서의 중복 항목이나 누락된 부분을 확인해야 한다.

3) 적산 기준 준수

수량 산출이 발주자의 요구사항, 국제 표준과 현지 규정을 준수하는지 검토해야 한다. 발주자가 요구하는 특정 기준이나 시방서에서 요구하는 산출 방식이 있는 경우, 이를 반드시 반영해야 한다. 현지 법규와 시공 규정을 준수해야 하며, 국가별 표준 산출 방식에 맞춰 산출이 이루어졌는지도 점검해야 한다. 국가별로 서로 다른 표준 적산 기준(Standard Method of Measurement, SMM)을 적용하기도 하므로, 해당 국가의 기준을 확인할 필요가 있다.

4) 비교 분석 수행

산출된 수량을 기존 유사 프로젝트와 비교하여 정확성을 검토하는 과정도 중요하다. 과거 수행된 프로젝트의 수량과 비교함으로써, 현재 산출된 데이터가 현실적이며 실효성이 있는지 확인할 수 있다. 예를 들면, 골조 공사의 경우 유사 프로젝트의 부재별 철근비와 거푸집 비율을 비교 검토할 수 있다. 표준 품셈과 같은 업계 표준과 시장 데이터를 활용하여 산출 수량의 신뢰성을 검증해야 한다.

3. 내역서 작성 방법

1) 공종별 정리

내역서는 토목, 구조, 건축, 기계, 전기, 통신, 소방 등 공종에 따라 체계적으로 구성해야 한다. 이를 통해 각 공종의 세부 항목을 명확히 구분하고, 공사 범위를 자세히 파악할 수 있다. 규모가 크고 복잡한 프로젝트에서는 공종별 정리가 더욱 중요하며, 공사 관리와 비용 산정의 정확성을 높이기 위해, 공종별 세부 항목을 세밀하게 나누어야 한다. 발주자가 요구하는 내역서 구성 방식을 준수해야 하며, 내역서 작성 과정에서 변경 사항을 반영할 수 있도록 체계적으로 관리할 필요가 있다.

2) 단위 명확화

내역서 작성 시 각 항목의 수량 단위를 명확하게 표기하여 혼동을 방지해야 한다. 면적은 제곱미터(m^2), 체적은 세제곱미터(m^3), 길이는 미터(m), 중량은 킬로그램(kg), 개수는 EA(Each) 등 표준 단위를 사용해야 한다. 입찰 도서가 요구하는 단위 체계를 확인하여 일관되게 적용해야 한다. 단위의 오류는 공사비 산정과 공사 수행 시 예산 산정에 직접적인 영향을 미칠 수 있으므로 철저한 검토가 필요하다. 단위가 실제 시공 방식과 부합하는지 확인하고, 측정 방식에 따라 적절한 단위를 선택하는 것이 중요하다. 1식(Item) 항목은 단가 구조를 파악하기 힘들고 견적 오류가 발생하기 쉬우므로, 최대한 세부 수량 기준으로 분개(Breakdown)해야 한다.

3) 체계적인 내역 구성

내역서는 항목명, 규격, 단위, 수량, 단가와 금액을 포함하여 체계적으로 정리해야 한다. 항목 이름은 해당 공사의 세부 작업 내용을 구체적으로 나타내야 하며, 규격에는 적용되는 자재의 상세 사양과 성능 기준을 포함해야 한다. 단위와 수량은 도면과 시방서에 근거하여 정확하게 산출해야 한다. 내역 구성이 명확하면 입찰 심사 과정에서 발주자가 평가하기 쉬우며, 계약 체결 후에도 공사 진행 과정에서 혼선을 줄이고 원활한 원가 관리가 가능하다.

4) 산출 공식과 근거 명시

주요 항목의 산출 공식과 근거를 별도로 명시하여, 수량 산출의 타당성을 증명해야 한다. 이는 입찰 가격 산정의 신뢰성을 높이고, 공사 진행 중에 발생할 수 있는 오류를 최소화하는 역할을 한다.

4. 내역서 작성 시 유의 사항

1) 입찰 요구사항 검토

수량 산출을 통한 내역서 작성 시 입찰 도서의 요구사항을 철저히 검토해야 한다. 이를 위해 계약서, 시방서, 도면을 자세히 분석하고, 발주자가 명시한 공사 범위와 성능 기준을 정확하게 반영해야 한다. 특히, 계약서에 포함된 특수 조건, 시방서의 기술적 요구사항, 도면의 세부 상세를 종합적으로 고려하여 내역을 작성해야 한다.

2) 현장 조건 반영

수량 산출 시 현장의 지질, 기후, 시공 환경 등의 조건을 충분히 반영해야 한다. 지반 조사 보고서를 정확히 검토할 필요가 있다. 지역적 기후 특성(예: 우기 또는 혹한기)이 시공 일정과 공사비에 영향을 미칠 수 있다. 공사 부지가 협소한 경우 자재 반입과 보관에 어려움이 따를 수 있으므로 이에 대한 현실적인 검토가 필요하다. 현장 조건을 무시한 수량 산출은 시공 중 예산 초과나 일정 지연 등의 문제를 초래할 수 있으므로, 사전 답사를 통해 현실적인 데이터를 반영해야 한다.

3) 적용 공법 반영

표준 공법과 발주자가 요구하는 공법을 비교하여 적절한 방식으로 수량을 산출해야 한다. 공법에 따라 소요 자재와 시공 절차가 달라질 수 있으므로, 도면과 시방서에 명시된 공법을 우선하여 고려하고, 시공성이 확보된 방법을 적용해야 한다. 기술팀에서 검토한 공사 순서(Sequencing)와 공법을 반영하여 산출해야 한다. 시공 장비와 인력 배치 계획을 검토하여 최적의 공법을 선정하고, 이를 내역서에 반영해야 한다.

4) 적절한 여유율 반영

자재 손실과 시공 오차를 고려하여 적정 여유율을 반영해야 한다. 현장에서는 자재 절단, 가공, 운반 과정에서 일정량의 손실이 발생하며, 현장 여건에 따라 시공 오차가 발생할 가능성이 있다. 따라서, 철근, 콘크리트, 강재 등 주요 자재에 대해 일정 비율의 여유율을 적용하여, 실사용량과 차이가 발생하지 않도록 해야 한다. 여유율은 재료 특성과 시공 방식에 따라 달라질 수 있으며, 발주자에서 특정한 여유율을 요구하는 경우 이를 준수해야 한다. 과도한 여유율 적용은 입찰가 상승을 초래할 수 있으므로, 산업 표준과 발주자 기준을 참고하여 적절한 범위 안에서 반영하는 것이 중요하다.

5) 내역서의 명확성 유지

내역서는 발주자, 엔지니어, 협력업체가 쉽게 이해할 수 있도록 명확하고 체계적으로 작성해야 한다. 이를 위해 항목별로 자세한 설명을 포함하고, 규격, 단위, 수량, 단가 등의 항목을 일관된 형식으로 정리해야 한다. 유사한 공종이 반복된다면 항목명을 일관되게 사용하고, 필요한 경우 비고란을 활용하여 추가 설명을 제공해야 한다. 내역서가 명확하게 구성되지 않으면, 견적은 물론 발주자가 검토하는 과정에서 혼선이 발생할 수 있다. 시공 단계에서도 오해로 인한 문제를 초래할 수 있으므로, 정확한 표기와 일관된 형식 적용이 필수적이다.

6) 현지 내역서 형식 반영

현지에서 적용할 수 있는 내역서 형식을 유지해야 하며, 한국식 내역서 작성 방식을 그대로 적용하면, 견적 산출과 협력업체와의 협의 과정에서 어려움이 발생할 수 있다. 각국의 건설 표준과 내역서 양식이 다를 수 있으므로, 현지에서 통용되는 표준 적산 기준(Standard Method of Measurement, SMM)과 계약 조건을 충분히 검토한 후, 이에 맞게 내역서를 작성해야 한다.

5.10 직접공사비 산정

1. 직접공사비의 구성 요소

    1) 재료비(Material Costs)

        재료비는 공사에 필요한 모든 자재를 조달, 운송, 보관하는 데 드는 비용으로, 프로젝트 원가에서 큰 비중을 차지하는 항목 중 하나다. 설계 도면과 발주자의 시방서를 기반으로, 각 자재의 소요량을 자세히 분석하여 정확한 수량을 산출한다. 자재 단가는 현지 시장 조사를 통해 산정하거나 공급업체의 견적을 참고하며, 운송비, 통관비, 보관비, 자재 손실률과 같은 추가 비용도 포함해야 한다.

    2) 노무비(Labor Costs)

        노무비는 프로젝트에 투입되는 작업자의 급여와 복리후생비용을 포함한다. 작업량과 프로젝트 일정을 기반으로 필요한 근로 시간을 추정한 후, 현지 법규와 시장 임금을 반영하여 비용을 산정한다. 현지의 최저임금과 초과근무 규정을 고려하고, 숙소, 식사비, 교통비 등 작업자의 부가 비용도 포함해야 한다. 숙련공과 비숙련공의 비율을 적절히 조정하고, 작업의 생산성을 높이는 방안을 모색해야 한다.

    3) 장비비(Equipment Costs)

        장비비는 공사를 수행하는 데 필요한 장비의 구매, 임대, 운송과 유지보수 비용을 포함한다. 공사 범위와 작업 계획을 기반으로 필요한 장비의 종류와 수량을 산출한 후,

임대료, 유지보수비, 연료비, 운전원 임금을 포함한 전체 비용을 산정한다. 장비의 사용 빈도와 가동률을 검토하여 효율성을 높이고, 초기 투자 부담을 줄이기 위해 현지 장비 임대 시장을 활용하는 것도 효과적이다. 단기간 사용이 예상되는 장비는 임대하는 것이 더 경제적일 수 있다. 자사 보유 장비를 활용하면 경쟁력을 갖출 수 있다.

2. 직접공사비 산정 절차

   1) 소요량 산정

      직접공사비 산정의 첫 단계는 설계 도면, 발주자의 요구사항, 작업 일정 등의 기초 자료를 바탕으로 자재, 인력, 장비 소요량을 산정하는 것이다. 이를 통해 프로젝트 수행에 필요한 각 항목의 구체적인 요구를 도출할 수 있다. 현지 업체 견적을 통해 최신 공사비 단가를 확보하며, 이를 통해 정확한 비용 추정의 기반을 마련한다.

   2) 항목별 비용 산출

      수집된 데이터를 바탕으로 재료비, 노무비, 장비비를 각각 산출하고, 필요에 따라 항목별로 세부 내역을 작성한다. 재료비는 설계 도면에 명시된 자재 소요량과 단가를 곱하여 산출하며, 운송비, 통관비, 손실률과 같은 추가 비용도 포함한다. 노무비는 작업량과 근로 시간을 기반으로 산정하며, 현지 임금, 초과근무 비용, 복리후생비용 등을 고려해야 한다. 장비비는 작업 계획에 따른 장비 사용 빈도와 가동률을 분석하고, 임대료, 연료비, 유지보수 비용 등을 포함해 산출한다. 외주 공사비의 경우 공사 종류별로 협력업체 다수로부터 견적을 접수하여 비교 검토한다.

   3) 합산과 검증

      산출된 모든 비용 항목을 합산하여 총 직접공사비를 계산한다. 이 과정에서 비용 산출이 정확한지 확인하고, 누락되거나 과대 혹은 과소 산정된 항목이 없는지 내부 검토를 한다. 특정 자재의 운송비가 누락되었거나, 예상보다 높은 단가가 적용되었으면 이를 재조정한다. 과거 실적 데이터나 유사 프로젝트와의 비교를 통해 비용의 적정성을 추가로 평가한다.

4) 최적화

현지 자재 활용, 공법 개선, 인력 투입 최적화 등 다양한 비용 절감 방안을 모색한다. 현지에서 조달할 수 있는 자재를 우선하여 사용하거나, 효율적인 공법을 도입해 작업 시간을 단축함으로써 비용을 절감할 수 있다. 장비의 가동률을 높이고, 유지보수 비용을 줄이는 전략을 포함하여 장비비를 최적화한다. 이와 함께, 작업 효율성을 강화하고 숙련공과 비숙련공의 적절한 배치를 통해 노무비를 관리한다.

3. 직접공사비 산정 시 유의 사항

1) 현지 요인 고려

현지 업체의 자재와 인력의 가용성, 물류와 운송 조건, 그리고 해당 지역의 법률과 규제를 반드시 고려해야 한다. 현지에서 자재를 조달할 수 있다면 운송비를 절감할 수 있으며, 현지 노동 시장의 임금 수준과 가용 인력을 분석하여 적절한 노무비를 산정할 수 있다. 환율 변동이 재료비와 노무비에 미치는 영향을 분석하고, 이를 예비비에 반영하거나 헤지(Foreign Exchange Hedging) 전략을 수립해야 한다.

2) 리스크 반영

프로젝트 진행 중에 발생할 수 있는 자재 가격 상승, 일정 지연, 인건비 증가 등의 리스크를 예측하고 이를 반영해야 한다. 직접공사비에 이러한 리스크 비용을 반영하기도 하고, 간접공사비에 별도로 예비비를 반영하기도 한다. 과거 유사 프로젝트 데이터를 참고하여 자재 가격 변동이나 일정 지연 사례를 분석하고, 이에 따른 추가 비용을 예측하는 것이 중요하다. 특정 자재의 수요 증가로 가격이 급등한 사례가 있다면, 비슷한 상황에 대비한 예비비를 설정할 수 있다.

3) 투명성과 신뢰성 확보

직접공사비 산출 근거를 명확히 파악할 수 있도록, 세부 내역을 준비해야 한다. 재료비, 노무비, 장비비 등 각 항목의 산출 방식과 비용 근거를 명확히 설명할 수 있도록, 문서를 체계적으로 작성한다. 자재 단가와 소요량, 작업 시간 산출 방식, 장비 임대료 계산 방식을 명확히 기록한다.

4) 효율성 제고

최신 기술과 공법을 활용하여 작업 효율성을 높이고, 불필요한 비용을 줄이는 방안을 적극 모색해야 한다. 예를 들어, 프리패브리케이션(Pre-fabrication) 공법을 도입하면, 현장 설치 시 노무비를 절감하고 작업 안정성을 확보할 수 있다. 표준화된 공정을 적용하면 작업 시간을 단축할 수 있다. 현장 관리 체계를 최적화하여 자원 낭비를 줄이고, 장비의 가동률을 높이는 방식으로 장비비를 절감할 수 있다.

5) 입찰 경쟁력 강화

직접공사비 산정 과정에서 경쟁력을 높이기 위해서는, 비용 효율성과 발주자의 요구를 모두 충족할 수 있는 전략이 필요하다. 이를 위해 유사 프로젝트 데이터를 활용해 경쟁사와 시장 상황을 분석하고, 차별화된 견적을 제안해야 한다. 경쟁사 견적 대비 원가 경쟁력을 확보하기 위해 자사만의 가격 최적화 방법을 적용하고, 발주자가 요구하는 품질 기준을 초과 달성할 수 있는 기술적 해법을 제안할 수 있다. 발주자의 요구사항을 철저히 분석하여 그에 적합한 맞춤형 공법과 작업 계획을 제시하면, 긍정적인 평가를 받을 가능성이 높아진다. 혁신적인 공법, 효율적인 자재 조달 방안 등은 발주자의 신뢰를 얻고, 경쟁사 대비 우위를 확보하는 데 이바지한다.

5.11 직영 공사 검토

직영 공사와 하도급 공사는 각각의 장단점과 특성을 가지며, 프로젝트의 특성, 공정의 복잡성, 시공자의 역량에 따라 선택이 달라진다. 직영 공사는 비용 절감, 자사 보유 자원 활용, 공정 통제력 확보와 리스크 관리가 쉬운 장점이 있지만, 시공자의 전문성과 관리 능력이 필수적이다. 반면, 하도급 공사는 전문 기술과 대규모 작업을 효율적으로 수행할 수 있으나, 관리 비용 증가와 일정 관리의 제약이 있다. 따라서 공사 방식의 선택은 프로젝트의 특성과 시공자의 역량을 종합적으로 고려하여 이루어져야 한다.

1. 직영 공사를 선택하는 이유
    1) 비용 절감

        직영 공사는 하도급 공사 대비 간접비 절감이 가능하다는 점에서 비용 절감 효과가 있다. 하도급자는 관리비와 이윤을 포함한 단가를 책정하기 때문에, 시공자가 직접 작업을 수행하면, 이 부분의 비용을 절약할 수 있다. 특히, 단순하고 반복적인 작업이나 소규모 공정에서는, 하도급보다 직영공사가 경제적일 수 있다. 장비를 주로 사용하는 토공 작업이나 일반적인 마감 작업은 직영으로 수행하여 비용을 절감할 수 있다.

    2) 자사 보유 자원 활용

        다수의 국가에서는 현지 대형 건설사가 자사 장비, 자재 생산 시설, 직영 인력을 보유하고 있다. 이 자원을 활용하면 협력업체와 외주 계약을 통해 공사를 수행하는 방법에 비해 비용을 절감할 수 있다. 중동 국가의 대형 건설사들은 토목, 골조, 일부 건축 마감은 물론, 기계 전기 공사까지 직영으로 수행하기도 한다.

    3) 공정 통제력 확보

        직영 공사는 작업 일정과 자원 배분을 시공자가 유연하게 조정할 수 있다는 장점이 있다. 하도급 공사에서는 계약 조건에 따라 일정 조정에 제약이 있을 수 있지만, 직영공사는 시공자가 직접 통제하므로 공정 진행 상황에 따라 빠르게 대응할 수 있다.

    4) 리스크 관리

        직영 공사는 하도급자의 계약 이행 불확실성이나, 시장 상황에 따른 하도급 단가 상승에 대응할 수 있는 대안이다. 예를 들어, 특정 시점에 하도급 단가가 비정상적으로 상승하거나, 하도급자의 공정 지연 가능성이 높아질 수 있다. 이럴 때, 직영공사를 통해 리스크를 최소화할 수 있다.

2. 직영 공사의 리스크
    1) 관리 비용 상승

        직영 공사는 시공자가 직접 인력을 고용하고 공사를 관리해야 하므로, 노무비, 장비

비용, 현장 운영비 등이 증가한다. 직접 고용한 근로자의 급여와 복리후생비 등 인건비 관리에 대한 부담이 커진다. 전문 협력업체에 위탁하는 경우보다 효율적인 인력 운영이 어려워, 비효율적인 작업 배치로 인한 인건비 증가가 발생할 수 있다. 작업반장, 자재 관리자, 노무 관리자 같은 관리 조직을 추가로 구성해야 하므로, 공사 관리 인력의 비용이 상승한다. 이 외에도 설비 유지보수나 간접비 증가로 인해 실지로는 공사비용이 상승하는 결과를 초래할 수 있다. 하도급자의 관리비와 이윤을 절감할 목적으로 직영 공사를 시행했지만, 나중에는 오히려 하도급 비용보다 상승할 위험도 있다.

2) 자재 손실률 증가

전문 협력업체는 자재 구매와 관리 경험이 풍부하지만, 시공자는 이러한 관리 경험이 부족하여 자재 손실률이 높아질 수 있다. 자재의 주문, 보관, 사용 과정에서 체계적인 관리가 미흡하면, 과다 발주, 재고 부족, 자재 낭비 등으로 인해 비용이 증가한다. 직영 공사 시 자재 납품과 운반 일정 관리가 미흡할 경우, 공정 지연이 발생할 수 있다. 숙련도가 낮은 작업자가 자재를 비효율적으로 사용하면, 자재 손실률 증가로 단위 공사비가 상승하고 예산 초과 위험이 커진다.

3) 낮은 생산성

전문 협력업체는 숙련된 기술자들이 특정 공정을 전문적으로 수행하지만, 직영 공사에서는 경험이 부족한 인력이 투입될 가능성이 높으며, 이에 따라 작업 생산성이 저하된다. 전문업체는 자체적인 생산성 향상 방법과 숙련된 인력을 보유하고 있으나, 직영 공사는 조직적인 작업 방식과 동기부여 시스템이 부족할 수 있어 작업 속도가 느려질 수 있다. 이와 함께, 작업자의 기술 숙련도 부족으로 인해 시공 품질이 저하될 위험이 있으며, 이는 재작업 증가로 이어져 공기 지연과 비용 상승으로 연결될 수 있다.

5.12 일위대가 작성

해외 공사 직접공사비를 산정할 때 협력업체로부터 견적을 접수하는 것과 별개로, 항목별 일위대가(Cost Breakdown)를 자체적으로 작성하는 것이 필요하다. 이는 BOQ의 단위 항목별 비용 기준을 정확히 하고, 공사 수행 시 이에 맞는 조달 방법을 결정하는 데 도움을 준다. 일위대가는 특정 작업 항목에 대해 단위당(예: 콘크리트 $1m^3$) 소요되는 직접 비용을 산출한 자료를 의미한다. 일반적으로 일위대가는 재료비, 노무비, 장비비로 구성되며, 이에 대한 할증을 포함한다. 해외 공사의 경우 국가별 지역별로 자재 할증률과 노무 생산성이 달라지므로, 입찰 가격 산정과는 별개로 평상시에도 비목별 기초 자료를 조사하고 업데이트해야 한다.

1. 일위대가 작성 필요성

    국내 내역과 달리 해외 공사의 내역은 비목별로 구분하지 않고, 1식 개념의 항목을 많이 적용하고 있다. 예를 들어, "concrete column including concrete material and pouring, necessary formwork and reinforcement steel, concrete grade 40MPa"인 항목은, 콘크리트, 거푸집, 철근을 각각 물량 분개를 하고 단가를 산정해서 합산해야 한다. Concrete column $1m^3$를 시공하는 데 필요한 비용을 모두 산정해서 단가에 포함해야 하므로, 협력업체의 견적과는 별개로 견적 담당자가 일위대가를 작성해야 하는 것이다. 또한, 직영공사를 수행하는 경우 재료비, 노무비, 장비비를 별도로 분개해서 일위대가를 작성해야, 비목별 비용을 파악하고 효율적으로 집행할 수 있다. 이 중 주요 자재 수량과 단가는 시공자가 협력업체에 지급하는 경우가 많으므로, 향후 조달에 필요한 예산 편성 시 BOM(Bill of Materials) 작성의 기초 자료가 된다.

2. 작성 방법 (concrete column $1m^3$ 기준)

    1) 재료비

        콘크리트는 현장까지의 운반이 포함된 가격과 자재 할증을 포함한다. 철근은 철근 재료비, 외부 가공 및 반입 비용, 자재 할증 등을 포함한다. 적산 자료를 기초로 콘크리트 단위 수량 당 철근 비율(reinforcement steel ratio, kg/m^3)을 산정한다. 거푸집은 상세한 거푸집 계획에 의해 전문업체의 견적을 받거나, 실적 단가를 이용해서 산출한다. 적산 자료를 기초로 콘크리트 단위 수량 당 거푸집 비율(formwork ratio, m^2/m^3)을 산정한다. 거푸집 잡자재(accessories for formwork)를 일정 비율 추가한다. 콘크리트, 철근, 거푸집 비용을 산정하고 여기에 일정 비율의 잡자재(miscellaneous material) 할증을 추가한다. 자재별 할증은 프로젝트 특성에 따라 비율을 조정하고, 잡자재 비용을 비목별로 각각 적용할 수도 있고, 전체 재료비에 일괄 적용할 수도 있다.

· 기초 자료(예시)

Concrete material 40MPa	80 USD/m^3
Reinforcement steel material	2 USD/kg
Formwork material	30 USD/m^2
Reinforcement steel ratio	250kg/m^3
Formwork ratio	4m^2/m^3
Concrete loss	3%
Reinforcement steel loss	5%
Accessories for formwork	5%
Miscellaneous material	1%

· Concrete

　Ready-mixed concrete grade 40MPa on site: 80 USD/m^3

　Material loss 3%: 80 USD/m^3 x 3% = 2.40 USD/m^3

　Total cost of concrete: 80 USD/m^3 + 2.4 USD/m^3 = 82.40 USD/m^3

· Reinforcement steel

　Reinforcement steel ratio per concrete 1m^3: 250kg/m^3

　Reinforcement steel on site: 2 USD/kg

　Material loss 5%: 2 USD/kg x 5% = 0.10 USD/kg

　Total cost of reinforcement steel: 2.10 USD/kg x 250kg/m^3 = 525 USD/m^3

· Formwork

　Formwork ratio per concrete 1m^3: 4m^2/m^3

　Column formwork (system form material supplied by ABC company): 30 USD/m^2

Accessories for formwork 5%: 1.50 USD/m²

Total cost of formwork: 31.5 USD/m² x 4m²/m³ = 126 USD/m³

· Miscellaneous material

Miscellaneous material ratio: 1% of total material cost

Miscellaneous material: (82.40 + 525 + 126) x 1% = 7.33 USD/m³

· Total cost of material per concrete column 1m³

82.40 USD/m³ + 525 USD/m³ + 126 USD/m³ + 7.33 USD/m³ = 740.73 USD/m³

2) 노무비

콘크리트 타설, 철근 조립, 거푸집 조립 작업의 생산성을 먼저 설정해야 한다. 각 작업에 투입되는 작업자는 반장(Foreman), 기공(Skilled labor)과 조공(Unskilled labor)으로 분류한다. 이 세 분류 작업자의 일당(cost per man.day)을 부대 비용을 포함하여 산정해야 한다. 콘크리트의 경우 반장 1명, 기공 5명, 조공 1명 포함하여 6명으로 구성된 팀이 하루에 concrete column 부재를 100m³ 타설한다고 가정한다. 콘크리트 작업반장의 생산성은 100m³/man.day, 기공의 생산성은 20m³/man.day, 조공의 생산성은 100m³/man.day으로 가정한다. 이러한 방식으로 철근과 거푸집 인원 구성, 생산성을 먼저 결정하고, 해당 인원들의 일당(cost per man.day)을 적용한다. 생산성은 일반적으로 실적 단가를 기준으로 적용하지만, 프로젝트 특징에 따라 유연하게 조정해야 한다. 생산성을 최대한 정확하게 산정하는 것이 핵심이다.

· 기초 자료(예시)

Concrete worker (foreman) productivity	100m³/man.day
Concrete worker (skilled labor) productivity	20m³/man.day
Concrete worker (unskilled labor) productivity	100m³/man.day
Rebar worker (foreman) productivity	20,000kg/man.day
Rebar worker (skilled labor) productivity	4,000kg/man.day

Rebar worker (unskilled labor) productivity	20,000kg/man.day
Carpenter (foreman) productivity	50m²/man.day
Carpenter (skilled labor) productivity	10m²/man.day
Carpenter (unskilled labor) productivity	50m²/man.day
Concrete worker (foreman) wage	300 USD/man.day
Concrete worker (skilled labor) wage	200 USD/man.day
Concrete worker (unskilled labor) wage	150 USD/man.day
Rebar worker (foreman) wage	300 USD/man.day
Rebar worker (skilled labor) wage	200 USD/man.day
Rebar worker (unskilled labor) wage	150 USD/man.day
Carpenter (foreman) wage	300 USD/man.day
Carpenter (skilled labor) wage	200 USD/man.day
Carpenter (unskilled labor) wage	150 USD/man.day

- Concrete worker (foreman) wage

    1m³ ÷ 100m³/man.day x 300 USD/man.day = 3 USD/m³

- Concrete worker (skilled labor) wage

    1m³ ÷ 20m³/man.day x 200 USD/man.day = 10 USD/m³

- Concrete worker (unskilled labor) wage

    1m³ ÷ 100m³/man.day x 150 USD/man.day = 1.50 USD/m³

- Rebar worker (foreman) wage

    250kg/m³ ÷ 20,000kg/man.day x 300 USD/man.day = 3.90 USD/m³

- Rebar worker (skilled labor) wage

    250kg/m³ ÷ 4,000kg/man.day x 200 USD/man.day = 12.60 USD/m³

- Rebar worker (unskilled labor) wage

    250kg/m³ ÷ 20,000kg/man.day x 150 USD/man.day = 1.95 USD/m³

- Carpenter (foreman) wage

  $4m^2/m^3 \div 50m^2/man.day \times 300\ USD/man.day = 24\ USD/m^3$

- Carpenter (skilled labor) wage

  $4m^2/m^3 \div 10m^2/man.day \times 200\ USD/man.day = 80\ USD/m^3$

- Carpenter (unskilled labor) wage

  $4m^2/m^3 \div 50m^2/man.day \times 150\ USD/man.day = 12\ USD/m^3$

- Total cost of labor per concrete column $1m^3$ = 148.95 USD/m^3

3) 장비비

콘크리트 타설을 위한 펌프카나 CPB 비용을 반영한다. 하루에 concrete column 부재만 타설하는 기준으로 타설 가능량을 $50m^3$로 산정하고, 일 사용료(유류비 및 경비 포함)를 1,000 USD로 가정한다.

- 기초 자료(예시)

Concrete pump car productivity (for column)	$50m^3$/unit.day
Concrete pump car cost	1,000 USD/unit.day

- Concrete pump car cost

  $1m^3 \div 50m^3/unit.day \times 1,000\ USD/unit.day = 20\ USD/m^3$

4) 합계 (concrete column $1m^3$ 완료를 위한 재료비, 노무비, 장비비)

   Material 740.73 USD + labor 148.95 USD + equipment 20 USD = 909.68 USD/m^3

3. 일위대가 작성 시 유의 사항

골조 공사의 경우 건물별, 부재별 많은 항목이 있으며, 이에 따라 각 항목의 비용을 산정해야 한다. 다만, 미시적인 접근으로 항목별 금액들만 산정하다 보면, 총 골조 공사비가 예상 외로 낮아지거나 높아질 수 있다. 콘크리트 거푸집 철근의 전체 물량을 기준으로 재료비 노무비 장비비 평균 단가를 적용하여, 전체 골조 공사비를 산정해서 일위대가 금액들의 집계와 비교해야 한다. 재료비와 장비비는 수량 산출 결과물이 있기에 오차가 발생하기 어렵지만, 노무비는 생산성 설정 조건에 따라 금액 편차가 커진다. 골조 공사를 위해 고용해야 할 직종별 반장, 기공, 조공의 총 투입 인원 수에, 해당 작업자의 평균 임금을 적용해서 전체 노무비를 검토할 필요가 있다. 전체 작업자 200명으로 10개월 동안 골조 공사를 수행한다면, 10개월 동안 200명을 운용하기 위한 전체 비용을 산정해서, 일위대가 전체의 노무비와 비교해야 하는 것이다. 초기와 피크 타임 때 투입 인원이 달라질 수 있지만, 시공자가 200명 인원을 계속 유지한다는 조건으로 노무비 전체를 산정할 필요가 있다.

5.13 Incoterms 운송 조건 검토

해외 공사의 경우 현지 조달 자재나 장비와 별개로, 외국에서 구매 후 수입하여 공사에 사용하는 자재와 장비도 존재한다. 이 경우 구매 견적서에 필수적으로 포함되는 운송 조건에 대한 이해가 필요하다. Incoterms는 국제상공회의소(ICC, International Chamber of Commerce)가 제정한 국제무역규칙으로, 매도인과 매수인 간의 책임, 비용, 위험이 이전되는 지점을 명확히 정의하는 규칙이다. Incoterms는 국제 거래에서 오해와 분쟁을 줄이는 데 이바지하며, 무역 거래의 효율성과 명확성을 보장하기 위한 필수 도구다. 특히, 자재와 장비 조달, 물류 관리를 포함한 대규모 프로젝트에서는, 각 Incoterms 조건에 따라 물류, 통관, 보험 등의 책임을 명확히 구분하여 관리해야 한다. 외국의 공급업체 견적 검토 시 운송 조건 검토는 필수적이다.

1. EXW (Ex Works, Ex Factory, 공장 인도 조건)

    EXW 조건에서는 매도인이 자신의 공장이나 지정된 장소에서 물품을 준비하여 매수인의 운송인에게 인도하면, 이후 모든 비용과 위험은 매수인이 부담한다. 매도인은 물품을 제공하는 것으로 책임이 끝나며, 적재(Loading), 운송, 수출 통관, 보험 등 모든 절차는 매수인이 수행해야 한다. 일부 국가에서는 비거주자의 수출 통관이 어려울 수 있어 사전에 확인이 필요하다. 이 조건은 매도인의 부담을 최소화하는 반면, 매수인이 물류와 통관을 직접 관리해야 하므로, 매수인의 경험과 네트워크가 중요한 요소가 된다. 매수인의 경험 부족으로 일정 지연이 발생할 가능성이 있다.

2. FCA (Free Carrier, 운송인 인도 조건)

    FCA 조건에서는 매도인이 매수자가 지정한 운송인에게 물품을 인도하며, 수출 통관까지 완료하면 책임이 종료된다. 인도 장소는 매도인의 시설이거나 별도로 지정된 터미널, 항구 등이 될 수 있다. 매도인의 시설에서 인도할 때 매도인의 적재 의무는 없지만, 터미널에서 인도할 때는 매도인이 운송 수단에 적재해야 한다. 이후의 운송비, 보험료, 수입 통관비 등은 매수인이 부담하며, 운송 일정과 방법을 조율할 책임도 매수인에게 있다. 이 조건은 매도인이 수출 통관까지 책임지므로 EXW 조건보다 매도인의 부담이 늘어난다.

3. FOB (Free On Board, 본선 인도 조건)

    FOB 조건에서는 매도인이 물품을 본선에 적재(On Board)한 순간, 위험이 매수인에게 이전된다. 매도인은 본선 적재 전까지의 모든 비용(내륙 운송, 터미널 처리, 수출 통관 등)을 부담하며, 본선 적재 후의 운송비, 보험료, 수입 통관 비용은 매수인이 부담한다. 이 조건은 해상과 내수로 운송에서만 사용되며, 위험 이전 시점이 본선 적재 시점으로 명확히 정의된다. 매수인은 선박을 선택하고 운송 계약을 체결해야 하며, 본선 적재 이후부터 선박의 사고나 손실 위험을 관리하게 된다.

4. CFR (Cost and Freight, 운임 포함 인도 조건)

    CFR 조건에서는 매도인이 목적지 항구까지의 해상 운송비를 부담하지만, 본선 적재 순간부터 위험은 매수인에게 이전된다. 매도인은 물품을 본선에 적재하고 수출 통관을 완료하고 목적지 항구까지의 운송비를 부담하지만, 매수인은 보험료, 목적지 항구에서의 하역 비용, 수입 통관비와 내륙 운송비를 관리해야 한다. 해상과 내수로 운송에서만 적용되며, 비용 부담과 위험 이전 시점이 다르다는 점이 특징이다. 해외 공사에서는 운송 중에 발생할 수 있는 손상 위험을 고려하여, 매수인이 보험 가입 여부를 직접 확인해야 한다.

5. CIF (Cost, Insurance, and Freight, 운임 보험료 포함 인도 조건)

    CIF 조건은 매도인이 목적지 항구까지의 운송비와 최소 수준의 보험료를 부담하지만, 본선 적재 순간부터 위험은 매수인에게 이전된다. 매도인은 물품 선적, 수출 통관, 목적지 항구까지의 운송비와 보험 가입을 책임지며, 매수인은 목적지 항구 이후의 비용과 리스크를 관리해야 한다. 이 조건은 해상과 내수로 운송에서만 적용되며, 매도인이 보험까지 제공하므로 매수인의 초기 부담을 줄일 수 있다. 다만, 매도인이 제공하는 보험은 최소 담보(ICC 'C' 조건)만 포함되므로, 매수인이 추가 보장을 원하면 별도로 가입해야 한다.

6. CPT (Carriage Paid To, 운송비 지급 조건)

    CPT 조건에서는 매도인이 지정된 목적지까지의 운송비를 부담하지만, 물품이 운송인에게 인도된 순간부터 위험은 매수인에게 이전된다. 매도인은 물품을 운송인에게 인도하고 수출 통관을 완료하며 목적지까지의 운송비를 부담하지만, 보험 가입 의무는 없다. 따라서, 매수인은 운송 중에 발생할 수 있는 손실을 대비해 별도로 보험에 가입해야 한다. 모든 운송 방식(해상, 항공, 육로, 복합 운송)에 적용할 수 있으며, 운송인 인도 시점에서 위험이 매수인에게 이전된다는 점이 특징이다. 해외 공사에서 항공과 육로 운송이 혼합되면 CPT 조건이 유리할 수 있으며, 도착지까지 운송 일정이 정확하게 조율되어야 한다.

7. CIP (Carriage and Insurance Paid To, 운송비 보험료 지급 조건)

    CIP 조건에서는 매도인이 지정된 목적지까지의 운송비와 보험료를 부담하지만, 물품이 운송인에게 인도된 순간부터 위험은 매수인에게 이전된다. 매도인은 수출 통관을 완료하고 목적지까지의 운송비와 최소 수준의 보험을 제공해야 한다. 매수인은 본선 적재 이후 발생하는 손실 위험을 부담해야 하며, 추가적인 보험 보장이 필요할 경우 별도로 가입해야 한다. 이 조건은 모든 운송 방식(해상, 항공, 육로, 복합 운송)에 적용할 수 있으며, 매수인은 목적지에서 발생하는 추가 비용(하역비, 수입 통관비, 내륙 운송비)을 관리해야 한다. 해외 공사에서는 매도인이 제공하는 보험 범위를 사전에 검토해야 하며, 프로젝트별로 추가적인 보장 조치가 필요할 수 있다.

8. DAP (Delivered at Place, 목적지 인도 조건)

    DAP 조건에서는 매도인이 지정된 목적지까지 물품을 운송하고, 해당 장소에서 매수인에게 인도하면 위험이 이전된다. 매도인은 운송비와 운송 중에 발생하는 위험을 부담하지만,

수입 통관과 관세 납부는 매수인의 책임이다. 매도인은 목적지에서 물품을 인도하는 의무가 있으며, 매수인은 목적지에서의 하역비, 수입 통관과 세금·관세를 관리해야 한다. 이 조건은 모든 운송 방식(해상, 항공, 육로, 복합 운송)에 적용할 수 있으며, 해외 공사에서는 현지 물류업체와 협력하여 목적지까지의 운송을 원활하게 수행해야 한다. 특히, 통관 절차가 복잡한 국가에서는 사전 검토가 필수적이다.

9. DPU (Delivered at Place Unloaded, 양하 후 인도 조건)

   DPU 조건에서는 매도인이 지정된 목적지에서 물품을 양하(Unloading)한 후 매수인에게 인도하며, 이 시점에서 위험이 매수인에게 이전된다. 매도인은 목적지까지의 운송비와 양하 비용을 부담하지만, 수입 통관과 관세 납부는 매수인의 책임이다. 매수인은 양하된 물품을 신속히 수령하고, 이후의 내륙 운송과 관리 비용을 부담해야 한다. 이 조건은 모든 운송 방식(해상, 항공, 육로, 복합 운송)에 적용할 수 있으며, 특히 대형 자재나 복잡한 장비 운송 시 유용하다. 해외 공사에서는 목적지에서의 하역 장비와 인프라가 적절한지 사전에 확인해야 하며, 매수인은 물품을 즉시 받을 준비를 해야 한다.

10. DDP (Delivered Duty Paid, 관세 지급 인도 조건)

    DDP 조건은 매도인이 지정된 목적지까지의 모든 운송비, 관세, 세금을 부담하며, 물품이 인도되는 순간 위험이 매수인에게 이전된다. 매도인은 수출 통관, 운송비, 보험, 수입 통관, 세금과 관세를 모두 부담해야 하며, 매수인은 목적지에서 물품을 받기만 하면 된다. 다만, DDP 조건에서는 매도인이 양하(Unloading)까지 수행할 의무는 없으며, 양하는 계약에서 별도로 정하지 않는 한 매수인의 책임이다. 이 조건은 매수인에게 가장 편리한 방식이지만, 매도인은 사전에 현지 관세와 규제 요건을 철저히 검토해야 한다.

5.14 BOQ Preamble (서문)

BOQ Preamble은 BOQ(Bill of Quantities)의 서문(序文)으로, 내역서에 포함된 각 항목의 금액 산정 방식과 단가 구성 요소에 대해 상세히 설명하는 부분이다. 입찰자와 발주자가 비용 항목의 정의와 포함 범위에 대해 동일한 이해를 갖도록 하는 중요한 역할을 한다. Preamble은 BOQ의 세부 항목과 관련된 작업 범위, 공사 조건, 가격에 반영되어야 할 항목 등을 구체적으로 기술하며, 입찰자들이 항목별 단가를 책정하는 기준을 제공한다. 항목별로 포함된 작업 내용을 정의함으로써 단가에 반영되어야 할 요소와 그렇지 않은 요소를 구분한다.

1. BOQ Preamble의 주요 내용
   1) 항목의 정의와 범위

   BOQ의 각 항목이 포함하는 작업 범위와 주요 내용을 명확히 정의한다. 예를 들어, 콘크리트 항목에는 자재 운반, 혼합, 타설, 마감 작업이 포함될 수 있다. 별도의 지시가 없는 한 거푸집과 철근은 다른 항목으로 처리된다. 이러한 정의는 작업 범위를 명확히 하여 발주자와 시공자 간의 오해를 방지하는 데 이바지한다. 항목 간 중복 작업을 최소화하고 비용 산정의 정확성을 높이는 역할도 한다.

   2) 가격 구성 요소

   항목별 단가에 포함해야 할 비용 요소를 상세히 설명한다. 예를 들어, 단가에 포함되는 항목으로는 재료비, 노무비, 장비비, 폐기물 처리비 등이 있으며, 제외되는 항목으로 세금, 법정 수수료, 발주자의 별도 제공 자재 등을 구분할 수 있다. 이를 통해 비용 항목의 경계를 명확히 설정하고, 추후 발생할 수 있는 비용 분쟁을 예방할 수 있다.

   3) 물량 산출 기준과 측정 방식

   BOQ에 적용될 물량의 산출 기준과 측정 방식을 명시한다. 예를 들어, "산출 기준은 표준 적산 방식(Standard Method of Measurement, SMM)을 따른다." 또는 "철근 중량은 kg 단위로 측정한다"라는 내용이 포함될 수 있다. 이러한 기준은 모든 참여자가 동일한 방법으로 물량을 산출하고 내역서를 작성하도록 하여 일관성을 유지할 수 있다.

   4) 현장 조건과 환경 요인

   현장 조건과 환경적 요인을 고려하여 단가 책정 시 반영해야 할 요소를 명시한다. 예를 들어, "주변 민원인을 고려하여 작업 가능 시간은 08:00부터 17:00까지로 제한한다. 외부 기온이 일일 6시간 동안 30oC를 초과할 때는 콘크리트 타설을 금지한다"와 같은 지침이 이에 해당한다. 이는 예상치 못한 추가 비용 발생을 방지하고, 공사 일정의 효율성을 유지하는 데 도움이 된다. 현장 여건에 따른 리스크를 사전에 반영하여 안정적인 공사 수행을 보장할 수 있다.

5) 발주자의 제공 사항

발주자가 직접 제공하거나 부담하는 자재, 장비, 서비스 등을 명시한다. 예를 들어, 발주자가 제공하는 전력, 수도, 특정 장비 등이 단가에서 제외되어야 함을 명확히 기술한다. 이를 통해 중복 비용 산정을 방지하고, 입찰자의 가격 산정 과정에서 혼동을 줄일 수 있다. 발주자의 제공 사항을 명확히 함으로써 공사 초기 단계에서 필요한 자원의 확보를 쉽게 한다.

6) 특별 지침과 요구사항

프로젝트 특성에 따라 발주자가 추가로 요구하는 사항을 설명한다. 예를 들어, 친환경 자재 사용 요구, 특정 안전 기준 준수, 현지 규제에 따른 작업 요건 등이 이에 해당한다. 이러한 지침은 프로젝트의 품질과 안전성을 높이는 데 중요한 역할을 하며, 법적 요건 준수를 통해 공사의 지속 가능성을 확보할 수 있다.

5.15 Preliminaries and General (간접 공사비)

Preliminaries and General은 BOQ의 첫 번째 Bill로, 프로젝트를 착수하고 진행하기 위한 초기 준비 작업과 일반적인 간접비용이 포함된다. 공사비 구성 요소 중 현장관리비(경상비), 공통가설공사비, 일반관리비가 해당한다. 간접공사비를 Preliminaries and General에 비율과 금액으로 표시할 수도 있고, 직접공사비 Bill의 각 항목에 일정 비율로 반영할 수 있다. 직접공사비 항목들에 간접비 비율을 추가하는 것을 'Factor를 적용한다'라고 부른다. 현장 운영, 행정 비용, 안전 관리 비용 등이 포함된다. 이러한 비용은 공사의 초기 단계에서 대부분 발생하며, 효율적인 시공 환경을 조성하고 프로젝트의 전반적인 성공에 이바지한다. Preliminaries and General

항목은 공사의 범위, 기간, 현장 조건 등을 명확히 반영해야 하며, 이는 시공자의 계약 이행과 관리의 효율성에도 직결된다.

1. Preliminaries and General에 포함되는 주요 항목
   1) 현장 운영 시설

   현장 운영을 위한 필수 시설인 가설 사무소, 창고, 화장실, 작업자 휴게 공간, 주차장 등의 설치와 유지 비용이 포함된다. 해외 공사의 경우 장기 프로젝트가 많으므로 현장 숙소와 급식 시설도 별도로 포함될 수 있으며, 현지 노동법에 따른 근로자 편의 시설 구축도 요구될 수 있다. 현장 접근 도로 정비, 장비 반입 경로 확보, 내부 도로포장 등의 작업도 필수적인 요소로 포함하며, 공사 초기 단계에서 원활한 작업 환경을 조성하기 위해 반드시 수행해야 한다.

   2) 장비와 자재 관리

   건설 현장에서 사용될 장비의 임대와 유지 비용이 포함되며, 대형 건설 장비(타워크레인, 호이스트 등)의 운반과 조립 비용도 추가된다. 주요 건설 자재(철근, 콘크리트, 강재 등)의 보관소 설치와 관리, 적재와 운반 비용도 중요한 요소이다. 현장 보안 관리와 재고 관리 시스템이 필요하며, 도난을 방지하고 자재 손실을 최소화하기 위한 별도의 관리 비용도 포함될 수 있다.

   3) 안전 관리와 환경 보호

   작업자의 안전 교육과 훈련, 개인 보호 장비(PPE) 지급 등의 비용이 포함되며, 대형 공사에서는 법정 필수 인원에 맞게 안전 관리자 배치와 정기적인 안전 점검도 필수적이다. 비상 대피 계획을 수립하고 화재 방지 대책도 마련해야 하며, 이를 위한 소방 설비 설치와 유지 비용도 포함된다. 폐기물 관리, 오염 방지 시설, 소음과 분진 저감 대책 등의 비용과, 환경 규제 준수를 위한 평가와 모니터링 비용도 별도로 고려해야 한다.

   4) 관리 인원과 행정 비용

   공사 현장의 원활한 운영을 위한 현장 감독자, 관리자의 급여 및 부대 비용이 포함되

며, 프로젝트 수행을 위한 공사 허가 비용, 법적 등록비, 현지 세금과 보험료도 포함된다. 해외 공사의 경우 노동 허가와 비자 발급 비용, 노동법 준수 관련 행정 비용이 추가될 수 있으며, 현지 정부나 관련 기관과의 협의 비용도 발생할 수 있다. 계약서 작성과 검토, 변호사나 법률 자문 비용도 중요한 요소로 포함될 수 있다.

5) 현장 유틸리티 비용

공사 현장에서 사용될 전기, 수도, 통신 인프라 구축과 유지 비용이 포함되며, 현장 내 청소, 폐기물 처리, 하수 처리 시설 운영 등의 비용도 고려해야 한다. 인프라가 공급되지 않는 현장에서는 별도의 발전기 운영 비용이 발생할 수 있으며, 수도 공급이 어려운 지역에서는 급수 차량 운용이나 심정과 정수 시설 설치 비용도 추가된다. 인터넷과 통신망 구축 비용도 포함되며, 프로젝트 관리팀과 본사 간 원활한 소통을 위해 위성 통신 또는 전용망 구축이 필요할 수도 있다.

6) 프로젝트 관리와 보고

공정 관리를 위한 소프트웨어 사용 비용, 프로젝트 일정 보고와 모니터링 비용이 포함된다. 현장 회의나 발주자와의 협의 비용도 발생하며, 프로젝트 진행 상황을 문서화하기 위한 보고서 작성, 기록 관리, 사진 촬영, 문서 보관 비용도 필수적이다. 현지 법규 준수를 위한 정기적인 공사 감리와 품질 평가 비용도 고려해야 한다.

7) 품질 관리

품질 확보를 위한 자재 시험 비용이 포함되며, 시공 품질을 유지하기 위한 실험실 운영 비용도 포함한다. 일부 프로젝트에서는 제삼자 품질 보증 기관(TPI, Third-Party Inspection)의 감사와 승인 비용도 포함될 수 있다.

8) 법률과 계약 관리

해외 공사에서는 법률 준수를 위한 변호사 비용, 계약 검토와 관리 비용이 포함된다. 국제 계약을 수행할 때 FIDIC 계약 관리 비용, 클레임 대응 비용, 계약 변경 협상 비용 등이 발생할 수 있으며, 발주자와의 법적 분쟁을 대비한 법률 자문 서비스도 필요하다. 또한, 계약 변경과 관련된 행정 비용이나 분쟁 조정 비용도 고려해야 한다.

9) 현장 보안과 경비

현장의 자산 보호와 안전을 위해 보안 요원 배치, CCTV 설치, 출입 통제 시스템 운영 등의 비용이 포함된다. 위험 지역에서 수행되는 해외 공사의 경우 군경 지원 비용, 현장 보호용 바리케이드 설치와 방호 시설 구축 비용이 추가될 수 있다. 야간작업이 많은 경우 야간 조명 설치와 추가 경비 인력 배치 비용도 고려해야 한다.

10) 공사 종료와 철수

프로젝트 종료 후 가설 시설 철거와 현장 정리 비용이 포함되며, 사용된 장비와 자재의 반출과 폐기 비용도 고려해야 한다. 현지 법규에 따라 환경 복원 작업(녹지 조성, 지반 정리 등)이 필요할 수 있으며, 인허가 기관에 제출해야 하는 최종 보고서 작성과 준공 승인 비용도 포함된다.

2. 가격 산정 방법

1) 항목별 원가 분석

Preliminaries and General에 포함되는 각 항목의 실제 원가를 세부적으로 분석하여 산출해야 한다. 이를 위해 항목별 자원(인력, 장비, 재료 등)의 필요량을 개별적으로 산출하고, 예상 소요 비용을 산정하는 과정이 필요하다. 현장 사무소 설치비는 사무실 구축 비용, 설비 비용(가구, 컴퓨터, 네트워크 장비 등), 유지 관리비, 공공요금(전기·수도·통신비) 등을 포함하여 계산해야 한다. 건설 장비와 자재 관리 비용은 장비 임대료, 연료비, 유지보수비 등을 고려하며, 대형 장비(타워크레인, 호이스트 등)의 경우 운반과 조립 비용도 포함해야 한다. 보안과 안전 비용의 경우, 보안 인력 급여, 출입 통제 시스템 구축, CCTV 설치와 유지비, PPE(개인 보호 장비) 지급 비용 등을 분석해야 한다. 품질 관리 비용에서는 시험실 운영비, 재료 시험비, 비파괴 검사비 등이 포함된다. 이러한 방식으로 모든 항목을 개별적으로 평가하고, 실제 프로젝트에서 발생할 비용을 정확하게 반영해야 한다.

2) 공사 기간 고려

Preliminaries and General 비용은 공사 기간이 길어질수록 증가하므로, 예상 공사 일정과 연계하여 항목별 소요 기간을 고려한 비용 산정이 필수적이다. 현장 유지 비용(사무소 운영, 보안 경비, 청소, 폐기물 처리 등)은 공사 기간이 연장되어도 지속적으로 발생하는 항목이므로, 초기 예상 공사 기간은 물론 변경 가능성을 고려한 유연한 금액 산정이 필요하다. 장비와 자재 관리 비용의 경우, 특정 장비는 공사의 특정 단계에서만 필요하므로 사용 기간을 정확하게 반영해야 한다.

3) 현지 상황과 규제 반영

해외 공사의 경우 현지의 자재와 인건비 수준, 환경 규제, 세금과 공사 허가 비용 등을 철저히 반영해야 한다. 특히, 노동법과 인건비 차이는 프로젝트 비용에 큰 영향을 미칠 수 있으며, 일부 국가는 외국인 근로자 비율 제한과 비자 발급 조건 등이 추가될 수 있다. 중동 지역에서는 현지 노동자 할당 비율(Nationalization Policy)에 따라 외국인 근로자의 비중을 제한하는 경우가 많아, 이에 대한 비용을 사전에 고려해야 한다. 환경 보호와 폐기물 처리 비용도 현지 법규에 따라 차이가 크다. 일부 국가는 건설 폐기물 처리와 재활용 규정을 엄격히 적용하며, 오염 방지 시설 설치와 운영 비용을 요구할 수 있다. 전기·수도·연료비 등 에너지 비용도 지역별로 큰 차이를 보이므로, 공사 수행 지역의 실질적인 유틸리티 비용을 조사하여 현실적인 단가를 적용해야 한다.

4) 비율 산정

일부 프로젝트에서는 Preliminaries and General 비용을 전체 공사비의 일정 비율로 산정하는 방식도 사용된다. 일반적으로 프로젝트 규모와 유형에 따라 10~20%의 비율이 적용되며, 대형 프로젝트의 경우 규모의 경제(Economies of Scale) 효과로 비율이 다소 낮게 적용될 수도 있다. 이 방식은 빠른 견적 산출이 가능하고, 다른 프로젝트와 비교 분석이 쉽다는 장점이 있지만, 항목별 세부 비용을 고려하지 않으면 실제 공사 중에 예산 초과의 원인이 될 수 있다. 따라서, 비율 산정 방식을 사용하더라도 항목별 세부 원가 분석을 병행하여, 실제 필요 비용과의 차이를 조정하는 작업이 필요하다.

5) 환율과 금융 비용 반영

해외 공사의 경우 환율 변동이 비용에 직접적인 영향을 미치므로, 금융 비용(Financial Cost)과 환율 리스크 관리가 필수적이다. 계약이 외화로 체결될 경우 환율 변동에 따른 추가 비용을 반영할 수 있도록 조항을 검토하고, 환위험 헤지(Hedging) 전략을 수립해야 한다. 프로젝트 자금 조달이 필요한 경우, 대출 이자와 금융 수수료 등의 추가 비용도 반영해야 하며, 현지 조달 가능 여부에 따라 금융 전략을 조정할 필요가 있다.

6) 지역적 특수 요인 고려

해외 공사는 현지의 기후, 지형, 물류 환경 등의 차이로 인해 추가 비용이 발생할 수 있다. 사막 지역에서는 먼지와 모래 폭풍 방지를 위한 방진 시설이 필요하며, 극한 기후(혹한, 혹서) 지역에서는 작업자의 근무 시간 조정과 추가 냉난방 비용이 필요할 수 있다. 오지(僻地)에서 수행되는 경우, 건설 자재와 장비의 물류비가 상당히 증가할 수 있으며, 현장 접근성 확보를 위한 별도의 도로 개설 비용도 발생할 수 있다.

5.16 NSC 공사 검토

1. NSC (Nominated Sub-Contractor)의 정의

   NSC는 발주자가 특정 공사 범위를 담당하도록 직접 지정한 하도급자로, 고도의 전문성이 요구되는 공정에 주로 투입된다. 하도급자 선정은 발주자가 하지만, 이후 계약은 하도급자와 시공자가 체결한다. 건축 외장, 전기 설비, 특수 장비 설치 등과 같이 기술적 전문성이 요구되는 작업에서 NSC가 자주 활용된다. NSC의 계약 조건과 공사 범위를 명확히 이해하고 관리하지 않으면, 프로젝트 진행 중에 계약 분쟁이 발생할 가능성이 높다.

2. NSC 공사의 리스크

   1) 계약적 책임의 불균형

      NSC 계약의 가장 큰 리스크는 갈등 발생 시 책임이 시공자에게 전가된다는 점이다. 발주자가 직접 협상하고 선정한 NSC 업체가 작업을 지연시키거나 품질 문제를 일으

켜도, 발주자는 이에 대한 책임을 지지 않는다. 법적으로 NSC 계약은 시공자와 NSC 업체 간의 계약이므로, 모든 계약적 책임은 시공자가 부담해야 하는 구조다. 예를 들어, 특정 NSC 업체가 공정을 지연시켜 전체 프로젝트 일정이 늦어지는 경우, 시공자는 공사 기한 연장(Extension of Time, EOT)을 요청해야 한다. NSC 업체가 납품하고 설치한 주요 장비가 목표한 성능을 구현하지 못하면, 이에 대한 책임을 발주자에게 요청할 수도 있다. 하지만 발주자가 NSC 공사의 계약적 책임이 시공자에게 있다는 이유로 이를 승인하지 않는다면, 시공자는 이 문제에 대한 책임을 부담해야 하는 상황에 부닥칠 수 있다. NSC 계약에서는 발주자가 실질적으로 NSC 업체를 통제하고 있음에도 불구하고, 계약상 책임은 전적으로 시공자에게 귀속된다는 점에서 구조적인 불균형이 발생한다. 그러므로, 시공자는 NSC 계약 체결 시 이러한 위험 요소를 고려하여 공사 범위를 철저히 검토하고, 일정 준수 조항을 명확히 규정해야 한다.

2) 공사 범위(Scope of Work) 불명확성

NSC 계약의 위험 요소 중 하나는 공사 범위(Scope of Work)의 불명확성이다. 일반적으로 NSC 계약은 발주자가 협력업체를 직접 선정하여 진행되므로, 계약 체결 이전에 시공자가 공사 범위를 철저하게 검토하는 것이 필수적이다. 하지만 실무에서는 발주자가 협상한 계약 내용에 공사 범위가 명확하게 정의되지 않은 경우가 많다. 예를 들어, 발주자가 선정한 설비 업체가 계약 당시 주 배관 연결과 전력 공급 작업을 포함하지 않았고, 시공자의 전기 공사 범위에도 빠졌다면, 시공자가 전기 공사 비용을 추가로 부담해야 하는 상황이 발생할 수 있다. 이처럼 공사 범위가 명확하지 않으면 공사 중 예상치 못한 추가 비용이 발생하게 되고, 프로젝트 일정에도 차질이 생길 가능성이 높아진다. 따라서, 시공자는 계약 체결 전에 공사 범위를 상세히 검토하고, 필수 작업 항목이 빠지지 않도록 철저히 확인해야 한다.

3) NSC 관리비와 이윤(Attendance & Profit)의 한계

NSC 계약에서 시공자가 확보할 수 있는 관리비와 이윤(Attendance & profit) 비율은 일반적으로 0~5% 수준에 불과하다. 시공자는 NSC 공사 관리를 위한 인원을 추가 투

입해야 한다. 현장 관리, 일정 조율, 안전 관리, 품질 관리 등의 업무를 수행해야 하지만, 이에 대한 수익은 제한적이다. 직접 계약한 DSC (Direct Sub-Contractor)의 경우 수익률이 높아, DSC 비율이 높을수록 시공자의 이익이 증가하는 구조를 가진다. 동남아시아에서는 NSC 비율이 전체 공사비의 50% 이상을 차지하는 경우도 흔하다. 이에 따라 시공자는 골조와 일부 마감만 직접 하도급업체를 선정할 수 있다. 중요한 NSC 공사에 대한 실질적인 통제권은 한정적이면서, 책임을 모두 져야 하는 문제가 발생한다. 프로젝트 수익성 확보를 위해서는 DSC 비율을 높이고 NSC 비율을 최소화하는 것이 유리하지만, 발주자의 요구로 인해 NSC 비율이 과도하게 높아질 경우, 시공자는 실질적인 수익을 거의 기대할 수 없는 구조적 한계를 지닌다.

4) NSC 업체의 비협조적 태도

NSC 업체는 계약상 시공자의 지시에 따라야 하지만, 실무에서는 NSC 업체 통제가 어려운 경우가 많다. 이는 NSC 업체가 발주자와 직접적인 관계를 유지하고 있기 때문이다. 많은 경우 NSC 업체는 "우리는 발주자의 지시를 따른다"라는 견해를 고수하며, 시공자의 공정 관리와 시공 지시를 무시하는 태도를 보인다. 이러한 문제는 프로젝트 일정과 품질 관리에 심각한 영향을 미친다. 예컨대, 발주자가 선정한 전기 설비 NSC 업체가 시공자의 전체 공정 계획에 맞춰 작업하지 않을 경우, 전체 프로젝트 일정이 지연될 가능성이 높아진다. 시공자는 NSC 업체를 직접 통제할 권한이 제한적이므로, 일정 조정에 어려움을 겪게 된다. 결과적으로 공사가 지연되더라도 발주자는 이에 대한 책임을 지지 않으며, 일정 지연에 대한 책임은 모두 시공자가 부담해야 한다.

3. 주요 검토 사항

1) 책임 분배 명확화

NSC 공사 검토는 NSC와 주 계약자 간의 역할을 명확히 구분하여, 작업 중복과 책임 회피를 방지한다. 책임 분배가 명확하지 않을 경우, 문제 발생 시 서로 책임을 전가하거나 작업이 지연되는 상황이 발생할 수 있다. 이를 방지하기 위해 계약서와 공사 범위 문서에 각자의 역할과 책임을 구체적으로 명시해야 한다.

2) 리스크 관리

NSC와의 협업 과정에서 발생할 수 있는 리스크를 사전에 식별하고 관리 방안을 마련해야 한다. 예를 들어, NSC가 기술적 결함으로 인해 품질과 성능 기준을 충족하지 못하거나, 자재 조달 지연으로 일정에 차질을 빚으면 프로젝트 전체에 영향을 미칠 수 있다. 검토 단계에서 이러한 리스크를 미리 파악하고, 문제 발생 시 대처 방안을 포함한 관리 계획을 수립해야 한다. 리스크 관리는 NSC의 계약 조건에 명시된 품질 기준과 일정 준수 조건을 지속적으로 점검하는 방식으로 이루어져야 한다. 발주자와 NSC 간의 명확한 합의가 이루어지지 않으면, 주 계약자가 모든 책임을 떠안게 되는 상황이 발생할 수 있다.

4. NSC 공사 검토 절차

1) 계약서 검토

발주자가 제공한 계약서와 공사 관련 문서를 상세히 검토하여, NSC의 작업 범위와 책임을 명확히 파악한다. 예를 들어, 계약 조건에 명시된 품질 보증 기준, 작업 완료 조건, 대금 조건 등을 확인해 발주자의 기대 사항을 명확히 이해해야 한다. NSC의 작업 범위가 주 계약자와 겹치지 않도록, 계약서에서 구체적인 역할과 책임을 확인한다. 계약서에 모호한 부분이 있다면, 발주자와 협의하여 명확히 규정하는 것이 중요하다. 이를 통해 초기 단계에서 책임 분쟁을 예방하고, 프로젝트 관리 효율성을 높일 수 있다.

2) 현장 조건 분석

NSC가 작업을 수행할 현장의 환경과 물리적 조건을 분석하여 작업 가능성을 검토한다. 작업 구역의 전력 공급 상태, 장비 반입 경로, 작업 공간의 안전성 등을 확인해야 한다. 작업 환경이 제한적이거나 준비되지 않은 경우, NSC는 물론 발주자와 협력하여 이를 보완하기 위한 계획을 수립해야 한다.

3) 주 계약자와 NSC 간 조율

작업 범위와 책임 분배에 대해 주 계약자와 NSC가 협력하여 명확히 조율하는 과정이 필요하다. 지원 작업 책임이 NSC와 주 계약자 중 누구에게 있는지를 명확히 정의하고, 각자의 역할을 세부적으로 구분해야 한다. 조율 과정에서는 작업 일정, 자원 배분, 책임 소재를 논의하여 중복되거나 빠진 부분이 없도록 조정한다.

4) 작업 인터페이스 확인

NSC의 작업이 주 계약자나 다른 하도급자의 작업과 어떻게 연계되는지를 분석하고, 작업 인터페이스를 확인한다. 예를 들어, 기계 장비 설치 작업이 해당 구간의 건축 마감 공사와 밀접히 연관되어 있다면, 건축 마감 공사 시점과 기계 장비 설치의 시작 시점을 명확히 조정해야 한다. 작업 인터페이스가 명확히 정의되지 않을 경우, 작업 간 충돌로 인해 지연과 비용 초과가 발생할 수 있다. 인터페이스 확인 과정에서는 작업 간 연계성, 작업 순서, 자원 공유 여부 등을 점검해야 한다.

5. NSC 관리비와 이윤 산정

1) NSC 관리비(Attendance)

주 계약자(Main Contractor)가 NSC의 작업을 지원하기 위해 제공하는 서비스와 편의시설 비용을 의미한다. 이에는 NSC 공사 관리자 추가 투입은 물론, 현장 접근을 위한 도로 정비, 전기와 수도 등의 임시 설비, 현장 안전 관리, 크레인과 호이스트와 같은 공용 장비 제공 등이 포함된다. 예를 들어, NSC가 크레인 사용을 요청할 경우, 주계약자는 이를 제공하며 사용 시간을 조정해야 한다. Attendance 비용은 지원의 종류와 규모에 따라 달라지며, 명확한 기준으로 산정해야 불필요한 분쟁을 방지할 수 있다. 이 비용은 주계약자가 NSC 작업을 원활히 수행하도록 도와주는 데 대한 직접적인 보상이다. 하지만, 현실적으로 대부분 프로젝트에서는 현장관리비와 공통가설공사비에 NSC 업체 관리 비용을 이미 책정하기에, Attendance 금액을 '0'로 입찰하기도 한다.

2) NSC 이윤(Profit)

주계약자의 NSC의 작업 관리에 대한 이윤을 의미한다. 이는 주계약자가 NSC의 작업을 감독하고, 공사 전반에 걸친 리스크를 부담하는 데 따른 보상이다. Profit은 일반적으로 계약 금액의 일정 비율로 산정되며, NSC의 작업 규모나 복잡성에 따라 조정될 수 있다. 예를 들어, NSC가 고도의 기술적 작업을 수행하는 경우, 주계약자의 관리 부담이 커질 수 있으므로 Profit 비율이 증가할 수 있다.

3) NS (Nominated Supplier) Wastage

Wastage는 지정된 자재 공급사의 자재 공급 과정에서 예상되는 손실이나 낭비를 고려하여, 추가로 주문하거나 비용을 산정하는 것을 의미한다. 이는 현장 조건, 운송 중 손상, 자재 설치 과정에서 발생할 수 있는 손실 등을 포함한다. 예를 들어, 대리석(marble)을 공급하는 경우, 운송이나 시공 중 파손 가능성을 고려해서 전체 주문량의 5~10%를 추가로 확보할 수 있다. Wastage 비용은 프로젝트 규모, 자재의 특성, 설치 환경 등에 따라 달라지며, 이를 적절히 산정하지 않으면 공사 진행 중 자재 부족 문제가 발생할 수 있다.

4) NS Profit

Nominated Supplier를 통한 자재 공급에서는 시공자가 직접 구매하는 것이 아니므로, 일반적인 자재 조달에 비해 시공자의 이윤(Profit)을 적용하기 어려운 때도 있다. 이를 보전하기 위해 계약에서는 시공자가 발주자 지정 자재를 사용할 때 일정 비율의 Profit을 적용할 수 있도록 한다. Profit 항목은 시공자의 관리 비용, 조정 업무, 자재 보관 등의 추가 부담을 보상하는 개념이다. 특수 자재의 경우, 관리 리스크 부담이 커지므로 Profit이 더 높게 설정될 수 있다. Profit은 일반적으로 자재 단가에 비례하여 설정되며, 공급자와 주계약자 간의 협의를 통해 조정될 수 있다.

5.17 Daywork와 Schedule of Rates

BOQ에 포함되는 Daywork와 Schedule of Rates는 각각의 목적과 적용 상황이 다르며, 공사 비용 산정의 투명성과 효율성을 높이는 역할을 한다. Daywork는 예상할 수 없는 추가 작업이나 특정한 시점에서 발생하는 공종에 대해, 노무비, 자재비, 장비비 등을 실제 사용한 시간 단위로 산정하는 방식이다. 이는 계약 범위를 초과하거나 긴급한 변경 사항이 발생했을 때 유연하게 적용된다. Schedule of Rates는 사전에 합의된 비목별 단가를 기준으로 공사 비용을 산정하는 방식이다. 이를 통해 계약 변경이나 추가 공사 시 신속한 비용 평가가 가능하며, 예상하지 못했던 작업에 대한 표준화된 지급 기준을 제공한다.

1. Daywork

   1) Daywork의 정의

      Daywork는 BOQ의 별첨 자료로서, 특정 작업이나 예상치 못한 추가 작업을 정해진 시간 단위(일 또는 시간)로 계산하여 비용을 산정하는 방식이다. 이는 주로 계약에 명시되지 않았거나 사전에 물량을 예측하기 어려운 작업에 적용된다. 예를 들어, 현장 여건이 계약 조건과 달라 추가 작업이 필요하거나, 발주자의 요청으로 설계 변경이 이루어졌을 때 Daywork가 적용된다.

   2) 적용 사례

      Daywork는 예측 불가능한 작업, 계약 외 항목, 그리고 시간 단위 작업에 주로 적용된다. 예측 불가능한 작업은 작업 현장에서 추가로 발생하는 소규모 작업이나 긴급 작업에 해당하며, 계약 외 항목은 계약서에 명시되지 않은 공정이나 요구사항을 포함한다. 일정한 시간 단위로 재료비, 노무비, 장비비를 산정해야 하는 작업에도 사용된다.

   3) 구성 요소

      Daywork의 비용은 재료비, 노무비, 장비비로 구성된다. 노무비는 작업에 투입된 기술자나 작업자의 시간당 혹은 일당 임금을 의미하며, 장비비는 사용된 장비의 시간당 비용을 포함한다. 재료비는 작업에 사용된 자재의 비용을 의미하여, 작업에 필요한 모든 요소의 실제 사용량을 기반으로 산정된다.

   4) Daywork의 특징

      시공자가 수행한 작업 내역을 일일 단위로 기록하고, 엔지니어의 확인을 받아야 한다. 작업량을 명확히 기록함으로써 비용 청구의 투명성을 유지하는 것이 중요하다.

2. Schedule of Rates

   1) Schedule of Rates의 정의

   Schedule of Rates는 BOQ의 별첨 자료로, 특정 작업이나 공정의 공사비 산정을 위해 재료비, 노무비, 장비비 단가를 기재한 문서이다. 이는 BOQ에 포함되어 작업 항목별로 표준 단가를 명시하며, 해당 단가를 기반으로 투입 공사비를 산정한다. 이 방식은 설계 변경이 발생한 경우, BOQ 내역에 포함되지 않은 새로운 작업에 대한 단가를 사전에 합의하는 것이다.

   2) 적용 사례

   특수 작업, 설계 변경, 철거 등과 같은 변경 시 효과적으로 활용된다. 이러한 작업은 직접공사비 BOQ에 포함되어 있지 않기에, BOQ 단가로 물량을 정산할 수 없다. 그렇기에 노무비와 장비비는 man.day나 unit.day 개념의 단가를 사전에 합의해야, 비용 발생 시 합의가 가능하다. 설계 변경이나 추가 요구사항 발생 시에도 별도로 견적 금액을 협의하지 않고, Schedule of Rates에 따라 정산하면 된다.

   3) 구성 요소

   Schedule of Rates는 항목별 단가, 단위 기준, 그리고 물량으로 구성된다. 항목별 단가는 각 작업이나 공정에 대한 표준 단가를 의미하며, 예를 들어 콘크리트 $1m^3$당 비용, 철근공 1 man.day를 들 수 있다. 단위 기준은 작업의 측정 단위를 나타내며, m^3, m^2, 톤 인원, 장비 가동 시간 등이 이에 해당한다. 물량은 실제 투입된 작업량으로, 이를 기준 단가에 곱하여 최종 비용을 산출한다.

   4) Schedule of Rates의 특징

   Schedule of Rates는 계약서에 포함되어 작업의 변화가 발생했을 때, 기준 단가를 활용해 추가 작업이나 감축 작업의 비용을 신속하고 정확하게 산정할 수 있다. 이 방식은 비용 산정의 투명성을 높이고, 발주자와 시공자 간의 분쟁을 줄이는 데 이바지하는 중요한 역할을 한다.

5.18 직원 조직도와 투입 계획 작성

건설공사의 현장관리비(경상비)를 정확하게 산정하기 위해서는, 직원 조직도와 인력 투입 계획을 먼저 작성하는 것이 필수적이다. 조직도와 인력 투입 계획은 공사 현장에서 필요한 인력의 구성, 역할, 투입 기간을 체계적으로 정리하는 과정으로, 이를 통해 인건비를 포함한 관리비 예산을 보다 현실적으로 산정할 수 있다. 또한, 공사 일정과 공정 흐름에 맞춰 적절한 시기에 인력을 배치하여, 효율적인 인력 운영과 비용 절감을 가능하게 한다.

1. 직원 조직도 작성

    건설 현장의 조직도 작성은 프로젝트의 규모, 공사 기간, 업무 특성에 따라 현장에 필요한 인력을 체계적으로 구성하고 배치하는 과정이다. 일반적으로 조직도는 현장소장, 공무팀, 공사팀, 설계와 기술팀, 품질관리팀, 안전관리팀, 관리팀 등으로 구분되며, 부서별로 역할과 책임을 명확히 설정해야 한다. 현장소장은 프로젝트의 총괄 책임자로서 공사 수행 전반을 지휘한다. 공무팀은 대관과 대하도급사 관리를 포함한 계약 관리와 예산 관리를 수행한다. 공사팀은 각 공종별 공정 관리와 기술적인 조정을 담당한다. 품질관리팀은 시방서 및 기준을 준수하는지 확인하며, 안전관리팀은 산업재해 예방 및 안전 교육을 수행한다. 관리팀은 현장 전반에 대한 총무 노무 자재 회계 관리를 담당한다. 조직도를 작성할 때는 프로젝트의 특성과 규모를 고려하여 필수 인력을 배치하고, 중복되거나 불필요한 인력을 최소화하는 것이 중요하다. 또한, 공사 진행 단계에 따라 조직 구성을 유동적으로 조정할 수 있도록 계획해야 하며, 현장 여건에 맞춰 효율적인 업무 분배가 이루어지도록 조직 체계를 설계해야 한다.

2. 인력 투입 계획 작성

    인력 투입 계획은 공사 일정과 공정 흐름에 맞춰 현장에 필요한 인력을, 언제, 얼마나 배치할지를 구체적으로 수립하는 과정이다. 이를 위해 프로젝트의 WBS(Work Breakdown Structure)와 공정표를 기반으로 단계별 필요한 인력을 산정하고, 투입과 철수 시점을 명확히 계획해야 한다. 초기 단계에서는 기본적인 현장 운영을 위한 필수 인력(현장소장, 공무, 공사, 안전관리자, 품질관리자 등)이 먼저 투입되며, 본격적인 시공 단계에서는 공종별 기술 인력이 차례대로 배치된다. 작업량에 맞춰 인력을 조정함으로써 인건비 부담을 최적화할 수 있다. 인력 투입 계획을 작성할 때는 공사 일정의 변동성을 고려하여 유연한 배치가 가능하도록 계획해야 하며, 주요 공정이 중첩될 때 인력 과부하가 발생하지 않도록 조정해야 한다. 또한, 공정의 중요도와 관리 인력 필요 정도를 검토하여, 효율적인 공사 수행이 가능하도록 인원을 투입하는 것이 중요하다.

3. 작성 시 유의 사항

조직도와 인력 투입 계획을 작성할 때는 공사 규모와 특성에 맞는 현실적인 계획을 수립하는 것이 중요하다. 과도한 인력 배치는 불필요한 비용 증가를 초래할 수 있으며, 반대로 인력이 부족할 경우 공정 지연과 품질 저하로 이어질 수 있다. 따라서, 공정별 인력 수요를 철저히 분석하고, 단계별 투입 전략을 세워야 한다. 법적 요건과 계약 조건을 준수하는 것이 필수적이다. 안전관리자와 품질관리자 배치 기준은 법적 요건에 따라 달라질 수 있으므로 관련 규정을 반드시 확인해야 하며, 발주자의 요구사항을 반영하여 조직도를 설계해야 한다. 현장 인력 운영의 유연성을 확보하는 것이 중요하다. 공사 일정이 예상보다 단축되거나 연장될 수 있으므로, 필요에 따라 인력을 조정할 수 있는 체계를 구축하는 것이 필요하다. 외주 인력과 협력업체와의 원활한 조율도 이루어져야 한다. 인력의 숙련도와 경험을 고려하여 배치하고, 신규 인력의 교육과 안전 교육을 철저히 수행하여 시공 품질과 안전을 확보해야 한다.

5.19 현장관리비 산정

현장관리비(경상비)는 건설공사 현장에서 발생하는 운영과 관리에 필요한 비용을 의미하며, 공사 수행을 위한 필수적인 경비를 포함한다. 주요 항목으로는 직원 급료, 임금, 복리후생비 등 인건비와 사무실 운영을 위한 지급임차료, 사무용품비, 도서·인쇄비 등이 있다. 차량유지비, 출장비, 안전관리비, 보건관리비 등 공사 진행에 필요한 각종 비용이 포함되며, 법정 보험료, 세금 및 공과금, 지급수수료 등의 비용도 포함된다.

1. 인건비
    1) 직원 급료

        직원들에게 지급되는 급여로, 현장소장, 공무 담당자, 공사관리자, 안전관리자, 품질관리자, 기계 및 전기 담당자 등이 포함된다. 급여는 기본급은 물론 근속 수당, 직책 수당, 근무 환경에 따른 특수 수당, 상여금 등이 포함될 수 있다. 또한, 연장·야간·휴일근무수당, 위험수당 등 현장 여건에 따른 추가 수당이 지급될 수 있다. 공사 기간이 길어질 경우, 인상된 급여나 장기근속 포상 등이 포함될 수도 있다.

    2) 임금(간접 인원)

        현장에서 직접 시공을 담당하지 않는 행정·관리직 직원들의 급여에 해당하는 항목이다. 이에는 경리 담당자, 문서관리 담당자, 보안요원, 조리사, 운전기사, 작업반장 등이 포함될 수 있으며, 이들의 기본급과 각종 수당이 포함된다.

    3) 퇴직급여충당금

        현장 근무자들의 퇴직금을 지급하기 위해 적립하는 비용으로, 노동법에 따라 일정 비율을 사전에 충당해야 한다. 퇴직급여 충당금은 직원들이 퇴직할 때 일시금으로 지급되거나, 기업형 퇴직연금 제도에 따라 관리될 수 있다.

2. 복리후생비

    현장 직원들의 복지를 위해 지원되는 비용으로, 식대, 간식대, 의료비 지원, 숙박비 등이 포함된다. 또한 직원들의 사기 진작을 위한 경조사비(결혼, 장례 지원비), 명절 선물 지급, 체력 단련비(헬스장 이용 지원 등)도 포함될 수 있다. 대규모 프로젝트의 경우, 장기 근무자에게 특별 보너스나 휴가비를 지급하는 예도 있다.

3. 사무비용
    1) 지급 임차료

        공사 현장에서 필수적인 공간을 확보하기 위해 임대하는 비용으로, 사무실, 창고, 숙소 등의 임대료가 포함된다. 공사 수행에 필요한 이동식 컨테이너 사무실, 회의실, 휴게실 등의 임차료도 여기에 포함된다. 장비와 자재 보관을 위한 별도의 창고 임대료, 공사 차량 주차 공간 확보를 위한 부지 임대료 등이 포함될 수 있다.

2) 사무용품비

현장 사무실 운영을 위해 필요한 각종 사무용품을 구매하는 비용으로, 프린터, 복사기, 문구류, 필기구, 복사 용지, 서류철 등의 소모품이 포함된다. 프린터 토너, 잉크 카트리지 등 지속적으로 소모되는 용품과 컴퓨터, 팩스, 전화기 등의 유지보수 비용도 여기에 포함된다.

3) 도서·인쇄비

공사 수행에 필요한 도서와 기술 자료를 구매하는 비용으로, 건설 관련 법규집, 표준 시방서, 안전관리 지침서, 품질관리 지침서, 도면 등이 포함된다. 안전교육 자료, 도면 복사, 회의 자료 제작, 준공 도서 작성 등의 비용도 포함된다.

4) 통신비

현장 운영을 위한 통신 비용으로, 전화, 팩스, 인터넷 사용료가 포함된다. 현장 직원들이 사용하는 무전기, 업무용 휴대전화 요금과 네트워크 장비 설치 유지비도 포함될 수 있다. 공사 현장의 면적이 넓을 경우, 현장 내 별도의 무선 네트워크를 구축하는 예도 있어, 이에 따른 비용도 발생할 수 있다.

5) 수도광열비

공사 현장과 사무실에서 사용하는 전기 수도 요금과 기본적인 조명, 장비 가동을 위한 전력 소비 비용이 포함된다. 현장 내 숙소, 화장실, 샤워 시설 등의 운영을 위한 수도 요금도 포함되며, 이에 필요한 정화조나 침전조 시공과 운영 비용도 포함된다. 전기 공급이 원활하지 않은 지역에서는 별도로 발전기를 운용하는 예도 있다. 발전기 운용 시에는 연료비도 포함된다. 상수도가 설치되지 않은 곳에서는 심정(well) 개발과 운용이 필요할 수도 있다.

4. 여비 교통비

   1) 차량 유지비

   공사 현장에서 운행하는 차량(승합차, 화물차, SUV 등)의 유지와 관리 비용으로, 유류비, 정비비, 차량 보험료, 세차비 등이 포함된다. 현장 내에서 운행하는 지게차와 같은 건설 장비의 유지비도 여기에 포함될 수 있다.

   2) 차량 임차료

   현장 운영을 위해 별도로 임차하는 차량의 대여료로, 현장 직원들의 이동을 위한 승합차나 장비 운송용 화물차 등이 포함된다. 계약 형태에 따라 월 임대료 또는 일 단위 임대 비용이 발생할 수 있다.

   3) 출장비와 교통비

   공사와 관련된 출장 시 발생하는 교통비와 숙박비가 포함된다. 항공료, 기차표, 버스비, 택시비, 주차비, 통행료 등이 포함되며, 단기 렌터카 비용도 포함될 수 있다.

5. 교육 훈련비

   1) 기술 안전 교육비

   건설 현장에서 근무하는 직원과 작업자의 역량을 강화하고 안전사고를 예방하기 위해, 필수적으로 시행되는 교육 비용을 포함한다. 법적으로 의무화된 안전교육(산업안전보건교육, 화재 예방 교육 등)뿐만 아니라, 시공 품질 향상을 위한 전문 기술교육도 포함된다. 이러한 교육은 현장 내 자체적으로 진행될 수도 있으며, 외부 전문 기관에서 실시하는 예도 있다. 주요 교육 항목으로는 건설기술자 법정 교육, 작업별 안전교육, 소방·재난 대응 훈련, 비상 대피 훈련 등이 있다. 교육 시 제공되는 교재, 시청각 자료 제작비, 강사 초빙비, 교육장 임차비 등도 포함된다.

   2) 외부 교육 참가비

   기술 세미나, 학회, 건설관리 교육 등 외부 기관에서 제공하는 교육 프로그램 참가비가 포함된다. 최신 건설 기술과 법규, 프로젝트 관리 기법 등을 습득하기 위해 실시되는 교육이며, 건설기술자 자격증 취득을 위한 강의 수강료와 시험 응시료도 포함될 수 있다. 대표적인 교육으로는 시공관리, BIM(Building Information Modeling), 친환경 건설기술, 품질관리 시스템 교육 등이 있다. 해외 연수 프로그램이나 선진 공법을 배우기 위한 견학 비용도 포함될 수 있다. 교통비, 숙박비, 식비 등 교육 참가를 위한 부대 비용도 함께 포함될 수 있다.

6. 기타 관리비

   1) 법정 보험료

   건설공사 수행 시 발생하는 법정 보험료를 의미하며, 산업재해보상보험, 고용보험, 건강보험, 국민연금 등이 포함된다. 현장 근로자의 안전과 복지를 보장하기 위한 법적 의무이며, 공사 규모와 인력 수에 따라 비용이 달라질 수 있다. 건설 현장에서 발생할 수 있는 사고에 대비한 상해보험 가입 비용이 포함될 수 있다. 프로젝트 성격에 따라 단체 상해보험, 건설공사 배상책임보험, 건설 장비 보험료 등이 추가될 수도 있다.

   2) 세금과 공과금

   공사 수행 과정에서 발생하는 각종 세금과 공과금이 포함된다. 재산세와 취득세는 공사 부지 및 자산 취득과 관련된 세금이며, 도로점용료는 공사 기간에 도로나 인도를 점유하여 사용하는 경우 지급하는 비용이다. 환경부담금은 공사 중 발생하는 폐기물 처리 및 환경 보호 조치와 관련된 세금으로, 대기오염·소음·진동 등의 환경적 영향을 고려하여 부과될 수 있다. 지역별로 부과되는 각종 등록세, 면허세, 하수도 사용료 등도 공과금 항목에 포함될 수 있다.

   3) 회의비와 접대비

   발주자, 협력업체, 감리단, 정부 기관 등과의 업무 협의를 위한 회의와 접대 비용이 포함된다. 공사 진행 상황을 논의하기 위한 정기적인 회의에서 발생하는 비용으로, 회의실 임대료, 다과 제공비, 회의 자료 제작비 등이 포함된다. 발주자 관계자나 협력업체와의 공식적인 만남에서 발생하는 식사비, 기념품 구매비, 교통비 등도 접대비로 포함될 수 있다. 공사의 원활한 진행을 위해 민원이나 중요한 이해관계자들과의 유대 강화를 위한 활동 비용도 이에 해당한다.

4) 광고 홍보비

공사 현장이나 회사의 인지도 향상과 이미지 관리를 위한 홍보 활동에 사용되는 비용이다. 현장 외부에 설치되는 공사 안내판, 현수막, 안내표지판 제작비가 포함되며, 공사 진행 상황을 알리는 홍보 자료 제작과 배포 비용도 포함된다. 대형 프로젝트의 경우, 언론 매체를 활용한 광고와 홍보비용이 발생할 수 있으며, 환경과 안전 관련 캠페인 운영 비용도 이에 해당할 수 있다. 건설사 홈페이지나 온라인 플랫폼을 활용한 공사 홍보 콘텐츠 제작비용이 포함될 수 있다.

5) 현장 운영비(잡비)

공사 진행 중 예상치 못한 지출을 대비하기 위한 항목으로, 긴급 유지보수, 임시 공사 용품 구매, 기타 운영상의 잡비가 포함된다. 공사 일정 변경으로 인해 추가로 발생하는 관리 비용도 잡비 항목에 포함될 수 있다.

6) 지급수수료

각종 금융 거래 시 발생하는 수수료를 의미하며, 주로 은행 송금 수수료, 전자결제 수수료, 외화 환전 수수료 등이 포함된다. 외국계 협력업체와의 계약이 포함된 공사에서는 국제 송금 수수료와 환율 변동에 따른 추가 비용이 발생할 수 있다. 하도급 업체와 협력업체에 대금을 지급하는 과정에서 금융기관이 부과하는 이체 수수료가 이에 해당할 수 있다. 공사 진행 중에 발생하는 다양한 계약금, 선수금, 보증금 관련 금융비용도 지급수수료에 포함될 수 있다.

7) 용역비

용역비는 건설공사 수행 과정에서 필요한 전문 기술이나 서비스를 제공받기 위해, 외부 전문가나 용역 업체를 고용하는 데 사용되는 비용이다. 공사 수량 산출, 설계 변경 검토, 구조 해석, 품질 검사, 시공 감리 등이 포함된다. 환경 영향 평가, 법률 자문, 안전 진단 등 특정 분야의 전문 지식이 요구될 때도 용역비가 투입된다.

7. 안전 및 환경 관리비

   1) 안전관리비

   공사 현장의 안전을 위해 투자되는 비용으로, 안전 보건 관리자의 인건비와 안전 펜스, 낙하물 방지망, 경고 표지판, 비상조명 등이 포함된다. 근로자들에게 지급하는 보호구(안전모, 안전화, 장갑, 마스크 등) 구매비도 포함된다. 현장 근로자의 건강을 유지하기 위한 건강검진 비용, 응급처치 키트 구매비, 응급 의료 서비스 운영비 등이 포함된다. 혹서기에는 냉방 시설, 혹한기에는 난방 시설 설치 비용이 포함될 수 있다.

   2) 환경관리비

   환경관리비는 건설공사 수행 과정에서, 환경 보호와 법적 규제를 준수하기 위해 투입되는 비용을 의미한다. 공사 중 발생할 수 있는 환경 영향을 최소화하고, 정부와 지방자치단체의 환경 관련 규정을 준수하기 위해 필수적으로 책정되는 비용 항목이다. 환경관리비는 공사로 인한 대기오염, 수질오염, 소음·진동, 폐기물 배출 등을 최소화하고, 친환경적인 시공 방식을 유지하기 위해 사용된다. 건설공사 수행 중 법적 규제를 준수하고 지속 가능한 건설을 실현하는 핵심 비용 항목이다. 환경 관련 법률(예: 환경정책기본법, 대기환경보전법, 수질환경보전법 등)에 따라 환경 보호 조치를 이행하지 않으면, 벌금이나 행정처분을 받을 수 있다. 환경 보호를 위한 선제적 조처를 하면 기업 이미지 개선과 더불어 지역사회와의 갈등을 줄이는 데에도 이바지할 수 있다.

8. 하자보수충당금

   공사 완료 후 발생할 수 있는 하자(Defects)에 대비하여, 일정 금액을 미리 적립하는 비용이다. 건설공사는 준공 후 일정 기간 하자보수 의무가 있으며, 이를 위해 계약서에 따라 일정 비율의 금액을 하자보수 충당금으로 설정한다. 이 금액은 하자담보책임기간(Defects Notification Period, DNP) 동안 발생하는 보수 비용을 충당하는 용도로 사용되며, 주로 발주자가 계약 금액의 일부를 보증금 형태로 보관하거나, 시공자가 별도로 적립하는 방식으로 운영된다. 일반적으로 공사 계약 금액의 2~5% 수준이 하자보수 충당금으로 설정되며, 공사의 종류와 계약 조건에 따라 비율이 달라질 수 있다.

5.20 공통가설공사비 산정

공통가설공사비는 건설공사 수행을 위한 임시 시설과, 공사 지원을 위해 필수적으로 투입되는 비용을 의미한다. 이는 공사 시작부터 준공까지 현장 운영을 원활하게 유지하는 비용이다.

1. 현장 조성과 임시 시설

    1) 가설사무소

        공사 수행을 위한 현장 사무소 설치 비용으로, 시공자, 감리단, 협력업체 관계자들이 업무를 수행할 수 있는 공간을 마련하는 데 사용된다. 일반적으로 컨테이너 사무실을 활용하며, 책상, 의자, 컴퓨터, 냉난방기 등 사무기기 구매비와 운영비도 포함된다.

    2) 가설 창고와 가설 숙소

        공사용 자재와 장비를 보관할 수 있는 창고를 설치하는 비용과, 현장 근로자를 위한 임시 숙소 운영비가 포함된다. 창고는 보안이 요구되는 경우 컨테이너 형태로 구성되며, 숙소는 장거리 출퇴근이 어려운 근로자들을 위한 숙식 공간으로 제공된다.

    3) 가설울타리

        공사 현장을 외부와 분리하고 안전을 확보하기 위해, 가설 울타리를 설치하는 비용이다. 도로변이나 주거지 인근 공사의 경우 방음·방진 기능을 갖춘 울타리를 사용하며, 현장 출입 통제와 보안 강화를 위해 CCTV와 경비시설이 추가될 수 있다.

    4) 가설도로

        공사 현장 내에서 장비와 차량이 원활하게 이동할 수 있도록 가설 도로를 설치하는 비용이다. 주요 장비 반입구와 출입구를 정비하고, 비포장도로 구간에는 포장이나 자갈을 까는 작업을 수행하며, 공사 진행 중 도로가 손상되지 않도록 보호 조치를 취한다.

5) 임시 주차장 조성

현장 근로자와 방문객 차량을 위한 주차 공간을 확보하는 비용으로, 대형 프로젝트의 경우 임시 주차장을 별도로 조성해야 한다. 토사 정리, 바닥 포장, 주차선 도색, 조명 설치 등이 포함되며, 현장 내 공간이 부족할 경우 외부 주차장을 임차하는 비용도 발생할 수 있다.

2. 전기·수도·통신 시설

1) 가설 전기

건설 현장에서 사용되는 전력 공급을 위해, 임시 전기를 설치하고 유지하는 비용이다. 전력 사용량에 따라 변압기 설치가 필요할 수 있으며, 배전반, 전기 배선, 조명 시설 등이 포함된다. 또한 전력 공급 계약에 따라 인입 공사비와 사용료도 별도로 발생한다.

2) 가설 수도와 배수 시설

공사 현장에서 필요한 용수를 공급하고, 배수를 처리하기 위한 비용이다. 수도를 끌어들이고 작업장, 숙소, 화장실 등에 급수를 공급하는 시설을 설치하며, 오폐수 배출을 위한 배수 시설과 정화조를 설치하는 비용도 포함된다.

3) 현장 내 통신망 구축

현장 사무소와 작업자 간 원활한 소통을 위해 전화, 인터넷, 무전기 시스템을 구축하는 비용이다. 인터넷 전용선 설치, 내부 네트워크 구축, 사무실 전화기 설치, 현장 내 통신망 유지 보수비 등이 포함된다. 현장 관리비에 포함될 수도 있다.

4) 조명시설 설치

야간 공사와 작업 공간의 가시성을 확보하기 위한 조명시설을 설치하는 비용이다. 가설 사무실과 작업장 내 실내조명은 물론, 현장 내 주요 통로와 위험 지역에 경광등과 안전등을 설치하는 비용도 포함된다.

3. 공통 장비

   1) 타워크레인과 리프트

   고층 건축물이나 대형 구조물 시공 시 필수적인 타워크레인과 리프트 운용에 드는 비용이다. 타워크레인은 자재와 장비를 고층으로 운반하기 위한 필수 장비이며, 설치 시 기초 작업, 조립, 전기 연결, 시험 운전이 필요하다. 리프트는 작업자와 자재를 고층으로 이동시키는 데 사용되며, 설치 후 안전 검사와 유지보수 비용이 추가로 발생할 수 있다. 공사 완료 후 해체 작업에도 별도의 비용이 소요되며, 철거 시 안전 조치를 위한 추가 인력이 필요할 수 있다.

   2) 양중 장비

   무거운 자재를 이동시키기 위한 윈치(Winch)나 곤돌라 등의 양중 장비 설치 비용이다. 윈치는 케이블을 이용해 중량물을 들어 올리는 장비로, 주로 철골 구조물 조립, 터널이나 교량 공사에서 사용된다. 곤돌라는 고층 구조물의 외벽 공사 시 활용된다. 설치 후 안전 검사와 유지보수 비용이 추가로 발생할 수 있다.

   3) 작업용 가설 구조물

   공사 중 필요한 가설구조물(조립식 작업대, 비계 등) 설치 비용이다. 비계(Scaffolding), 작업대, 임시 데크(Deck) 등이 포함되며, 작업자의 접근성을 높이고 안전한 작업 환경을 조성하는 역할을 한다. 조립식 비계는 콘크리트 구조 공사와 외벽 공사 시 널리 사용되며, 조립과 해체가 쉬워야 한다. 대형 구조물 공사의 경우 특정 구간을 가설구조물로 임시 지지 구조(Shoring)를 형성해야 하는 예도 있으며, 이에 따른 설치비와 해체비가 포함된다.

4. 현장 운영과 유지관리

   1) 현장 경비와 보안 시설

   공사 현장의 안전과 자재 도난 방지를 위해, 경비 인력 운영과 보안 시설 설치에 사용되는 비용이다. 공사 규모에 따라 24시간 경비 인력 배치, CCTV 설치, 출입 통제 시스템 구축 등이 필요할 수 있다. 대형 프로젝트의 경우 별도 보안팀 운영이 필요할 수도 있다. 야간 공사 현장 보안을 위한 조명 시설 설치와 감시 장비 유지비도 포함된다.

2) 현장 조경과 정리정돈

공사 현장 환경을 정비하고 미관을 유지하기 위한 비용이다. 공사가 진행됨에 따라 공사장 내부는 물론, 주변 도로 정비, 가설 울타리 주변 정리, 공사용 폐기물 정리 등의 작업이 필요하며, 환경 관리 차원에서 일부 조경 작업이 수행될 수 있다.

3) 현장 위생 시설

현장 근로자의 복지를 위해 임시 화장실, 샤워실, 식당 등 위생 시설 설치와 유지에 드는 비용이다. 공사 인원이 많을 경우, 별도의 수세식 화장실과 정화조 설치가 필요할 수 있으며, 이는 환경 관리비와 연계될 수도 있다. 샤워실은 혹서기와 분진이 많은 작업 환경에서 근로자의 건강을 위해 필수적으로 설치되며, 정기적인 청소와 유지보수 비용이 포함될 수 있다.

4) 임시 가설물 철거

공사 완료 후, 기존에 설치된 가설사무소, 가설 창고, 울타리, 도로, 조명 시설 등을 철거하고 원상 복구하는 데 사용되는 비용이다. 공사 종료 후 현장을 원래 상태로 복구하는 작업이므로, 가설물 철거 인력, 폐기물 처리 비용, 원상 복구 공사 비용 등이 포함된다. 외부 부지를 임차한 경우, 철거 후 반환 기준에 맞춰 정리해야 하며, 임차시설 원상 복구비가 추가될 수 있다.

5. 안전 및 방호시설

1) 낙하물 방지망과 안전망

고층 공사나 철골 구조 작업 시 낙하물로 인한 사고를 방지하기 위해 설치하는 방지망 비용이다. 건축물 외벽, 비계 주변에 설치되며, 안전 관리 법규에 따라 추락 방지망과 함께 사용될 수 있다.

2) 방음벽

소음과 먼지 확산을 방지하기 위해 공사장 주변에 방음벽과 방진벽을 설치하는 비용이다. 특히, 도심지나 주거지역에서 시행되는 공사의 경우 법적 기준을 준수해야 하며, 이에 따라 별도의 방음·방진 대책이 필요할 수 있다.

3) 가설 계단과 작업 발판

고층 작업 시 작업자가 안전하게 이동할 수 있도록, 가설 계단이나 작업 발판을 설치하는 비용이다. 이동식 철제 계단, 임시 작업 플랫폼, 조립식 발판 등의 형태로 설치되며, 작업자의 안전 확보를 위해 강도와 고정 방식이 규격에 맞게 설계되어야 한다.

4) 비상 대피로

화재나 긴급 상황 발생 시 작업자들이 신속하게 대피할 수 있도록, 비상구와 대피로를 조성하는 비용이다. 특히, 지하층 공사나 폐쇄된 작업 공간에서는 비상 조명, 환기 장치와 안내 표지판을 함께 설치해야 한다.

5) 가설 소방 시설

공사 중 화재 예방을 위해 소화기, 소화전, 스프링클러 등의 방재 시설을 설치하는 비용이다. 용접 작업이나 가연성 자재 사용이 많은 공사 현장의 경우, 화재 감지기와 방재 경보 시스템을 추가로 설치해야 할 수 있다.

6. 환경 관리

1) 세륜 시설과 진입로 청소

건설 현장에서 사용되는 대형 장비와 공사용 차량은 흙, 시멘트, 폐기물 잔여물이 묻은 상태로 이동할 가능성이 크다. 이때 오염물질이 외부 도로로 유출되면 먼지 발생, 도로 오염, 우수 배수구 막힘 등의 문제가 발생할 수 있다. 차량 바퀴와 하부에 붙은 흙과 오염 물질을 제거하기 위해 고압 살수기를 설치하며, 자동 분사 시스템을 갖춘 장비가 사용되기도 한다. 세륜 작업 중 발생한 침전물과 오염수가 바로 배출되지 않도록 침전조를 설치하여 흙과 오염물질이 가라앉을 수 있도록 한다.

2) 비산 먼지 방지

건설 공사 중 토공사, 콘크리트 타설, 도로 굴착, 철거 작업 등에서는 많은 양의 비산 먼지가 발생할 수 있다. 건조한 날씨나 강풍이 불 때 먼지가 주변으로 확산하면 주변 도로와 주거 지역에 피해를 주고, 근로자의 호흡기 건강에도 악영향을 미칠 수 있다. 이를 방지하기 위한 대표적인 대책은 살수시설 운영과 방진망 설치이다. 이동식 살수차를 운용하여 외부 도로와 작업장 주변에 직접 물을 뿌린다.

3) 오폐수 처리 시설

공사 현장에서는 작업 과정에서 많은 양의 오수와 폐수가 발생하며, 이를 적절하게 처리하지 않으면 인근 하천과 지하수를 오염시킬 수 있다. 이에 따라 공사장 내부에서 발생하는 생활하수, 공사용 폐수, 콘크리트 세척수, 기름 오염수 등을 처리하기 위한 시설이 필수적으로 설치된다.

5.21 공동도급 시 현장관리비 갈등

국제 공사에서 여러 국가의 업체들이 공동 도급(Joint Venture 또는 Consortium) 형태로 협력할 때, 각국의 경제 수준, 노동 관행, 법률, 인건비, 복리 후생 체계의 차이에 따라, 현장 투입 직원의 급료 및 복리후생비와 관련한 갈등이 자주 발생한다. 이는 프로젝트 관리와 운영에 주요 리스크를 초래하며, 비용 관리, 팀 간 협력, 그리고 프로젝트 효율성에 부정적인 영향을 미칠 수 있다. 이러한 갈등은 단순히 경제적 차이를 넘어, 문화적, 행정적 요인들까지 포함하여 복합적으로 작용한다.

1. 주요 갈등 원인
   1) 인건비 차이

   각국의 경제 수준과 임금 체계가 다르므로, 동일한 업무를 수행하는 현장 직원 간 급료 차이가 발생한다. 예를 들어, 선진국 출신 엔지니어와 개발도상국 출신 엔지니어가 같은 업무를 맡더라도, 선진국 엔지니어의 급료가 더 높을 가능성이 크다. 기술적 숙련도나 경험이 비슷한 직원들 간의 차이는 조직 내 분열을 초래할 가능성이 크다. 이러한 격차는 직원들 간의 불만을 유발하며, 팀 내 갈등으로 이어질 수 있다. 인건비 차이를 맞추기 위한 추가 비용이 발생하면, 프로젝트 예산에도 영향을 줄 수 있다.

2) 복리후생 기준 차이

국가별로 요구되는 복리후생 항목과 수준이 달라 갈등이 발생할 수 있다. 현지에서 채용된 직원과 외국에서 파견된 직원 간 급여와 복리후생비의 차이는, 공사 현장에서 흔히 발생하는 갈등 요인이다. 외국 업체 직원에게는 해외 근무 수당, 보험, 가족 지원비 등이 필수적으로 제공되지만, 현지 업체 직원에게는 이런 항목이 기본적으로 포함되지 않을 수 있다. 이러한 차이는 동일한 근무 환경에서 근무하는 직원들 간의 복리후생 불균형을 초래하며, 형평성에 대한 논란을 일으킬 수도 있다. 특히, 복리후생비의 차이는 장기적인 근무 환경에서 직원들의 동기와 생산성에도 영향을 미친다.

3) 노동 법규와 관행 차이

각국의 노동법과 관행 차이에 따라 급여 체계와 근무 조건의 불일치가 발생한다. 예를 들어, 일부 국가에서는 초과 근무 수당이 필수적으로 지급되어야 하지만, 다른 국가에서는 초과 근무가 급여에 포함될 수도 있다.

4) 업체 간의 다른 기준

공동 도급에 참여한 업체들이 자사의 기준에 따라 급여와 복리후생비를 책정하면, 동일 프로젝트 내에서도 직원 간 불평등이 발생한다. 같은 직위의 직원이라도 고용된 업체에 따라 급여와 혜택이 달라질 수 있다. 이는 프로젝트 내부에서 불공정한 대우로 인식되어, 근무자의 불만을 증폭시키고 협업 효율성이 낮아질 수 있다. 결과적으로 이러한 기준 차이는 프로젝트 전반에 걸쳐, 팀 간 불화와 조직 비효율성을 초래한다.

5) 환율 변동과 경제적 불안정성

국제 공사에서는 환율 변동이 인건비에 직접적인 영향을 미쳐 갈등을 일으킬 수 있다. 해외 통화로 지급된 급여가 환율 변동으로 인해 실질 가치가 하락하면, 해당 직원들은 생활비 부담 증가에 따라 불만을 가지게 된다. 경제적으로 불안정한 국가에서는 급여와 복리후생비 조정이 빈번하게 이루어져야 하므로, 비용 관리가 더 복잡해질 수 있다. 이러한 불안정성은 프로젝트의 예산 초과와 일정 지연으로 연결될 가능성이 높다.

2. 갈등 예방과 해결 방안

   1) 표준화된 급여 체계 설정

   공동 도급 참여 업체 간 협의를 통해 직위, 경력, 기술 수준에 따라 표준화된 급여 체계를 마련한다. 모든 직원에게 동일한 기준을 적용함으로써, 국가별 경제 수준 차이로 인한 불평등을 줄일 수 있다. 입찰 기간에 조직도를 확정하고, 각 조직원의 경력 수준을 합의한 다음에, 해당 조직원의 월별 금액을 1식(lump sum pot)으로 확정하는 것이다. 프로젝트 내 모든 직원에 대한 경상비는, Man.month 기준으로 합의한 1식 급여 금액에 따라, 현장에 투입된 일자를 기준으로 집행된다. 이를 위해 경력과 직위에 따라 명확히 구분된 기준을 세워야 한다. 이러한 표준화는 직원들 간의 불만을 완화하고, 팀 간 협력 분위기를 조성하는 데 이바지한다. 각국의 임금 체계를 고려하여 최소한의 편차를 허용하는 방식으로 유연성을 확보할 수 있다.

   2) 공통된 복리후생 기준 마련

   참여 업체 간 합의를 통해 복리후생 항목(주거비, 교통비, 보험, 해외 근무 수당 등)을 표준화한다. 모든 직원에게 같은 수준의 의료보험 지원과 숙소 제공을 보장하는 방식으로 복리후생 기준을 통일한다. 해외 근무 수당은 모든 외국인 직원에게 같게 지급되도록 규정하여 공정성을 확보한다. 이를 통해 직원 만족도를 높이고, 장기적인 프로젝트 성공 가능성을 높일 수 있다. 특히, 식대에 대해서는 각국의 식문화가 다르고 비용 또한 다르므로, 세세한 금액을 구분하기보다는 식대를 모두 포함한 일식 금액으로 인원당 비용을 확정하는 것이 바람직하다.

   3) 계약 단계에서의 명확한 정의

   초기 계약 단계에서 급여와 복리후생비 항목을 명확히 정의하고, 모든 참여 업체가 이를 준수하도록 규정한다. 계약서에 급여와 복리후생 항목, 지급 방식, 환율 변동 대응 조항 등을 세부적으로 포함하여 투명성을 확보한다. 예를 들어, 급여는 USD로 지급하고, 주거비와 교통비는 일식으로 집행되는 급여에 포함되는 방식으로 구체화한다.

4) 환율 리스크 관리

환율 변동으로 인한 문제를 방지하기 위해 안정적인 통화(예: USD, EUR)로 급여를 지급하거나, 환율 변동 보상 조항을 계약에 포함한다. 급여가 현지 통화로 지급되는 경우, 일정 수준의 환율 변동이 발생하면 이를 보전하기 위해 추가 지급 방안을 마련한다. 환율 변동이 심한 지역에서는 직원들에게 안정적인 구매력을 보장할 수 있는 통화를 선택해 급여를 지급한다.

5) 정기적인 검토와 조정

프로젝트 진행 중 정기적으로 급여와 복리후생비 기준을 검토하고, 필요할 경우 조정한다. 분기별 또는 반기별로 현장 조건, 경제 상황, 환율 변동 등을 반영한 급여 조정 회의를 개최한다. 이러한 정기 검토와 조정은 직원들의 만족도를 높이고, 현장의 현실적인 요구사항에 대응할 수 있도록 지원한다. 정기적인 검토와 조정은 프로젝트 관리의 유연성을 확보하고, 예산 초과를 방지하는 데 이바지한다.

5.22 Risk & Opportunity Matrix 분석

Risk & Opportunity Matrix 분석은 프로젝트 또는 비즈니스 환경에서 발생할 수 있는, 위험(Risk)과 기회(Opportunity)를 체계적으로 평가하고 관리하는 기법이다. 유수의 해외 건설사들이 이 Matrix를 활용하여 예비비를 산정하는 절차를 채택하고 있다. 위험(Risk)에 대한 대비책으로 예비비를 책정하고, 기회(Opportunity) 항목들은 입찰 시 대안이나 VE로 제안할 수 있다. 이 분석 기법은 위험 요소를 최소화하고, 동시에 긍정적인 기회를 극대화하기 위한 전략을 수립하는 데 사용된다. 이 Matrix는 일반적으로 위험과 기회의 영향(Impact)과 발생 가능성(Probability)을 기준으로 네 개의 주요 영역으로 분류되며, 각 영역은 프로젝트팀이 취해야 할 조치의 우선순위를 설정하는 데 활용된다.

1. Matrix의 구성

    세로축(Impact, 영향)과 가로축(Probability, 발생 가능성)으로 구성되며, 두 요소의 조합에 따라 위험(Risk)과 기회(Opportunity)를 평가한다. 세로축(Impact)은 해당 위험 또는 기회가 조직이나 프로젝트에 미치는 영향을 나타내며, 가로축(Probability)은 발생 가능성을 의미한다. 이 매트릭스는 위험과 기회를 동일한 체계 내에서 분석하되, 대응 전략이 서로 다르게 적용된다. 위험(Risk)은 부정적인 영향을 최소화하기 위해 회피(Avoidance), 완화(Mitigation), 전가(Transfer), 수용(Acceptance) 등의 전략을 수립하며, 기회(Opportunity)는 긍정적 영향을 극대화하기 위해 활용(Exploitation), 공유(Sharing), 강화(Enhancement), 수용(Acceptance) 등의 전략을 적용한다. 이를 통해 프로젝트팀은 위험을 체계적으로 관리하고, 기회를 효과적으로 활용하는 전략을 동시에 수립할 수 있다.

2. Risk Matrix (위험 매트릭스)

    1) Low Impact & Low Probability (낮은 영향 & 낮은 발생 가능성)

        이 범주의 위험은 프로젝트나 비즈니스에 미치는 영향이 미미하고, 발생 가능성도 작아서 심각하게 고려할 필요는 없다. 일반적으로 별도의 조처를 하지 않고 모니터링만 진행하며, 필요할 경우 간단한 예방책을 마련하는 정도로 관리한다. 예를 들어, 공사 현장에서 발생하는 사소한 안전 문제나, 특정 원자재의 단기적인 가격 변동이 이에 해당할 수 있다.

    2) Low Impact & High Probability (낮은 영향 & 높은 발생 가능성)

        이 범주의 위험은 프로젝트에 미치는 영향은 크지 않지만, 빈번하게 발생할 가능성이 높으므로 관리가 필요하다. 주로 반복적인 작업에서 발생할 수 있는 오류나, 일정한 경향을 가지고 있는 환경적 요소가 이에 해당한다. 이러한 위험은 최소한의 예방책을 적용하여 지속적인 모니터링과 관리가 필요하며, 가능하다면 발생 빈도를 줄일 수 있도록 사전 조치를 마련해야 한다. 예를 들어, 장마철 공사 일정 조정이나, 반복적으로 발생하는 사소한 장비 고장 문제 등이 이에 해당할 수 있다.

3) High Impact & Low Probability (높은 영향 & 낮은 발생 가능성)

이 범주의 위험은 프로젝트에 심각한 영향을 미칠 수 있으나, 발생 가능성이 작으므로 사전 대비책을 마련하는 것이 중요하다. 예상은 어렵지만 한 번 발생하면 심각한 문제를 초래하는 위험 요소로, 비상 대응 계획을 수립하고 필요할 경우 보험이나 계약 조항을 통해 리스크를 완화해야 한다. 공사 중 대형 장비의 고장으로 인해 일정이 중단될 가능성이나, 법규 변경으로 인해 프로젝트 일정이 변경될 가능성이 해당한다.

4) High Impact & High Probability (높은 영향 & 높은 발생 가능성)

이 범주의 위험은 프로젝트에 심각한 영향을 미치며, 발생 가능성도 높아 최우선으로 대응해야 할 요소이다. 이러한 위험이 식별되면 즉각적인 대응 전략을 마련하고, 발생을 최소화하기 위한 철저한 예방 조치를 시행해야 한다. 사전 리스크 완화 전략을 수립하는 것은 물론, 비상 대응책을 마련하여 최악의 상황을 대비하는 것이 필수적이다. 예를 들어, 인건비 상승으로 발생하는 예산 초과 문제, 협력업체의 파산에 따른 프로젝트 지연 등의 요소가 이에 해당할 수 있다.

3. Opportunity Matrix (기회 매트릭스)

1) Low Impact & Low Probability (낮은 영향 & 낮은 발생 가능성)

이 범주의 기회는 기대되는 이익이 적고, 발생 가능성도 작으므로 우선순위가 낮은 요소이다. 즉각적인 실행보다는 장기적으로 검토할 수 있으며, 필요할 경우 지속적으로 관찰하면서 기회가 확대될 가능성이 있는지 평가할 수 있다. 예컨대, 새로운 기술 도입이 가능하지만, 실현 가능성이나 성공 가능성이 적은 경우가 이에 해당할 수 있다.

2) Low Impact & High Probability (낮은 영향 & 높은 발생 가능성)

이 범주의 기회는 발생 가능성이 높지만, 조직에 미치는 영향이 크지 않기 때문에 적절한 선에서 활용할 기회이다. 이러한 기회는 비용을 많이 들이지 않고도 비교적 쉽게 실현할 수 있는 요소이며, 제한적인 투자로도 이익을 창출할 수 있다. 예를 들어, 작업 효율성을 높일 수 있는 소프트웨어 도입이나, 단기적인 원자재 비용 절감 기회 등이 이에 해당할 수 있다.

3) High Impact & Low Probability (높은 영향 & 낮은 발생 가능성)

이 범주의 기회는 발생 가능성은 작지만, 실현되면 조직에 큰 이익을 가져올 수 있는 요소이다. 따라서 이러한 기회가 현실화할 가능성이 있는지 지속적으로 분석하고, 적절한 시점에 전략적 투자를 통해 기회를 활용할 수 있도록 대비해야 한다. 예를 들어, 특정 시장에서 독점적인 위치를 확보할 가능성이 있거나, 프로젝트 수주 가능성이 작지만 성공한다면 막대한 이익을 가져올 수 있는 경우가 이에 해당할 수 있다.

4) High Impact & High Probability (높은 영향 & 높은 발생 가능성)

이 범주의 기회는 조직에 큰 영향을 미치며, 실현 가능성이 높은 요소로, 적극적인 자원 투자와 실행 전략이 필요하다. 프로젝트 성공에 결정적인 영향을 미칠 수 있으므로, 기회를 최대한 활용하기 위해 신속한 의사결정과 체계적인 실행 계획이 요구된다.

4. Risk & Opportunity Matrix의 활용

1) 리스크 대응 전략 수립

Risk & Opportunity Matrix를 활용하여 위험의 발생 가능성과 영향을 분석한 후, 이에 대한 적절한 대응 전략을 수립해야 한다. 리스크 대응 전략에는 회피(Avoidance), 완화(Mitigation), 전가(Transfer), 수용(Acceptance)의 네 가지 방식이 있으며, 리스크의 성격과 프로젝트 상황에 따라 적절한 전략을 선택해야 한다. 리스크 회피(Avoidance)는 특정 위험을 완전히 제거하거나, 해당 위험이 발생하지 않도록 프로젝트 계획을 변경하는 전략이다. 예를 들어, 특정 기술이 불안정하여 프로젝트에 심각한 영향을 줄 가능성이 있다면, 해당 기술을 사용하지 않는 방식으로 프로젝트 계획을 수정할 수 있다. 리스크 완화(Mitigation)는 위험의 발생 가능성이나 영향을 줄이는 전략이다. 예를 들어, 품질 문제가 발생할 가능성이 클 경우 추가적인 검사 절차를 도입하여 위험을 줄이는 방법이 있다. 리스크 전가(Transfer)는 발생할 수 있는 위험을 다른 주체에게

이전하는 방식으로, 대표적인 사례로 보험 가입이나 계약 조항을 통한 위험 이전이 있다. 리스크 수용(Acceptance)은 위험이 발생할 가능성이 작거나, 영향이 크지 않으면 경우 별도의 조처를 하지 않고 관찰만 하는 전략이다.

2) 기회 극대화 전략 수립

Risk & Opportunity Matrix는 단순히 리스크를 줄이는 데 그치지 않고, 조직의 목표와 일치하는 기회를 식별하고 최대한 활용하는 데에도 활용된다. 기회는 조직에 긍정적인 영향을 미칠 가능성이 높은 요소이므로, 이를 최대한 활용하는 전략을 수립하는 것이 중요하다. 기회 대응 전략에는 활용(Exploit), 공유(Share), 강화(Enhance), 수용(Accept)의 네 가지 방식이 있다. 기회를 활용(Exploit)하는 전략은 발생 가능성이 높고, 조직에 큰 이익을 가져올 기회를 최대한 적극적으로 활용하는 방식이다. 예를 들어, 새로운 기술을 도입하여 생산성이 크게 향상될 수 있다면, 조직은 이를 신속하게 채택하고 도입을 가속해야 한다. 기회를 공유(Share)하는 전략은 다른 기업이나 파트너와 협력하여 상호 이익을 극대화하는 방식이다. 예를 들어, 공동 투자나 전략적 제휴를 통해 시장 확대 기회를 활용하는 것이 이에 해당한다. 기회를 강화(Enhance)하는 전략은 기회의 발생 가능성을 높이거나 영향을 극대화하는 방법으로, 새로운 기술 개발을 위한 추가적인 연구개발(R&D) 투자나, 시장 진입 전략 강화가 포함될 수 있다. 기회를 수용(Accept)하는 전략은 긍정적인 기회가 있지만 적극적으로 활용하기 어려운 경우, 기본적인 감시와 모니터링을 유지하며 향후 기회를 적극적으로 검토하는 방식이다.

3) 우선순위 설정

Risk & Opportunity Matrix는 리스크와 기회를 동일한 틀에서 분석하여, 최우선으로 대응해야 할 요소를 결정하는 데 활용된다. 리스크와 기회를 동시에 고려함으로써, 조직은 제한된 자원을 가장 효과적으로 배분할 수 있다. 리스크의 경우, 발생 가능성과 영향이 모두 높은 위험 요소는 즉각적인 대응이 필요하며, 상대적으로 낮은 위험 요소는 장기적인 모니터링과 예방 조치를 통해 관리할 수 있다. 마찬가지로, 기회의 경우 발생 가능성이 높고 조직에 큰 이익을 줄 수 있는 요소는 적극적으로 활용해야 하며, 발생 가능성이 작거나 이익이 제한적이면 추가적인 검토를 통해 활용 여부를 결정해야 한다. 우선순위를 설정할 때는 정량적 정성적 분석을 병행하여 리스크와 기회의 상대적 중요도를 평가해야 한다. 예를 들어, 특정 프로젝트에서 비용 절감 기회를 발견한 경우, 이 기회가 실현될 가능성과 리스크 대비 효과를 분석하여 우선하여 실행할 것인지 결정해야 한다. 이를 통해 조직은 가장 중요한 리스크를 먼저 해결하고, 가장 가치 있는 기회를 우선하여 활용할 수 있다.

4) 의사결정 지원

Risk & Opportunity Matrix는 프로젝트나 기업 경영에서 자원의 배분을 최적화하고, 전략적 결정을 내리는 데 유용한 도구로 활용된다. 프로젝트 관리자는 매트릭스를 통해 리스크와 기회를 시각적으로 평가하고, 이를 바탕으로 실행 계획을 수립할 수 있다. 리스크 대응과 기회 활용 전략을 설정할 때는 프로젝트의 목표와 기업의 장기적인 전략을 고려해야 하며, 이를 통해 단기적인 문제 해결은 물론 장기적인 경쟁력 강화에도 이바지할 수 있다. 예를 들어, 프로젝트 진행 중 특정 리스크가 발생할 가능성이 높다면, 이를 해결하기 위한 비용과 효과를 평가하고, 리스크를 완화할지 혹은 회피할지 결정할 수 있다. 또한, 기업이 새로운 시장에 진출하는 기회를 식별한 경우, 이에 대한 투자 여부를 판단하는 데에도 활용할 수 있다.

5) 예비비 산정

Risk & Opportunity Matrix는 프로젝트의 위험과 기회를 체계적으로 분석하여 예비비를 산정하는 데 활용된다. 먼저, 위험 요소를 평가하여 예비비를 책정하는 방식이 적용된다. 발생 가능성과 영향도를 기준으로 위험을 분석하고, 특정 위험의 비용 영향과 발생 확률을 곱하여 예비비를 산정하는, Expected Monetary Value(EMV) 기법이 사용될 수 있다. 예를 들어, 발생 확률이 20%이고 비용 영향이 100,000 USD인 경우, 해당 위험에 대한 예비비는 20,000 USD로 계산된다. 특히, 영향이 크고 발생 가능성이 높은 위험에 대해서는, 더 높은 예비비를 할당하여 대응해야 한다. 기회 요소도 예비비 조정의 요소로 고려된다. 기회를 분석하여 비용 절감이나 일정 단축 효과가 예상될 경우, 일부 예비비를 줄이거나 재조정할 수 있다. 예를 들어, 공정 개선으로 50,000 USD의 비용 절감이 예상되며 실현 가능성이 50%라면, 예비비 산정 시 이를 반영하여 조정할 수 있다. 이러한 분석을 통해 예비비를 불필요하게 과다 책정하는 것을 방지하면서도, 불확실성을 충분히 고려하는 균형 잡힌 접근이 가능해진다. 예비비는 두 가지 형태로 적용된다. 개별 위험 요소에 대한 예비비는 프로젝트 범위 내에서 할당되며, 예상되는 비용 변동성을 반영하는 역할을 한다. 또한, 불확실성이 높은 요소에 대비하기 위해 프로젝트 전체 비용의 일정 비율을 예비비로 설정할 수도 있다. 이를 통해 프로젝트의 위험을 체계적으로 관리하면서도, 기회를 활용하여 비용 절감과 일정 단축을 극대화하는 전략을 수립할 수 있다.

6) VE와 대안 제안

입찰 제안 시 VE(Value Engineering)와 대안 제안을 활용하면 비용 절감, 품질 향상, 공사 기간 단축 등의 경쟁력을 확보할 수 있다. 이를 효과적으로 적용하기 위해 Risk & Opportunity Matrix를 활용하여 위험과 기회를 분석하고, 최적의 대안을 도출하는 방식이 유용하다. 기존 설계나 사양의 위험 요소를 분석하여 VE 제안을 도출할 수 있다. 예를 들어, 원설계에서 특정 공법이 고비용 구조이거나 시공성이 낮다면, 발생 가능성과 영향을 평가한 후 대체 공법을 제안하는 방식이 가능하다. 이때, 발생할 수 있는 리스크를 완화하는 동시에 비용 절감 효과를 극대화하는 대안을 마련하는 것이 중요하다. 이러한 분석을 통해 설계 변경이 프로젝트 성과에 미치는 영향을 정량적으로 평가하고, 발주자가 수용할 가능성이 높은 대안을 제안할 수 있다. 기회 요인을 적극적으로 분석하여 대안 제안을 강화할 수 있다. 최신 기술 적용, 효율적인 공법 활용, 친환경 자재 도입 등을 통해 프로젝트 가치 향상을 제안할 수 있다. 이러한 대안이 프로젝트 전체 비용 절감, 시공성 향상, 유지보수 비용 절감과 연계된다면, 발주자에게 더 큰 이점을 제공하는 입찰 전략이 될 수 있다. VE와 대안 제안을 입찰 과정에서 효과적으로 활용하기 위해서는, 단순한 원가 절감 차원을 넘어 프로젝트의 장기적인 가치 향상과 리스크 관리 방안을 종합적으로 고려하는 접근 방식이 필요하다. 이를 통해 발주자의 요구를 충족하면서도 차별화된 경쟁력을 확보할 수 있다.

5.23 예비비 산정

예비비는 프로젝트의 성공적인 수행을 위해, 필수적으로 설정되어야 하는 항목이다. 공사 중에 발생할 수 있는 다양한 리스크에 대응하고, 프로젝트의 재정적 안정성을 보장할 수 있다. 예비비는 명확한 기준과 철저한 관리를 통해 합리적으로 사용되어야 하며, 이를 기반으로 발주자와 시공자 간의 신뢰를 강화하고 프로젝트를 원활히 진행할 수 있다.

1. 예비비의 정의

    예비비는 공사 진행 중 예상치 못한 상황에 대비하기 위해 설정된 금액으로, 간접공사비의 주요 항목 중 하나다. 이는 프로젝트 초기 단계에서 정확히 예측할 수 없는 리스크나 불확실성을 관리하기 위한 재정적 완충 장치 역할을 한다. 예비비는 공사 과정에서 발생할 수 있는 추가 비용이나 예상치 못한 지연, 설계 변경 등에 대응하기 위해 마련되며, 발주자나 시공자가 공사 관리의 안정성을 확보하기 위해 필수적으로 설정한다.

2. 예비비의 종류

    미국 PMI (Project Management Institute)사의 PMBOK (Project Management Body of Knowledge) GUIDE에 따르면, 이 예비비는 Management Reserve와 Contingency Reserve로 구분된다. 이 두 가지 예비비는 프로젝트에서 발생할 수 있는 예상할 수 없는(unknown) 리스크와, 예상할 수 있는(known) 리스크를 대비하기 위한 재정적 조치이지만, 승인 절차, 관리 주체, 사용 목적에서 차이가 있다. Management Reserve와 Contingency Reserve는 프로젝트 수행 과정에서 발생할 수 있는 위험을 재정적으로 대비한다는 공통점이 있다. 하지만, Management Reserve는 예상할 수 없는(unknown) 리스크에 대비한 예비비로 경영진이 승인해야 하고, Contingency Reserve는 예상할 수 있는(known) 리스크에 대비한 예비비로 프로젝트 관리자가 직접 사용할 수 있다는 점에서 다르다. Management Reserve는 주로 프로젝트 범위 변경이나, 외부 환경 변화와 같은 비 예측적 요소를 대비하는 용도로 활용되며, Contingency Reserve는 물가 변동, 일정 지연, 설계 변경과 같이 사전에 식별된 리스크를 관리하는 역할을 한다.

1) Management Reserve

프로젝트 범위를 넘어서는 예상치 못한(unknown) 리스크에 대비하기 위해 설정되는 예비비로, 경영진의 승인을 받아야만 사용할 수 있다. 이는 계획되지 않은 변경 사항이나 예상하지 못한 환경적 요인에 대응하기 위한 예산으로, 프로젝트 관리자가 직접 사용할 수 없고 조직의 고위 경영진이 관리한다. 예를 들어, 발주자의 요구로 인해 공사 범위가 확대될 때, Management Reserve를 활용할 수 있다. 국제 경제 상황 변화에 따라 원자재 공급망이 급격히 변동할 때도, 이를 대응하기 위한 재원으로 사용될 수 있다. Management Reserve는 프로젝트 계획 단계에서 구체적으로 산출되지 않고, 프로젝트 수행 도중 발생할 수 있는 예상 밖의 비용을 흡수하는 역할을 한다.

2) Contingency Reserve

프로젝트 진행 중에 발생할 수 있는 예상 가능한(known) 리스크에 대비하여 사전에 설정된 예비비로, 프로젝트 관리자가 직접 관리할 수 있다. 이는 리스크 분석을 기반으로 산정되며, 확률적으로 발생 가능성이 높은 위험 요소를 대비하기 위한 재정적 완충 역할을 한다. 예를 들어, 예상된 설계 변경으로 인한 추가 비용이나, 공사 일정이 기상 악화로 인해 지연될 가능성이 있는 경우, Contingency Reserve에서 필요한 예산을 사용할 수 있다. 철강 가격 변동이나 환율 상승으로 인해 원자재 비용이 증가할 때도, 이를 고려하여 사전에 설정된 예비비를 활용할 수 있다. Contingency Reserve는 프로젝트 계획 단계에서 특정 위험 요소를 고려하여 책정되므로, 프로젝트 관리자가 필요에 따라 신속하게 사용할 수 있으며 별도의 경영진 승인이 필요하지 않다.

3. 예비비 책정 필요성

프로젝트는 다양한 외부 환경 요인, 설계 변경, 일정 지연, 예측 불가능한 기술적 문제 등에 따라, 계획된 예산을 초과할 가능성이 높다. 프로젝트 진행 중 예상치 못한 변수가 발생할 수 있으며, 이러한 변수들은 원가 상승으로 직결될 수 있다. 자재 가격의 변동, 환율 변화, 기상 악화로 인한 공사 일정 지연, 현장 조건의 예상치 못한 변화 등은 대표적인 요인이다. 이러한 불확실성을 완화하기 위해 예비비를 설정하면, 공사 진행 중에 발생할 수 있는 추가 비용을 효과적으로 관리할 수 있으며, 프로젝트의 재정적 안정성을 유지할 수 있다. 특히, 대규모 프로젝트나 장기 프로젝트의 경우 리스크가 증가하므로, 충분한 예비비 설정이 필수적이다. 프로젝트 기간이 길어질수록 물가 상승, 노무비 상승, 법규 변경 등의 요소가 발생할 가능성이 높아지며, 이에 대한 대비가 없으면 공사 진행이 원활하지 않을 수 있다. 예상치 못한 기술적 문제나 설계 변경이 발생할 때 신속한 대응이 필요하며, 적절한 예비비가 확보되어 있지 않다면, 프로젝트가 중단되거나 추가 자금 조달이 필요할 수도 있다. 따라서, 예비비는 공사 진행의 유동성을 확보하고, 리스크 발생 시 즉각적으로 대응할 수 있는 재정적 완충 역할을 하므로, 모든 프로젝트에서 반드시 고려되어야 한다.

4. 예비비 집행 항목

   1) 설계 변경

   공사 진행 중 발주자의 요구사항 변경이나 법규 개정에 따라 설계가 수정될 때 발생하는 추가 비용을 포함해야 한다. 설계 도면의 변경은 구조, 마감재, 설비 등의 조정으로 이어질 수 있으며, 이에 따라 추가적인 자재 구매, 인력 투입, 공사 일정 조정이 필요할 수 있다. 건축 기준 변경이나 시공 방식의 조정으로 인해 추가 작업이 발생할 가능성이 있으며, 이는 직접적인 원가 상승 요인이 된다. 따라서, 예비비에는 설계 변경에 따른 예상 비용을 충분히 반영하여, 공사 진행 중에 발생할 수 있는 변수에 효과적으로 대응할 수 있도록 해야 한다.

   2) 물가 변동과 환율 변화

   재료비와 노무비 상승, 환율 변동에 따른 원가 증가에 대비하기 위해 예비비를 설정해야 한다. 국제 원자재 가격이 지속적으로 변동하는 철강, 시멘트, 석유 기반 제품 등의 경우, 예상보다 큰 가격 변동이 발생할 가능성이 높다. 수입 자재가 포함된 프로젝트에서는 환율 변동에 따라 예상 비용보다 높은 지출이 발생할 수 있으므로, 이를 고려한 예산 확보가 필요하다. 물가나 환율 변동에 따른 리스크를 줄이기 위해, 장기 계약을 통한 가격 고정과 헤징(Hedging) 전략을 활용할 수도 있으나, 예비비를 충분히 확보하는 것이 불가피한 가격 상승에 대비하는 가장 현실적인 방안이다.

3) 공사 지연

기상 악화, 현장 접근 제한, 민원 등의 사유로 공사 일정이 연장될 때 발생하는 추가 비용을 포함해야 한다. 장마, 태풍, 혹한기 등의 기후적 요인은 시공 일정에 직접적인 영향을 미치며, 이에 따라 작업이 중단되거나 일정이 조정될 때 인건비와 장비 임대료가 추가로 발생할 수 있다. 도심지 공사에서 민원, 교통 통제나 야간작업 제한과 같은 환경적 요인으로 인해 일정이 지연될 가능성이 있으며, 이에 따른 비용 증가가 예상된다. 이러한 공정 지연 리스크를 고려하여 예비비를 산정하고, 일정이 지연될 때 원활한 공사 진행을 위한 대책을 마련하는 것이 중요하다.

4) 예측 불가능한 리스크

공사 초기 단계에서 예측하지 못한 기상 재해와 같은 환경적 요인이나 행정적 문제 발생 시, 이를 대응할 수 있도록 예비비를 확보해야 한다. 지반 조건이 예상과 다르게 나타나 추가적인 토목 공사가 필요하거나, 발주자의 행정 절차 지연으로 인해 착공이 미뤄지는 경우 추가 비용이 발생할 수 있다. 기존 건축물 철거 중 예상치 못한 유해 물질이나 유물이 발견되고, 시공 중 인근 건물의 구조 안전 문제가 제기될 경우, 이에 대한 대책 마련이 필요하다. 불가항력(Force Majeure)이나 FIDIC 계약 조건에서 규정하는 예외적인 사건(Exceptional Events)이 여기에 해당한다.

5. 예비비 산정 방법

1) 백분율 방식

예비비를 프로젝트 전체 예산의 일정 비율로 설정하는 방식이다. 일반적으로 프로젝트 규모에 따라 2~5%의 비율이 적용되며, 공사 복잡성이나 리스크 수준에 따라 조정될 수 있다. 이 방식은 산정이 간단하고 관리가 쉽지만, 특정 프로젝트의 리스크 요인을 충분히 반영하지 못할 수 있어, 일괄적인 백분율 적용보다는 프로젝트 특성에 맞게 조정이 필요하다.

2) 리스크 분석 기반 방식

프로젝트에서 발생할 가능성이 있는 리스크를 사전에 분석하고, 각 리스크가 미치는 비용적 영향을 평가하여 예비비를 산출하는 방식이다. Risk & Opportunity Matrix가 일반적으로 활용된다. 설계 변경, 공사 지연, 자재 가격 상승, 환율 변동, 예측 불가능한 현장 조건 등의 리스크 요인을 고려해야 한다. 이 방법은 프로젝트별 특성을 더욱 구체적으로 반영할 수 있다는 장점이 있으나, 리스크 평가를 위한 충분한 데이터와 분석이 필요하다.

3) 과거 사례 기반 방식

유사한 프로젝트에서 집행된 예비비 비율과 비용 데이터를 참고하여, 예비비를 산정하는 방식이다. 과거 프로젝트에서 예비비로 사용된 금액과 비율을 분석하여, 현재 프로젝트에 적용할 적정 수준을 결정하는 방식이다. 예를 들어, 동일한 지역에서 수행된 비슷한 규모의 공사에서 예비비가 평균 5% 수준으로 사용되었다면, 이를 기준으로 현재 프로젝트의 예비비를 설정할 수 있다. 이 방식은 과거 경험을 활용하여 현실적인 예비비를 산정할 수 있는 장점이 있지만, 프로젝트 환경이 달라질 때 기존 데이터를 그대로 적용하는 것이 적절하지 않을 수 있다. 최신 데이터와 프로젝트별 차이를 고려한 조정이 필요하다.

6. 예비비 관리와 사용 절차

1) 발주자 승인

Management Reserve는 발주자의 사전 승인을 통해서만 사용할 수 있으며, 공사비 증가가 불가피한 경우에도 정해진 절차를 거쳐야 한다. 일반적으로 설계 변경, 물가 상승, 공사 지연 등 예비비 사용이 필요한 상황이 발생하면, 시공자는 이를 발주자에게 보고하고 승인 절차를 진행해야 한다. 예를 들어, 설계 변경으로 인해 자재 비용이 늘어날 경우, 시공자는 구체적인 산출 내역과 근거 자료를 첨부하여 발주자와 협의한 후, 예비비에서 해당 금액을 배정받아야 한다. 이를 통해 예비비 사용의 투명성을 유지하고, 불필요한 비용 낭비를 방지할 수 있다.

2) 사용 기록 관리

예비비 사용 내역은 정확하게 기록하고, 발생 원인과 사용 금액을 명확히 문서화해야 한다. 예비비가 투입된 공정별 비용 내역을 정리하고, 승인 금액과 실제 집행된 금액을 비교하여 관리해야 한다. 예를 들어, 설계 변경으로 인한 추가 비용이 5억 원 발생한 경우, 해당 비용의 세부 내역과 원인을 보고서 형태로 작성하여 발주자와 엔지니어에 제출해야 한다. 사용 내역이 예산 계획과 일치하는지 점검하고, 필요한 경우 내부 감사를 통해 사용의 적정성을 검토해야 한다.

3) 주기적 검토

예비비의 사용 현황과 잔액을 프로젝트 진행 상황에 따라 주기적으로 검토하고, 추가 설정이나 절감 가능성을 분석해야 한다. 초기 계획보다 예비비 사용이 빠르게 진행되는 경우, 추가적인 예산 확보가 필요한지 검토해야 한다. 반대로, 예비비의 사용이 예상보다 적다면, 일부를 절감할 방법을 고려해야 한다. 이를 위해 정기적인 원가 검토 회의를 통해 예비비 사용 내역을 점검하고, 필요시 조정안을 마련하는 것이 중요하다. 이러한 주기적인 검토 과정을 통해 예산 운영의 효율성을 높이고, 불필요한 비용 지출을 최소화할 수 있다.

7. 예비비 설정의 장단점

1) 장점

예비비는 프로젝트 진행 중에 발생할 수 있는 예측 불가능한 비용을, 효과적으로 관리할 수 있는 중요한 재정적 안전장치이다. 설계 변경, 물가 변동, 공사 지연 등의 예상치 못한 상황에 즉각적으로 대응할 수 있는 재원을 확보함으로써, 공사 진행 중 자금 부족으로 인한 문제를 방지할 수 있다. 예비비는 발주자와 시공자 간의 분쟁을 줄이고, 추가 비용 발생 시 신속한 의사 결정을 가능하게 하여, 공사 일정이 지연되는 것을 최소화한다. 이를 통해 프로젝트의 안정성을 확보하고, 원활한 공사 진행을 지원하며, 더욱 철저하게 리스크를 관리할 수 있다.

2) 단점

과도한 예비비 설정은 프로젝트 예산을 불필요하게 증가시키고, 자금 운용의 비효율성을 초래할 수 있다. 예비비가 과다하게 책정되면 불필요한 지출이 발생할 가능성이 크며, 자원의 비효율적인 배분으로 이어질 수 있다. 예비비 관리가 체계적으로 이루어지지 않을 경우, 명확한 사용 기준 없이 예산이 소진되어 재정 낭비로 연결될 수 있다. 사용 절차가 모호하거나 감시 체계가 부족하면, 예비비가 불필요한 공사 항목에 활용될 가능성이 있어, 이에 대한 철저한 관리가 필요하다. 예비비를 적절한 수준으로 설정하고 명확한 사용 기준과 체계적인 관리 절차를 수립하는 것이 필수적이다.

6장 입찰 지원

6.1 공사 기간 산정

공사 기간 산정은 입찰의 성공 가능성을 결정짓는 핵심 요소로, 현실적인 공사 일정을 산정하고, 이를 바탕으로 비용을 산정하는 것이 중요하다. 공정표 작성은 산정된 일정을 효과적으로 시각화하여 발주자와의 원활한 소통을 돕고, 프로젝트 진행 상황을 효율적으로 관리할 수 있도록 한다. Microsoft Project나 Primavera P6와 같은 소프트웨어를 적절히 활용하면, 정확한 공사 기간 산정과 체계적인 일정 관리가 가능하며, 이는 프로젝트의 성공과 직결된다.

1. 정확한 공사 기간 산정의 중요성

    공사 기간 산정은 입찰의 핵심 요소로, 프로젝트의 실행 가능성과 경제성을 평가하는 데 필수적이다. 적절한 공사 기간 산정은 발주자가 요구하는 일정을 충족하면서도, 시공자가 효율적으로 작업을 수행할 수 있는 기반을 마련한다. 공사 기간의 현실성은 자원 계획, 인력 배치, 장비 활용 등 프로젝트 운영 전반에 영향을 미친다. 공사 기간이 길어질수록 현장 인건비, 사무소 운영비, 장비 유지비 등이 증가한다. 이는 장기 프로젝트의 경우 추가적인 비용 부담으로 작용할 수 있으며, 관리 효율성이 낮아질 수 있다. 현장 관리자의 급여, 장비 임대료, 현장 유지 비용 등이 누적되어, 예산 초과로 이어질 수 있다. 공사 기간이 짧아지면 집중 투입이 필요하므로, 자원 사용 효율성이 저하될 수 있다. 이는 인력과 장비의 과도한 배치에 따라 비용 증가와 품질 저하의 위험을 초래할 수 있으며, 작업 간 충돌로 인해 안전사고 발생 가능성도 높아진다. 또한, 긴급 자재 구매나 돌관 작업을 위한 추가 비용 발생으로 예산이 증가할 수 있다.

2. 공사 기간 산정 방법
    1) 작업 분류 체계(WBS) 작성

        작업 분류 체계(WBS, Work Breakdown Structure)는 공사 범위를 세부 작업 항목으로 나누고, 각 작업의 범위와 규모를 정의하는 과정이다. 이를 통해 프로젝트 전체를 체계적으로 관리할 수 있으며, 작업별 책임과 일정을 명확하게 구분하여 일정 산정의 기초 자료를 확보할 수 있다. WBS 작성 과정에서는 토목 공사, 구조물 공사, 마감 공사, 전기 설비 공사 등과 같은 주요 공정별 작업을 정의한 후, 이를 다시 세부 작업으로 세분화한다. 구조물 공사는 구역별 층별 철근 배근, 거푸집 설치, 콘크리트 타설 등의 작업으로 나눌 수 있다. 이렇게 작업을 세분화하면 각 공정의 명확한 범위를 설정할 수 있으며, 자원 배분과 일정 조정을 더욱 효과적으로 수행할 수 있다. 또한, 각 작업의 시작과 종료 시점을 명확히 정의할 수 있어, 전체 프로젝트 일정의 흐름을 더욱 정확하게 계획할 수 있다.

2) 작업 소요 시간 산정

작업 소요 시간 산정은 작업별로 필요한 자원(인력, 장비, 자재)을 고려하여, 작업 기간을 산출하는 과정이다. 이를 위해 작업의 생산성, 가용 자원, 작업 환경 등의 요소를 고려하여 현실적인 일정 산정이 필요하다. 예를 들어, 철근 배근 작업을 수행할 때 하루에 10명의 인력으로 10톤의 철근 배근이 가능하고, 전체 물량이 100톤이라면 총 10일이 소요된다고 계산할 수 있다. 마찬가지로, 콘크리트 타설의 경우 타설 가능 물량과 양생 기간을 고려하여 일정 산정이 이루어져야 한다.

3) 작업 간 의존 관계 분석

작업 간 의존 관계 분석은 공정 간의 논리적 연결 관계를 분석하여, 작업 순서를 결정하고 일정의 흐름을 최적화하는 과정이다. 모든 작업은 개별적으로 수행될 수 없으며, 특정 작업이 완료되어야 다음 작업이 진행될 수 있는 선행 관계(Predecessor)가 존재한다. 예를 들어, 기초 공사가 완료되어야 철골 공사가 시작될 수 있으며, 철골 구조가 완성되어야 외장 마감과 내장 공사가 진행될 수 있다. 이러한 작업 간의 관계를 명확하게 설정해야 일정 지연을 방지하고, 공정을 효율적으로 조정할 수 있다. 작업 간 의존 관계는 다음과 같은 네 가지 관계로 정의될 수 있다.

- FS(Finish-to-Start, 완료 후 시작): 한 작업이 완료되어야만 다음 작업이 시작될 수 있는 작업 연계 방식이다. 가장 일반적인 선후 관계로, 앞선 작업이 완료되지 않으면 후속 작업이 지연될 가능성이 크다. 예를 들어, 기초 공사가 끝난 후 철골

조립이 시작된다. 기초 공사가 완료되지 않으면 철골을 세울 수 없으므로 FS 관계가 적용된다.

- SS(Start-to-Start, 시작 후 시작): 한 작업이 시작되면 다른 작업도 동시에 진행될 수 있는 방식이다. 두 작업이 병행하여 수행될 수 있으며, 일정 단축을 위한 병렬 작업에 많이 활용된다. 예를 들어, 벽돌 쌓기가 시작되면 미장 작업도 일정 간격을 두고 병행할 수 있다. 벽돌이 일정 높이까지 쌓이면 바로 미장을 진행할 수 있기 때문에 SS 관계가 성립한다.

- FF(Finish-to-Finish, 완료 후 완료): 한 작업이 완료될 때 다른 작업도 동시에 완료되어야 하는 방식이다. 이는 두 작업이 서로 밀접하게 연관되어 있어, 하나가 끝나야 다른 하나도 완전히 끝날 수 있는 관계에 해당한다. 예를 들어, 철근 배근과 거푸집 설치가 일정 기간 병행 진행될 수도 있으며, 두 작업이 동시에 완료되어야 콘크리트를 타설할 수 있다.

- SF(Start-to-Finish, 시작 후 완료): 앞선 작업이 시작되면 후속 작업이 종료될 수 있는 방식이다. 이는 비교적 드문 작업 연계 방식으로, 후속 작업이 앞선 작업의 시작에 따라 점진적으로 종료될 때 적용된다. 예를 들어, 새로운 근무조가 출근(시작)해야 기존 근무조가 퇴근(완료)할 수 있다. 즉, 새로운 작업(야간 근무)이 시작되지 않으면 기존 작업(주간 근무)이 종료될 수 없다.

4) 여유 시간과 리스크 고려

공사 일정은 예상대로 진행되지 않을 가능성이 높으며, 기후 변화, 자재 조달 문제, 인력 부족 등의 변수에 따라 일정이 지연될 가능성을 항상 고려해야 한다. 따라서, 공사 기간을 산정할 때는 여유 시간(Float)과 가동률 적용을 포함하여 리스크를 대비하는 것이 필수적이다. 일반적으로 가동률은 이론적인 작업 생산성의 80~90% 범위에서 설정되며, 주요 리스크 요인을 반영하여 조정될 수 있다. 주요 리스크 요소로는 장마철, 혹한기, 태풍 등과 같은 기후 조건의 영향을 고려한 일정 조정이 필요하며, 철근이나 콘크리트와 같은 주요 자재의 수급 지연 가능성을 반영하는 자재 조달 문제가 있다. 작업량 증가로 인해 발생할 수 있는 인력과 장비 부족 가능성도 대비해야 한다. 장비와 인력 가용성 문제, 인허가 지연이나 환경 규제 등으로 인해 일정 차질이 발생할 가능성을 고려하는 법적 행정적 절차의 변수가 있다. 이와 함께 프로젝트의 주요 공정(Critical Path)을 분석하여, 일정 지연이 발생할 때 즉각적인 대응이 가능하도록 대비해야 한다. 특정 작업이 지연될 때 대체 작업을 진행하거나, 추가 인력을 투입하여 일정 단축이 가능한지 검토하는 방식으로 대응할 수 있다. 이러한 방식으로 공사 일정을 계획하면 예기치 못한 변수로 인한 일정 차질을 최소화할 수 있으며, 프로젝트의 안정적인 진행을 보장할 수 있다.

3. 공정표 작성에 사용되는 소프트웨어

   1) Microsoft Project

   Microsoft Project는 중소 규모는 물론 일정 관리가 필요한 다양한 프로젝트에서 활용되는 일정 관리 소프트웨어로, 작업 간의 관계를 쉽게 설정하고 시각적인 공정표를 작성할 수 있는 도구이다. 간트 차트(Gantt Chart) 기능을 통해 작업 흐름을 직관적으로 확인할 수 있으며, 작업(Task), 자원(Resource), 비용(Cost) 관리 기능이 통합되어 있어, 일정 계획을 더욱 효율적으로 수립할 수 있다. 이 소프트웨어의 장점은 MS Office와의 호환성이 뛰어나며, 사용자 친화적인 인터페이스를 제공하여 일정 관리가 직관적이라는 점이다. 특히, 작업 간의 선행-후속 관계를 쉽게 설정하고 분석할 수 있어 일정 조정이 쉽다. 초기 도입 비용이 상대적으로 낮아 경제적인 운영이 가능하다. 그러나, 대규모 프로젝트에서의 복잡한 일정 관리나 다중 프로젝트 운영 기능은 Primavera P6에 비해 상대적으로 부족할 수 있다. Primavera P6는 Critical Path Method(CPM) 기반의 정밀한 일정 관리와 포트폴리오 관리 기능이 강력하므로, 대규모 프로젝트에서는 Primavera P6가 더 적합할 수 있다.

   2) Primavera P6

   Primavera P6는 대규모 프로젝트 일정과 자원 관리를 위한 전문 소프트웨어로, 복잡한 공정 계획과 다중 프로젝트 운영이 필요한 산업에서 널리 사용된다. 플랜트, 인프라 개발과 같은 대규모 프로젝트에서 강력한 성능을 발휘하며, 수천 개 이상의 작업(Task)과 복잡한 의존 관계를 체계적으로 관리할 수 있는 고급 도구를 제공한다. 이 소프트웨어는 작업(Task), 자원(Resource), 비용(Cost)뿐만 아니라, 리스크(Risk)와 성과(Performance)까지 통합적으로 관리할 수 있는 기능을 갖추고 있어, 프로젝트 일정의 정밀한 분석과 최적화를 할 수 있다. 또한, CPM(Critical Path Method) 기반 일정 관리를 지원하여 프로젝트 일정의 핵심 경로를 식별하고, 일정 단축을 위한 시뮬레이션을 수행할 수 있다. EVMS(Earned Value Management System, 획득 가치 관리 시스템) 기능도 제공하여 프로젝트 비용과 일정 성과를 정밀하게 추적할 수 있다. 다중 프로젝트와 포트폴리오 관리 기능이 뛰어나며, 여러 프로젝트를 하나의 체계에서 운영할 수 있도록 지원한다. 다중 사용자 환경을 제공하여 팀 간 협업이 쉬우며, 웹 기반 접근 기능을 통해 원격으로도 프로젝트를 관리할 수 있다. 이러한 기능은 대규모 프로젝트의 체계적인 일정 관리와 자원 최적화에 필수적인 요소로 작용한다. 그러나, Primavera P6는 상대적으로 높은 학습 비용이 요구되며, 기능이 복잡하여 숙련된 사용자가 아니면 효율적으로 활용하기 어렵다. 초기 도입 비용이 Microsoft Project보다 높으며, 대규모 프로젝트 운영을 위한 별도의 전담 관리 인력이 필요할 가능성이 크다. 따라서, 대규모 프로젝트 관리에는 최적화되어 있지만, 단순한 일정 관리만 필요한 경우 불필요하게 복잡할 수 있다.

6.2 VE와 대안 검토

입찰 과정에서 발주자가 제공하는 도서를 기준으로 VE(Value Engineering) 적용과 대안 제안(Alternative Proposal)을 수행하는 것은, 입찰 경쟁력을 극대화하는 중요한 과정이다. 이를 통해 원가 절감, 시공성 향상, 공사 기간 단축, 품질 개선 등의 효과를 도출할 수 있으며, 발주자의 요구사항을 충족하면서도 차별화된 기술력을 제안할 수 있다. VE와 대안 검토를 통해 비용 대비 성능을 최적화하고, 기술적 우위를 확보하여 입찰 경쟁력을 높일 수 있다.

1. 검토의 중요성

    VE와 대안 검토는 단순한 비용 절감이 아니라, 시공 효율성을 높이고 프로젝트의 전체 가치를 극대화하는 과정이다. 발주자가 제공한 설계 도서를 그대로 적용할 수도 있지만, 입찰자의 기술력과 경험을 활용하여 더 경제적이고 효율적인 공법이나 자재를 제안하면, 경쟁사 대비 우위를 확보할 수 있다. VE를 통해 불필요한 비용을 줄이고 품질을 유지하면서도, 공사 기간을 단축할 수 있는 대안을 도출할 수 있다. 예를 들어, 구조 설계를 RC 구조에서 철골 구조로 변경하여 공사 기간을 단축하거나, 고성능 자재를 사용하여 유지보수 비용을 절감하는 방안을 검토할 수 있다. 대안 검토를 통해 시공이 복잡한 공정을 단순화하거나, 현지 조달이 어려운 자재를 대체할 방안을 마련할 수도 있다.

2. 주요 검토 항목

    1) 설계 검토

        설계 검토는 VE 검토의 출발점으로, 발주자가 제공한 설계 도서를 상세히 검토하여, 개선이 가능한 요소를 도출하는 과정이다. 먼저, 설계 도면 분석을 통해 구조적 비효율성을 식별하고, 과도하게 보수적인 설계로 인해 발생하는 불필요한 원가 증가 요소를 검토한다. 예를 들어, 과도하게 산정된 철근 배근이나, 과다한 적재 하중(live load)의 부재 설계가 있는지를 확인하여, 이를 최적화할 방안을 마련한다. 보 슬래브 구조를 무량판(flat plate slab)구조로 변경하여, 보 거푸집과 철근을 삭제할 수 있다. 시방서 검토 과정에서는 발주자가 요구하는 기술 사양과 시공 기준을 충족하면서도, 비용 절감이 가능한 대안을 도출하는 것이 중요하다. 예를 들어, 특정 마감재의 성능 요구 기준이 지나치게 높다면, 대체할 수 있는 경제적인 자재를 제안할 수 있다.

    2) 대체 공법 검토

        대체 공법 검토는 기존 공법보다 경제적이고 시공성이 우수한 공법을 비교 분석하는 과정이다. VE를 적용하여 시공 효율을 높이고 공사 기간 단축을 가능하게 하는 공법을 도출해야 한다. 예를 들어, RC 구조 대신 철골 구조를 적용하는 방안을 검토할 수 있다. 기존 RC 구조는 거푸집과 철근 배근은 물론 콘크리트 양생 기간이 필요하므로 시공 시간이 길어질 수 있지만, 철골 구조는 공장에서 사전 제작한 후 현장에서 조립하는 방식으로 공사 기간을 단축할 수 있다. 기존의 슬래브 거푸집을 트러스 데크나 합성 슬래브 시스템으로 변경하면, 공사 기간이 단축되고 거푸집과 동바리 작업을 줄일 수 있어 시공성이 향상된다. 이 외에도, 재래식 방수 공법 대신 고성능 방수 시트 적용 등의 다양한 공법 변경을 검토할 수 있다. 공법 변경 시, 단순한 비용 절감 효과 외에 시공 리스크 감소, 품질 유지 가능성, 유지보수 비용까지 종합적으로 고려하여 최적의 대안을 선정해야 한다.

3) 자재 최적화

자재 최적화는 비용 절감과 품질 유지를 고려하여, 대체할 수 있는 자재를 검토하는 과정이다. 원가 절감을 실현하면서도 발주자의 요구조건을 충족하는 자재를 선정하는 것이 핵심이다. 예를 들어, 고강도 콘크리트를 적용하면 부재 규격을 줄이고 철근 사용량을 절감할 수 있어, 전체 공사비가 절감될 수 있다. 내구성이 높은 콘크리트를 적용하면 유지보수 비용도 절감되는 장점이 있다. 친환경 마감재를 적용하는 방안을 고려할 수 있다. 예를 들어, 기존 PVC 바닥재 대신 재활용 가능성이 높은 친환경 바닥재를 사용하면, 프로젝트의 친환경 인증(LEED 등) 확보에 유리할 수 있다. 이 외에도, 현지 조달이 어려운 자재를 대체할 방안을 검토하는 것이 중요하다. 수입산 철강재 대신 현지 생산 철강을 사용하거나, 물류비용이 높은 특정 자재를 대체할 수 있는지를 분석하여, 비용 절감과 공급망 안정성을 동시에 확보할 수 있다.

4) 비용 절감 효과 분석

대체 공법 적용과 자재 변경이 전체 공사 원가에 미치는 영향을 정량적으로 분석하여 경제성을 입증해야 한다. 재료비 절감 효과는 물론, 시공 인력과 장비 비용 절감, 유지보수 비용 절감까지 포함한 종합적인 비용 분석이 필요하다. 예를 들어, 철근 사용량을 최적화하는 VE를 적용하면, 단순히 철근 조립 비용 절감은 물론 공장 가공 공정이 줄어들어, 부대 비용 절감 효과도 기대할 수 있다. 공법 변경을 통해 공사 기간이 단축되면, 현장 운영비, 장비 임대료, 금융 비용 등 간접 비용 절감 효과도 발생할 수 있다.

5) 공사 기간 단축 효과 분석

대체 공법 적용과 자재 변경이 공사 기간에 미치는 영향을 정량적으로 분석하여, 공사 기간 단축이 가능한 대안을 마련하는 과정이다. 예를 들어, RC 구조의 현장 타설 공정을 PC(Precast Concrete) 구조로 변경하면 공사 기간이 단축될 수 있다. 기존 방식에서는 현장에서 철근 배근, 거푸집 조립, 콘크리트 타설과 양생을 수행해야 하지만, PC 방식은 공장에서 사전 제작 후 현장에서 조립하므로 공정이 단축된다. 레이커(Raker)나 스트러트(Strut)와 같은 흙막이 가시설을 검토해서, 개착 공법(Open Cut)으로 변경하여 공사 기간을 단축하고 공사비를 절감할 수 있다. 공법 변경을 통해 단축된 공사 기간은 프로젝트의 조기 운영 가능성을 높이고, 발주자의 비용 절감 효과를 극대화하는 요인이 될 수 있다.

6) 품질 유지 개선 대책 마련

VE를 적용하는 과정에서 품질이 저하되지 않도록, 철저한 관리 방안을 마련해야 한다. 대체 공법과 자재를 적용할 경우, 품질 유지와 개선 방안을 사전에 검토하여 발주자의 신뢰를 확보해야 한다. 예를 들어, 저비용 자재를 사용하더라도 품질 검사를 강화하여 기존 자재와 동등 이상의 성능을 유지할 수 있도록, 품질 관리 방안을 마련해야 한다. 특정 공종을 위해서 추가로 품질 시험을 하거나, 현장 품질 관리 시스템을 적용하여 성능을 유지하는 방안을 제시할 수 있다. VE를 통해 품질을 향상할 수 있는 기술을 추가로 적용하는 것도 고려해야 한다.

3. 검토 시 유의 사항

1) 발주자의 요구사항 충족

대체 공법 적용과 자재 변경이 발주자의 성능 요구조건과 일치해야 하며, 법적 기술적 기준을 준수해야 한다. 발주자가 요구하는 기능적 성능, 내구성, 유지보수 등의 조건을 철저히 검토해야 한다. 예를 들어, 발주자가 요구하는 콘크리트 강도, 철골 구조의 내진 성능, 방수 단열 성능 등의 기준이, 변경된 설계에서도 같게 유지되는지 확인해야 한다. 발주자가 지정한 특정 브랜드나 제품을 대체할 경우, 동등 이상의 성능을 갖춘 대체 자재라는 것을 입증하는, 시험 성적서나 인증서를 함께 제출하는 것이 중요하다. 지정된 철근이 아닌 다른 철근을 사용할 경우, 해당 철근이 KS, ASTM, EN 등 국제 기준을 충족하는지 확인하고, 관련 서류를 발주자에게 제공해야 한다. 계약서와 시방서를 철저히 분석하여, 법적 기술적 기준을 준수하고 있는지 확인하는 것도 필수적이다. 예를 들어, 특정 국가에서는 건축물의 에너지 효율을 강화하기 위해 일정 기준 이상의 단열 성능을 요구할 수 있으며, 이를 충족하지 못하면 설계 변경이 승인되지 않을 수 있다.

2) 시공성 검토

변경된 설계가 현장에서 실제 적용 가능한지, 추가적인 시공 장비나 인력이 필요한지를 고려해야 한다. 먼저, 시공 방법의 현실성을 검토해야 한다. 대체 공법이 기술적으로 우수하더라도, 실제 현장에서 적용하기 어려운 경우에는 실효성이 떨어질 수 있다. 예를 들어, 기존 RC 구조를 PC 구조로 변경하면 공사 기간 단축 효과가 있지만, 현장 접근성이 제한적이면 대형 크레인을 운용하기 어려워 시공이 불가할 수도 있다. 추가적인 시공 장비와 인력 소요도 분석해야 한다. 특정 공법을 변경하면 추가적인 특수 장비(예: 대형 크레인)가 필요할 수 있으며, 이에 따른 장비 임대 비용과 운송 비용을 고려해야 한다. 고급 기술이 필요한 작업이 증가할 경우, 숙련된 작업자를 추가로 확보해야 할 수도 있다. 현장 공간과 작업 동선도 검토해야 한다. 좁은 작업 공간에서는 대형 프리캐스트 패널 조립이 어렵거나, 인접 구조물과의 간섭으로 인해 작업이 제한될 수 있다. 따라서, 시공 방법을 사전에 시뮬레이션하고, 문제 발생 가능성을 줄일 수 있도록 사전 계획을 철저히 수립해야 한다.

3) 품질과 안전성 유지

VE를 적용할 때 비용 절감을 위해 품질과 안전이 저하되지 않도록, 품질 관리 대책을 마련해야 한다. 대체 자재의 품질을 사전에 검증해야 한다. 예를 들어, 기존에 사용된 콘크리트를 고강도 콘크리트로 변경할 경우, 시공 중 균열 발생 가능성을 검토하고, 압축 강도와 내구성 실험을 통해 입증해야 한다. 방수재나 단열재를 변경하는 경우,

동등한 방수 단열 성능을 유지하는지 시험 성적서를 통해 확인해야 한다. 시공 품질 유지 방안도 필수적으로 수립해야 한다. 기존 공법을 변경하는 경우 시공 방식이 달라질 수 있으므로, 이에 대한 품질 관리 절차를 명확히 정의해야 한다. 예를 들어, PC 구조 적용 시, 공장에서 제작된 제품의 품질을 일정하게 유지하기 위해, 생산 단계별 검사와 현장 조립 시 정밀도 유지 방안을 마련해야 한다. 안전성 유지도 매우 중요하다. 시공 방법이 변경될 경우, 안전 위험 요소가 증가할 가능성이 있는지 검토해야 하며, 이에 대한 예방 조치를 마련해야 한다. 예를 들어, 고소 작업이 증가하면 추가적인 안전 난간과 추락 방지 장비를 설치해야 할 수도 있다. 또한, 장비 사용이 늘어나면 작업자 교육이나 추가적인 안전 점검 절차를 강화해야 한다.

4) 허가와 승인 절차 확인

대체 설계나 공법 적용 시 추가적인 인허가 절차가 필요한지 검토하고, 사전에 발주자의 승인을 받을 수 있도록 준비해야 한다. 먼저, 건축 허가와 설계 변경 승인 절차를 검토해야 한다. 특정 국가에서는 구조 변경, 자재 변경 등이 발생하면 재허가가 필요할 수도 있으며, 추가 심사나 승인 절차가 요구될 수 있다. 예를 들어, 내진 성능이 중요한 프로젝트에서 구조 시스템을 변경하면, 이를 인증받기 위한 추가적인 구조 해석과 시험 절차가 필요할 수 있다. 발주자가 요구하는 대체 공법 승인 절차를 사전에 확인하고, 변경 사항을 공식적으로 제출하여 승인을 받을 수 있도록 해야 한다. 특정 자재는 환경 규제에 따라 사용이 제한될 수 있으며, 친환경 건축 기준(LEED 등)에 맞추어야 한다면 추가적인 심사가 필요할 수 있다.

5) 리스크 분석과 대응 방안 마련

대체 공법 적용 시 예상되는 리스크를 평가하고, 이를 최소화할 수 있는 관리 방안을 제시해야 한다. 먼저, 기술적 리스크를 평가해야 한다. 새로운 공법이 예상대로 성능을 발휘할 수 있는지, 시공 중 예상치 못한 문제가 발생할 가능성이 있는지 검토해야 한다. 예를 들어, 경량 철골 구조를 적용하면 하중이 감소할 수 있지만, 내구성과 진동 성능이 기존 설계보다 낮아질 가능성이 있으므로, 이에 대한 대응책을 마련해야 한다.

또한, 경제적 리스크도 검토해야 한다. 대체 공법 적용으로 초기 비용이 절감되더라도, 유지보수 비용이 증가할 가능성이 있다면, 장기적인 경제성이 낮아질 수 있다. 프로젝트 일정에 영향을 미칠 수 있는 공기 지연 리스크도 분석해야 한다. 대체 공법을 적용했을 때 예상보다 조달 기간이 길어지거나, 현장 적용 시 예상치 못한 문제로 인해 시공이 지연될 가능성을 사전에 파악하고 대응책을 마련해야 한다.

4. 검토 자료 활용

　1) 대안 입찰 제시

대안 입찰(Alternative Proposal)은 발주자가 제공한 기본 설계를 유지하는 원안 입찰과 함께, 입찰사가 제안하는 대체 방안을 포함한 제안서를 제시하는 방식이다. 이를 통해 발주자가 기존 설계보다 우수한 기술과 경제적인 대안을 채택할 수 있도록 유도할 수 있다. 또한, 친환경 건설 기술, 에너지 절감형 설비, 유지보수가 쉬운 자재나 장비를 대안으로 제시하여, 발주자가 장기적인 운영 효율성을 고려하도록 유도할 수 있다. 특히, 대형 공공 프로젝트나 민간 개발 사업에서는, 지속 가능성을 고려한 대안 입찰이 높은 평가를 받을 가능성이 크다.

　2) 비용 절감 효과 제시

VE를 적용하여 공사 원가를 절감한 경우, 이에 대한 상세한 원가 분석 자료를 입찰 제안서에 포함하여 경쟁력을 강화할 수 있다. 먼저, 원가 절감 효과를 수치화하여 제시하는 것이 중요하다. 재료비, 노무비, 장비비 등에서 절감할 수 있는 비용을 항목별로 분석하고, 절감된 금액을 구체적으로 제시해야 한다. VE 적용으로 인한 간접비 절감 효과도 고려해야 한다. 비용 절감 효과를 강조할 때는, 품질 유지와 성능 개선이 함께 이루어짐을 입증하는 것이 중요하다. 원가 절감은 물론, 성능을 유지하면서도 효율적인 설계를 적용했다는 점을 강조하면, 발주자의 신뢰를 얻을 수 있다.

　3) 공사 기간 단축 제시

공사 기간 단축은 프로젝트의 조기 운영 가능성을 높이고, 발주자의 금융 비용과 운영 비용 절감 효과를 제공할 수 있기 때문에 중요한 평가 요소가 된다. 대체 공법을 적용하여 공사 기간을 단축할 수 있는 경우, 이를 구체적으로 설명하고, 단축된 공사 기간이 프로젝트 전체 운영에 미치는 긍정적인 영향을 분석하여 제안해야 한다. 공사 기간 단축 방안을 제시할 때는 단축된 일정과 공정 계획을 Critical Path Method(CPM)를 이용해서 시각적으로 표현하여, 발주자가 변경 효과를 명확히 이해할 수 있도록 해야 한다. 또한, 공사 기간 단축으로 인해 발주자가 얻게 되는 경제적 이점(예: 조기 준공으로 인해 조기 운영이 가능해지는 경우, 임대료 수익 조기 발생, 금융 비용 절감 등)을 분석하여, 추가적인 가치를 강조할 수 있다.

4) 기술적 차별성 강조

VE와 대안 검토를 통해 경쟁사와 차별화된 혁신적인 기술력과 시공 방식을 제안하면, 발주자로부터 신뢰를 확보할 수 있다. 예를 들어, 고강도 경량 콘크리트를 사용하여 구조체 무게를 줄이고 내진 성능을 향상하는 방안, AI나 BIM을 활용한 스마트 건설관리 시스템 도입, IoT 기반 실시간 모니터링을 활용한 안전 관리 시스템 적용 등을 기술적 차별성으로 강조할 수 있다. 또한, 친환경 기술 적용을 통한 탄소 배출 저감, 에너지 효율화 기술 도입, 유지보수 비용 절감 효과를 극대화하는 방안 등을 제시하면, 지속 가능한 건설 해법을 제공하는 기업으로서 긍정적인 평가를 받을 수 있다. 입찰 제안서에는 기술 차별성을 강조하는 기술 도입 사례, 성공적으로 적용된 프로젝트 참고 사례, 기술의 장점과 기대 효과를 명확히 정리하여 포함하는 것이 중요하다.

6.3 공사 보험료 산정

공사 보험은 프로젝트 진행 중에 발생할 수 있는 다양한 리스크를 포괄적으로 관리하기 위해, 필수적으로 고려해야 할 요소이다. 건설 현장은 예측할 수 없는 사고와 손실이 발생할 가능성이 높으며, 이에 대비하기 위해 적절한 보험을 설정하는 것이 중요하다. 대표적인 공사 보험으로는 CAR(Contractor's All Risks) 보험, TPL(Third Party Liability) 보험, WCI(Worker's Compensation Insurance) 보험이 있으며, 각 보험은 프로젝트의 규모, 현장 조건, 법적 요구사항 등을 고려하여 설계되어야 한다. 이를 통해 시공자는 예상치 못한 재정적 부담을 줄이고, 프로젝트가 안정적으로 진행될 수 있도록 보장받을 수 있다. 입찰 단계에서부터 프로젝트의 특성과 보험 가입 요건을 정확히 파악하고, 이를 간접공사비에 반영해야 한다.

1. CAR (Contractor's All Risks)

   1) 정의

      CAR 보험은 건설 공사 수행 과정에서 발생할 수 있는, 광범위한 물리적 손해와 사고를 보장하는 포괄적인 보험이다. 공사 중 예상치 못한 사고로 인해 건축물, 공사 중인 구조물, 자재, 장비 등이 손상되었을 때, 해당 비용을 보상받을 수 있도록 설계되어 있다. 발주자와 시공자의 법적 책임까지 포함하는 종합적인 보호 기능을 갖추고 있어, 건설 프로젝트 수행에 필수적인 보험으로 간주한다. CAR 보험은 공사 진행 중에 발생하는 물리적 손해를 보호하는 장(Section 1)과, 발주자와 시공자의 책임을 다루는 장(Section 2)으로 구성되며, 공사 계약 체결 시 필수적으로 요구되는 경우가 많다.

   2) 보장 범위

      CAR 보험은 공사 중에 발생할 수 있는 물리적 손해, 공사 지연이나 중단 비용, 발주자와 시공자의 책임을 포함하는 광범위한 보장 범위를 갖는다. 물리적 손해에 대한 보장은 건축물, 시공 중인 구조물, 자재와 장비의 손실 또는 손해를 포함한다. 이러한 손해는 화재, 폭발, 도난, 기계적 파손, 자연재해(홍수, 지진, 태풍 등)와 같은 사고로 인해 발생할 수 있으며, 보험을 통해 이에 대한 재정적 보상을 받을 수 있다. 특히, 지진과 홍수 등과 같은 천재지변으로 인해 발생한 손해도, 특약 조항을 추가하면 보장할 수 있다. 공사 지연이나 중단으로 인한 손해도 보장 범위에 포함된다. 공사 수행 중 예상치 못한 상황이 생기거나 안전사고로 인해 일정이 지연되거나 작업이 중단될 경우, 시공자와 발주자가 추가적인 비용을 부담해야 하는데, CAR 보험은 이러한 상황에서 발주자와 시공사에 발생하는 비용을 보상해 주는 사례도 있다. 예를 들어, 시공 중 장비 손상으로 인해 공사가 일정 기간 중단될 경우, 추가 인건비와 장비 대여비를 보험으로 보장받을 수 있다.

3) 특징

CAR 보험은 프로젝트 초기부터 준공 시점까지 적용되며, 보험의 보장 기간과 조건은 프로젝트의 규모와 특성에 따라 달라진다. 일반적으로 프로젝트 착공일부터 준공일 또는 인수인계 시점까지 보험이 유효하며, 추가로 시험 운전 기간을 포함하는 예도 있다. 이 보험의 가장 큰 특징은 공사 진행 중에 발생할 수 있는 모든 유형의 물리적 손해를 포괄적으로 보장한다는 점이다. 또한, 계약 조건에 따라 임시 구조물, 장비, 자재, 공사용 차량 등도 포함하여 보장할 수 있으며, 보험 가입 시 이러한 항목을 명확하게 정의하는 것이 중요하다. 보험료는 공사 금액의 일정 비율로 산정되며, 프로젝트의 위험 수준, 공사 기간, 사용되는 공법이나 기술 수준, 공사 지역의 자연재해 발생 가능성 등에 따라 보험료가 조정될 수 있다. 단일 프로젝트에 대한 보험(프로젝트별 보험, Single Project Policy)과 여러 프로젝트를 포괄하는 보험(연간 보험, Annual Policy)으로 나뉜다. 단일 프로젝트 보험은 특정 공사에 대해서만 보장하는 반면, 연간 보험은 시공자가 일정 기간 수행하는 모든 프로젝트를 포함하는 방식으로 운영된다.

2. TPL (Third Party Liability)

1) 정의

TPL 보험은 공사 수행 과정에서 제삼자에게 발생한 신체적 부상이나 재산상의 손해에 대해 보상하는 보험이다. 공사 현장은 다양한 이해관계자가 얽혀 있으며, 시공 과정에서 의도하지 않게 일반인, 주변 건물, 차량, 공공 시설물 등에 피해를 발생시킬 가능성이 존재한다. 이럴 때 TPL 보험을 통해 해당 손해에 대한 배상을 보장받을 수 있다. 이 보험은 발주자와 시공자의 법적 책임을 다루는 보험으로, 공사 수행 중에 발생할 수 있는 대외적 피해를 최소화하는 역할을 한다. 특히, 공사 현장이 도심지에 위치하거나 주변 건물과의 거리가 가까운 경우, 또는 보행자와 차량 통행이 빈번한 지역에서는 예기치 못한 사고가 발생할 가능성이 높으므로, TPL 보험 가입이 필수적이다. 많은 건설 계약에서는 발주자가 시공자에게 TPL 보험 가입을 의무화하며, 특정 기준 이상의 보장 한도를 요구하는 사례도 많다.

2) 보장 범위

TPL 보험은 제삼자의 신체적 부상과 재산 피해를 주요 보장 대상으로 하며, 공사 중 발생한 사고로 인해 공사 외부의 이해관계자가 피해를 보았을 경우, 이를 보상하는 역할을 한다. 먼저, 제삼자의 신체적 부상에 대한 보장 범위는, 공사 중 사고로 인해 공사 현장 외부인이 신체적 피해를 본 경우를 포함한다. 예를 들어, 공사 중 발생한 낙하물로 인해 보행자가 다치거나, 공사 차량의 이동 과정에서 교통사고가 발생한 경우 등이 이에 해당한다. 건설 현장에서 발생한 소음, 진동, 분진 등으로 인해, 주변 주민이 건강 피해를 본 경우에도 보험 적용이 가능할 수 있다. 제삼자의 재산 피해에 대한 보장 범위는, 공사 중 사고로 인해 주변 시설물, 인접 건물, 차량, 공공 인프라 등의 재산적 피해가 발생한 경우를 포함한다. 예를 들어, 굴착 공사 중 인접 건물의 균열이 발생하거나, 공사 중 발생한 진동이 도로나 지하 시설물에 영향을 미쳐 균열이 생기는 경우가 이에 해당한다. 또한, 타워크레인 작업 중 실수로 인근 건물의 유리창이 파손되거나, 공사 차량이 주변 차량과 충돌하는 경우 등도 포함될 수 있다. 일반적으로 TPL 보험의 보장 범위는 공사 계약 조건과 법적 요구사항에 따라 다르게 설정될 수 있으며, 보상 한도 역시 계약 규모와 프로젝트 특성에 따라 결정된다. 발주자는 계약 체결 시 보험의 보장 범위와 한도를 사전에 명확하게 규정해야 하며, 시공자는 이에 맞춰 보험에 가입해야 한다.

3) 특징

TPL 보험은 시공자가 공사 중 발생 가능한 외부 피해를 예방하고, 법적 분쟁에서 재정적 부담을 줄이는 데 중요한 역할을 하는 보험이다. 공사 현장에서 발생하는 사고는 단순한 물리적 피해를 넘어서, 법적 분쟁, 민원, 배상 책임 등의 문제로 이어질 가능성이 높으므로, TPL 보험을 통해 이에 대비하는 것이 필수적이다. 이 보험은 발주자와 시공자의 법적 책임을 보호하는 기능을 하며, 공사 중 예상치 못한 사고가 발생했을 때 피해 보상을 신속하게 처리할 수 있도록 지원한다. 특히, 대형 프로젝트의 경우 공사 규모가 크고 이해관계자가 많아, 사고 발생 시 재정적 부담이 커질 수 있으므로, 적절한 보장 한도를 설정하는 것이 중요하다. 또한, TPL 보험은 공사 현장에서의 안전 관리와도 밀접한 관련이 있다. 보험에 가입함으로써 시공자는 공사 과정에서 안전 조치를 강화하고, 사고 발생 시 신속한 대응 체계를 마련할 수 있는 동기 부여 효과를 얻을 수 있다. 예를 들어, 높은 리스크를 동반하는 프로젝트일수록 보험료가 증가하므로, 시공자가 사고 예방을 위한 안전 대책을 강화하면 보험료 절감 효과도 기대할 수 있다. TPL 보험은 공사 계약에서 중요한 법적 요구사항 중 하나로, 많은 국가와 발주자가 이를 필수적으로 요구하고 있다. 특정 프로젝트에서는 법규에 따라 최소 보장 한도가 정해져 있으며, 이를 충족하지 못하면 계약 체결이 불가능하거나, 법적 문제가 발생할 수 있다. 따라서, 시공자는 프로젝트의 요구사항을 충분히 검토한 후 적절한 보장 범위를 설정하고, 보험 가입을 철저하게 관리해야 한다.

3. WCI (Worker's Compensation)

   1) 정의

   WCI 보험은 공사 현장에서 근무하는 근로자가 업무 수행 중에 발생한 사고로 인해 다치거나 사망했을 경우 보상을 제공하는 보험이다. 이 보험은 근로자의 보호를 목적으로 하며, 시공자의 법적 책임을 대신하여 사고 발생 시 의료비 지급, 소득 보전, 사망 보상 등의 재정적 지원을 제공한다. 건설업은 고위험 산업군에 속하며, 작업 중 재해 발생 가능성이 높은 분야이므로, WCI 보험은 필수적인 요소로 간주한다. 계약 체결 시 발주자는 시공자에게 적절한 수준의 WCI 보험을 요구하며, 이를 충족하지 않으면 공사 진행이 불가능할 수도 있다. WCI 보험의 주요 목적은 근로자가 업무 수행 중 예상치 못한 사고를 당했을 때, 적절한 의료 지원과 경제적 보상을 제공함으로써 근로자와 그 가족의 생계를 보호하는 것이다.

   2) 보장 범위

   WCI 보험은 근로자가 공사 현장에서 다치거나 죽었을 때, 발생하는 비용과 손실을 보상하는 구조로 설계되어 있으며, 일반적으로 의료비용, 상실 소득 보상, 사망 보상금을 포함한다. 의료비용 보장은 공사 현장에서 근로자가 다쳤을 때 발생하는 병원 치료비, 응급 수술비, 약제비, 재활 치료비 등을 보상하는 항목이다. 예를 들어, 건설 현장에서 근로자가 높은 곳에서 떨어져 골절상을 입었을 경우, 병원 입원비와 치료비를 WCI 보험을 통해 받을 수 있다. 또한, 근로자가 재활 치료를 받아야 할 때에도 재활 비용이 보장될 수 있으며, 만약 장기적인 치료가 필요할 경우 지속적인 의료 지원을 받을 수도 있다. 상실 소득 보상은 근로자가 사고로 인해 일정 기간 일을 할 수 없으면, 소득을 일정 부분 보전해 준다. 예를 들어, 상처를 입은 근로자가 3개월간 근무할 수 없는 경우, 그 기간 급여의 일정 비율에 따른 금액을 받을 수 있다. 이는 사고로 인해 갑작스럽게 소득이 끊기는 것을 방지하고, 근로자가 치료에 집중할 수 있도록 돕는다. 일반적으로, 상실 소득 보상은 근로자의 평균 급여의 일정 비율(예: 60~80%)을 보상하는 방식으로 운영된다. 사망 보상금은 공사 중 사고로 인해 근로자가 사망했을 경우, 유가족에게 지급되는 보상금이다. 이는 사망한 근로자의 가족이 갑작스러운 경제적 어려움에 부닥치는 것을 방지하는 조치이며, 보상금은 근로자의 평균 연봉을 기준으로 일정 배수(예: 2~5배)로 지급되는 경우가 많다. 사망 보상금 외에도 근로자의 장례비가 포함될 수 있으며, 일부 국가에서는 유족 연금 형태로 일정 기간 정기적인 지급이 이루어지기도 한다.

3) 특징

WCI 보험은 근로자의 안전을 보장하고, 시공자가 법적 책임을 이행할 수 있도록 지원하는 핵심적인 보험이다. 공사 현장은 높은 사고 발생률을 가진 작업 환경이므로, WCI 보험을 통해 근로자와 가족의 경제적 안정을 확보하는 것이 중요하다. 이 보험의 가장 큰 특징은 법적 의무로 규정되는 경우가 많다는 점이다. 대부분의 국가에서는 근로자를 고용하는 시공자가 반드시 WCI 보험에 가입해야 하며, 이를 준수하지 않으면 법적 처벌을 받을 수도 있다. 또한, 일부 국가에서는 WCI 보험이 공사 계약 체결을 위한 필수 조건으로 요구되며, 계약을 맺기 전에 보험 가입 여부를 검토하는 예도 있다. WCI 보험은 근로자의 권리를 보호하는 구실을 한다. 만약 시공자가 WCI 보험에 가입하지 않았거나, 사고 발생 후 적절한 보상을 제공하지 않을 경우, 근로자는 법적 대응을 고려할 수 있으며, 발주자나 정부 기관이 이를 문제 삼을 수도 있다. 따라서, 시공자는 법적 분쟁을 방지하기 위해 WCI 보험을 적극적으로 활용하고, 근로자의 안전을 보장하는 것이 중요하다. WCI 보험은 근로자의 복지와 직결되는 요소로, 안전한 근무 환경을 조성하는 데 이바지한다. 근로자가 만약 사고를 당했을 때 충분한 의료 지원과 경제적 보상을 받을 수 있다는 점을 보장받는다면, 더욱 안정적인 환경에서 업무를 수행할 수 있다. 안전 시스템이 구축되면, 근로자의 생산성과 사기 또한 향상될 수 있으며, 장기적으로는 기업의 신뢰도와 이미지 개선에도 이바지할 수 있다.

6.4 보증 비용 산정

입찰 보증서, 계약이행 보증서, 선급금 보증서 등 보증서의 종류와 목적을 정확히 이해하고, 이의 발급 절차와 관리 비용을 정확하게 산출해서 입찰 가격에 반영해야 한다. 보증서는 발주자와 시공자 간의 신뢰를 보장하는 금융 도구로, 계약 이행을 위한 필수 요소다.

1. 보증서의 종류
   1) 입찰 보증서(Bid Bond)
      입찰 단계에서 입찰자가 낙찰 후 계약을 체결하지 않거나, 이행하지 않을 때 발주자를 보호한다. 발주자에게 시공자의 입찰 의지와 신뢰성을 제공하며, 보증 금액은 통상 예상 공사 금액의 1~5%로 설정된다. 이 보증서는 입찰자가 입찰 조건을 성실히 이행하고, 낙찰 시 계약 체결 의무를 이행할 것이라는 신뢰를 확보하는 데 중요한 역할을 한다. 만약 입찰자가 계약을 거부하거나 입찰 의무를 위반할 경우, 발주자는 보증금을 되돌려주지 않을 수 있다.

   2) 계약이행 보증서(Performance Bond, Performance Security)
      시공자가 계약상의 의무를 충실히 이행하지 않을 때 발주자의 손실을 보전한다. 일반적으로 계약 금액의 5~10%에 해당하며, 프로젝트 완료 시까지 유효하다. 이 보증서는 시공자의 계약 이행 능력을 보증하며, 시공자가 계약 조건을 이행하지 못하면 발주자는 해당 보증서에 따라 손실을 보상받을 수 있다. 시공자의 부실 공사, 일정 지연, 계약 불이행, 하자 보수 지연 등이 발생할 경우, 발주자는 계약이행 보증서를 근거로 손해배상을 청구할 수 있다.

3) 선급금 보증서(Advance Payment Bond)

발주자가 지급한 선급금을 시공자가 공사 이행에 적절히 사용할 것을 보장한다. 선급금에 해당하는 금액으로 발급된다. 공사 대금 지급 시 비율별로 상환되고, 공사가 일정 수준 진행되면 만료된다. 이 보증서는 선급금이 공사 진행에 투입되지 않고 부적절하게 사용되는 것을 방지하기 위한 장치로, 발주자는 시공자가 선급금을 계약 목적에 맞게 사용할 것이라는 확신을 가질 수 있다. 시공자가 계약을 위반하거나 선급금을 부적절하게 사용할 경우, 발주자는 이 보증서를 근거로 손실을 보상받을 수 있다.

4) 유지보수 보증서(Maintenance Bond)

시공자가 준공 후 일정 기간 발생하는 하자를 보수할 것을 보장한다. 유지보수 동안 유효하며, 금액은 계약 금액의 5~10% 수준이다. 이 보증서는 시공 후 일정 기간 발생할 수 있는 하자에 대한 시공자의 책임을 보장하며, 하자 발생 시 발주자는 시공자에게 보수를 요구하거나, 시공자가 보수를 이행하지 않으면 보증서를 통해 손해를 보상받을 수 있다.

2. 보증서 발급 절차

1) 보증서 신청 준비

일반적으로 보증서 신청에는 견적서, 계약서, 사업 계획서, 재무제표, 법인 등기부등본, 사업자등록증 등이 포함된다. 보증기관의 요구사항에 따라 추가 서류가 필요할 수 있으므로, 사전에 명확한 확인이 필요하다.

2) 보증 기관 선정

보증서 발급을 위한 신뢰할 수 있는 금융기관을 선정하는 과정이다. 은행, 보험사, 보증 전문 기관 등 다양한 기관의 수수료율, 발급 조건, 발급 기간 등을 비교 분석하여 최적의 기관을 선택한다. 이 과정에서 기관의 신뢰도와 발급 경험도 중요한 고려 요소가 된다. 해외 프로젝트의 경우 발주자가 해당 국가의 금융 기관이나 보증 기관에서 발급된 보증서를 요구하기도 한다. 이럴 때 한국 금융 기관이 해당 국가의 금융 기관에 보증하고, 이 보증을 근거로 해당 국가의 금융 기관이 보증서를 발급하는 '복 보증'을 많이 이용한다.

3) 보증서 신청과 심사

선정한 금융기관에 보증서 발급 신청을 진행하며, 시공자의 재무 상태, 신용도, 프로젝트 이행 능력 등을 평가받는다. 금융기관은 신청자의 재무 건전성, 프로젝트 리스크 등을 심사하며, 필요시 추가 보증금을 예치하거나 담보를 요구할 수 있다.

4) 보증서 발급

심사를 통과하면 금융기관에서 보증서를 발급하며, 발급된 보증서는 원본을 발주자에게 제출하여 승인을 받아야 한다. 제출 후에는 발주자가 보증 내용을 검토하며, 필요시 수정 요청을 할 수도 있다. 보증서 발급 이후에도 지속적인 관리가 필요하다. 보증 기간 만료 전에 갱신이 필요한 경우, 사전에 준비하여 발주자와 금융 기관 간의 절차가 원활하게 진행되도록 해야 한다.

3. 보증서 발급 시 유의 사항

1) 발주자 요구사항 검토

보증서 발급 전 발주자가 요구하는 보증서의 유형, 금액, 조건을 정확히 파악하는 것이 중요하다. 발주자의 요구사항을 충족하지 못하면 입찰에서 불이익을 받을 수 있으므로, 세부 조건을 자세히 검토하고 준비해야 한다. 예를 들어, 발주자가 특정 기관의 보증서만 인정하는 경우 해당 기관에서 보증서를 발급받아야 한다.

2) 비용 관리

보증서 발급에 따른 수수료와 담보 제공으로 인한 금융 비용을, 사전에 분석하고 견적에 반영해야 한다. 보증서 발급 수수료는 계약 금액의 약 0.1~1% 수준으로, 프로젝트 규모와 기간에 따라 달라질 수 있다. 예를 들어, 장기 프로젝트의 경우 보증서 갱신 시 추가 비용이 발생할 수 있으므로, 이를 고려한 비용 계획이 필요하다.

3) 유효 기간 관리

보증서의 유효 기간이 프로젝트 기간과 일치하는지 확인하고, 필요시 유효 기간 연장을 요청해야 한다. 계약 기간이 연장될 경우, 보증서도 동일한 기간으로 연장해야 발주자의 요구를 충족할 수 있다. 유효 기간 만료로 인해 보증서가 무효가 되지 않도록, 관리 체계를 마련하는 것이 중요하다.

4) 재무 안정성 유지

금융기관의 보증서 발급 심사를 통과하려면 시공자의 신용 등급과 재무 안정성을 유지해야 한다. 신용 등급은 보증서 발급 한도와 수수료율에 영향을 미치므로, 재무 건전성을 지속적으로 관리해야 한다. 예를 들어, 정기적인 재무 보고, 세금 납부 이행, 금융 거래 신뢰도 유지 등을 통해 신용도를 강화할 수 있다.

6.5 금융 비용 산정

금융 리스크 관리는 프로젝트 성공과 기업의 재무적 안정성을 유지하기 위한 필수 요소다. 환율, 금리, 유동성 등 다양한 리스크를 사전에 예측하고, 헤지 전략, 자금 흐름 관리, 재무 안정성 강화 등을 통해 효과적으로 대응해야 한다. 체계적인 금융 리스크 관리는 발주자와의 신뢰를 얻고, 프로젝트의 수익성과 안정성을 동시에 확보하는 데 이바지한다. 입찰 단계에서는 단위 프로젝트와 기업 전체의 금융 비용을 고려하여, 이를 입찰 가격에 반영해야 한다.

1. 금융 리스크의 주요 유형
    1) 환율 변동 리스크

    외화로 거래되는 재료비, 장비비, 노무비 등에서, 환율 변동으로 인해 비용이 상승하거나 수익이 감소하는 리스크가 발생할 수 있다. 국제 금융 시장의 변동, 해당 국가의 경제 상황, 원자재 가격 변동 등이 환율에 영향을 미칠 수 있다. 예를 들어, 프로젝트가 진행되는 동안 USD 환율이 상승하여, 수입 재료비가 예산을 초과하는 상황이 발생할 수 있다. 이를 관리하기 위해서는 환율 헤지(Foreign Exchange Hedging) 전략을 활용하거나, 현지 통화로 계약을 체결하여 환율 변동 영향을 최소화할 필요가 있다.

2) 금리 상승 리스크

금융기관에서 대출을 통해 자금을 조달할 때 금리가 상승하면, 이자 비용이 증가하여 전체 프로젝트 비용에 영향을 미치는 리스크가 있다. 특히, 장기 금융 조달 시 금리 변동성이 클 때는 예상보다 높은 이자 비용이 발생할 가능성이 있다. 예를 들어, 프로젝트 착공 후 금리가 상승하여 대출 원리금 상환 부담이 증가하는 경우가 이에 해당한다. 이를 방지하기 위해 고정금리 대출을 활용하거나, 금리 스와프(Interest Rate Swap)와 같은 금융 상품을 이용해, 금리 변동 리스크를 줄이는 전략이 필요하다.

3) 유동성 부족

프로젝트 진행 중 예상치 못한 비용 발생이나 지연된 발주자 지급으로 인해, 자금 흐름이 원활하지 못한 상황이 발생할 수 있다. 이는 시공자의 운영 자금 확보에 어려움을 초래하며, 최악의 경우 공사 중단으로 이어질 수 있다. 발주자가 공사비를 지연 지급하거나, 예상치 못한 추가 비용이 발생해 자금 조달이 어려워지는 경우가 이에 해당한다. 이를 방지하기 위해 프로젝트 초기 단계에서 충분한 예비 자금을 확보하고, 금융기관과의 신용 한도를 설정해 긴급 자금 조달이 가능하도록 대비해야 한다.

4) 재무 불안정성 리스크

시공자의 재무 구조가 불안정하여 금융기관에서 추가 대출이나 보증을 받을 수 없는 상황이 발생할 수 있다. 이는 기업의 신용도 하락으로 이어질 수 있으며, 프로젝트 수행 능력에도 부정적인 영향을 미친다. 예를 들어, 기존 프로젝트의 손실로 인해 신규 프로젝트를 위한 자금 조달이 어려운 상황이 발생할 수 있다. 이를 예방하기 위해 기업의 재무 건전성을 지속적으로 관리하고, 수익성과 안정성을 고려한 재무 전략을 수립해야 한다. 다양한 자금 조달 방법을 검토하여 리스크를 분산하는 것이 중요하다.

2. 금융 리스크 관리 전략

   1) 환율 변동 리스크 관리

   환율 변동에 대비하기 위해 헤지 전략을 활용하는 것이 효과적이다. 선물환(Foreign Exchange Forward)이나 옵션(Foreign Exchange Option)과 같은 금융 파생상품을 이용하면, 환율 변동의 영향을 최소화할 수 있다. 프로젝트에서 발생하는 비용을 현지 통화로 조달하여 외환 변동 리스크를 줄일 수 있으며, 여러 통화로 자금을 분산하여 특정 통화의 급격한 변동성이 미치는 영향을 완화할 수 있다. 환율 변동 리스크를 더욱 효과적으로 관리하기 위해 정기적으로 환율 변동 추이를 모니터링하고, 필요시 신속한 대응 전략을 수립하는 것이 중요하다.

   2) 금리 상승 리스크 관리

   금리 상승에 대비하여 고정금리 대출을 활용하는 것이 중요하다. 고정금리를 선택하면 금리 상승 시에도 추가적인 이자 부담을 줄일 수 있다. 금리 스와프(Interest Rate Swap)와 같은 파생상품을 활용해, 변동금리와 고정금리를 교환하는 방식으로 금리 리스크를 완화할 수 있다. 금리 변동성이 높은 시기에는 장기 대출보다는 단기 대출을 이용하여, 자금 운용의 유연성을 확보하는 것이 바람직하다. 경제 지표와 중앙은행의 정책 변화를 주기적으로 분석하여, 최적의 대출 구조를 유지하는 것도 필요하다.

   3) 유동성 리스크 관리

   프로젝트 진행 중 예상치 못한 비용 발생에 대비하여, 충분한 운영 자금을 확보해야 한다. 발주자와의 계약서에 중간 지급 조건을 명확히 설정하여, 현금 흐름을 원활하게 유지하는 것이 중요하다. 매월 예상되는 현금 흐름을 분석하고, 자금 부족 가능성을 조기에 파악하여 미리 대비하는 것도 필수적이다. 이를 위해 다양한 금융기관과의 협력 관계를 구축하여, 긴급 자금 조달이 가능하도록 유동성 관리 계획을 수립하는 것이 중요하다.

4) 재무 안정성 관리

기업의 재무 안정성을 유지하기 위해 부채 비율과 유동성 비율을 정기적으로 점검하고 개선해야 한다. 금융기관과 발주자에게 신뢰를 줄 수 있도록 정기적인 재무 보고서를 제공하는 것이 중요하며, 최악의 시나리오(예: 프로젝트 중단, 추가 자금 조달 불가)에 대비한 대체 계획을 수립하는 것이 필수적이다. 장기적인 재무 전략을 수립하여 불필요한 부채를 최소화하고, 예상하지 못한 재무 위기 상황에서도 지속적인 사업 운영이 가능하도록 대비해야 한다.

6.6 계약서 초안 법무 검토

발주자 제공 계약서 초안의 법무 검토는 프로젝트의 법적 안정성을 확보하고, 시공자의 권익을 보호하는 중요한 과정이다. 계약 범위, 지급 조건, 책임 분배, 분쟁 해결 조항 등 주요 요소를 철저히 검토하고, 필요시 발주자에게 수정 제안을 하여 리스크를 최소화해야 한다. 법적 모호성을 제거하고 시공자의 입장을 명확히 반영함으로써, 프로젝트의 성공 가능성을 높이고 발주자와의 신뢰 관계를 강화할 수 있다.

1. 법무 검토의 중요성

    발주자가 제공하는 계약서 초안은 프로젝트 전반에 걸쳐, 시공자와 발주자 간의 책임, 의무, 권리를 명확히 정의하는 핵심 문서다. 계약서 초안을 검토하는 과정에서 불리하거나 모호한 조항을 식별하고, 필요한 수정이나 협상 항목을 도출하는 것이 중요하다. 이를 통해 법적 리스크를 최소화하고, 시공자의 이익과 프로젝트 안정성을 보장할 수 있다.

2. 법무 검토의 주요 항목
    1) 계약 범위와 의무

        계약서에 시공자가 수행해야 할 작업의 범위와 발주자의 의무가 명확히 정의되었는지 확인해야 한다. 예를 들어, 설계 변경이나 추가 작업이 발생할 경우, 발주자가 이를 승인하고 추가 비용을 보상할 의무가 있는지 검토해야 한다. "within proper time" 또는 "reasonable level"과 같은 모호한 표현을 구체화하여 해석 혼란을 방지한다. 계약 내용이 불명확할 경우, 해석 차이로 인해 시공자에게 불리한 조건이 적용될 가능성이 있으므로, 작업 범위와 책임을 구체적으로 명시하는 것이 중요하다.

2) 지급 조건

계약서에서 공사비 지급 방식과 일정이 명확하게 규정되었는지 확인해야 한다. 중간 지급과 최종 지급 조건을 명확히 정의하고, 중간 지급의 기준과 지급 기한이 포함되었는지 검토한다. 또한, 발주자의 지급 지연 시 이자 지급이나 손해배상 책임이 명시되었는지 확인하여, 시공자의 재무 리스크를 줄일 수 있도록 해야 한다. 지급 조건이 명확하지 않으면 시공자가 자금 흐름 문제를 겪을 수 있으며, 이에 따라 프로젝트 수행이 지연될 가능성이 있다.

3) 책임 분배

불가항력 조항을 검토하여 자연재해, 전쟁과 같은 예기치 못한 상황에 대한 책임 분배가 명확히 정의되어 있는지 확인한다. 시공자의 책임 범위가 과도하게 확장되지 않도록 제한 조항을 명확히 설정해야 한다. 간접적 손해나 연대 책임에 대한 면책 조항이 포함되어 있는지 확인하여, 시공자의 책임 부담을 최소화해야 한다. 또한, 계약서에 예상치 못한 비용 증가와 관련된 책임을 명확히 규정하여, 불리한 조건이 포함되는 것을 사전에 방지해야 한다.

4) 분쟁 해결 조항

계약서에 분쟁 발생 시 적용될 중재 기관, 소송 관할지, 적용 법률이 명확하게 기재되어 있는지 확인해야 한다. 예를 들어, "국제상공회의소(ICC) 중재 규정에 따른 중재"와 같은 명확한 규정이 포함되어야 한다. 분쟁 발생 시 해결 절차와 시간표가 구체적으로 명시되어 있는지 검토하여, 불필요한 분쟁 지연을 방지해야 한다. 국제 표준 계약인 FIDIC의 계약 조건(예: DAAB 운영)을 참고하여, 해당 프로젝트나 국가의 특수성 반영 조항에 대해 객관적으로 검토할 수 있다.

3. 법무 검토 절차

1) 계약서 구조 검토

계약서의 주요 항목(범위, 지급 조건, 책임 분배, 분쟁 해결 등)이 체계적으로 구성되어 있는지 확인한다. 계약서의 조항이 논리적인 순서로 배치되었는지 검토하고, 빠진 조항이 있는지 확인해야 한다. 계약서 초안에서 발주자에게 유리한 조항이 포함되었는지 분석하고, 시공자의 이익을 보호할 수 있는 협상 전략을 준비해야 한다. 예를 들어, 지급 조건이 명확하게 정의되지 않은 경우, 구체적인 지급 일정과 기준을 추가하도록 협의해야 한다.

2) 법적 용어 검토

법적 용어가 정확히 사용되었는지, 계약 조항의 의미가 명확히 전달되는지 확인한다. 불명확하거나 해석의 여지가 있는 표현을 찾아, 이를 구체적으로 수정하는 것이 중요하다. 예를 들어, "합리적인 기간 내에 완료한다"라는 표현 대신 "28일 이내에 완료한다"와 같이, 명확한 기한을 명시하는 방식으로 조항을 수정할 수 있다. 시공자의 상황을 반영한 수정안을 제시하고, 계약서 조항이 국제 계약 기준과 현지 법규에 부합하는지 확인해야 한다.

3) 리스크 식별과 분석

계약서 초안에서 시공자에게 불리한 조건이나 리스크가 존재하는지 식별하고 분석한다. 지체보상금이 과도하게 설정되었거나, 하자보수 조건이 모호하게 기재되었으면 이를 수정할 필요가 있다. 계약 의무 불이행 시 책임 소재와 배상 범위가, 과도하게 시공자에게 집중되지 않았는지 검토해야 한다. 리스크가 식별되면 이를 해결할 수 있는 대안을 마련하고, 발주자와의 협상에서 반영할 조항을 준비해야 한다.

4) 내부 검토와 외부 전문가 자문

법무팀, 견적팀, 영업팀, 재무팀 등 관련 부서와 협력해, 계약서의 영향을 종합적으로 분석한다. 계약서의 조건이 시공사의 재무 상황과 프로젝트 일정에 미치는 영향을 고려하고, 필요하다면 내부 의견을 반영한 수정안을 마련해야 한다. 복잡한 법적 분쟁 가능성을 줄이기 위해 외부 법률 전문가의 의견을 활용하는 것도 바람직하다. 해당 국가의 법률 전문가와 협의하여, 법적 리스크를 최소화할 수 있도록 해야 한다.

4. 법무 검토 시 유의 사항

    1) 국제 표준 계약 조건 준수

    FIDIC과 같은 국제 표준 계약 조건과 발주자 제공 계약서를 비교하여, 빠진 조항이나 과도한 조건이 있는지 검토해야 한다. 계약서 초안이 국제적으로 통용되는 표준에 부합하는지 분석하고, 시공자에게 불리한 조항을 수정하도록 협상해야 한다. 예를 들어, FIDIC 표준 계약서의 불가항력(Exceptional Events) 조항과 비교하여, 계약 초안이 적절한 보호 조항을 포함하고 있는지 확인하는 것이 중요하다. 또한, 지체보상금(Delay Damages)과 같은 조항이 국제 표준과 비교해 과도하게 설정되지 않았는지도 점검해야 한다.

    2) 현지 법규 준수

    계약서가 해당 국가의 법률과 규제를 준수하는지 철저히 확인하고, 필요시 현지 법률 전문가와 협력하여 법적 리스크를 최소화해야 한다. 현지의 세법, 노동법, 환경법 등과 계약 조건이 충돌하지 않는지 검토하는 것이 필수적이다. 예를 들어, 현지 노동법에 따라 외국인 근로자 고용이 제한될 수 있는 경우, 계약서에 관련 조항이 명확히 포함되어 있는지 확인해야 한다. 환경 규제가 엄격한 국가에서는 공사 수행 시 환경 보호 의무와 관련된 법률을 준수할 수 있도록 사전 대비가 필요하다.

    3) 협상 가능성 분석

    발주자와의 협상에서 조정이 가능한 조건과 반드시 포함해야 할 필수 조건을 구분하고, 협상할 수 있는 항목에 대한 대안을 준비해야 한다. 계약서의 특정 조항이 시공자에게 과도한 부담을 주는 경우, 이에 대한 합리적인 대안을 제시할 수 있도록 협상 전략을 마련하는 것이 중요하다. 지체보상금 조항이 과도한 경우, 상한선을 설정하는 조항을 추가하거나, 지연 원인에 따라 면책 조항을 포함하도록 협상할 수 있다. 불가항력 조항이 시공자에게 불리하게 설정되었다면, 자연재해, 정치적 불안정, 전쟁 등과 같은 여러 상황에도 면책할 수 있도록 수정하는 방안을 제안할 수 있다.

6.7 계약 방식의 이해

계약 방식의 이해는 입찰과 프로젝트 성공에 필수적이며, 각 계약 방식의 특성과 리스크를 정확히 파악해야 한다. 발주자의 요구와 프로젝트 특성에 맞는 계약 방식을 합의함으로써, 입찰자는 리스크를 줄일 수 있고, 발주자와의 협력 관계를 강화할 수 있다. 철저한 분석과 전략적 접근을 통해 적합한 계약 방식을 선택하는 것은, 프로젝트 성공의 초석이 된다.

1. 계약 방식 이해의 중요성

   계약 방식은 프로젝트 수행 방식, 리스크 분배, 비용 구조 등에 직접적인 영향을 미치는 중요한 요소다. 계약 조건에 따라 시공자와 발주자의 책임 범위와 권한이 달라지므로, 계약 방식을 정확히 이해하고 적합한 전략을 수립하는 것이 입찰은 물론 프로젝트 성공에 필수적이다.

2. 주요 계약 방식

   1) 총액 도급 계약(Lump Sum Fixed Price Contract)

      총액 도급 계약은 계약 금액이 고정되어 있으며, 발주자가 요구한 범위 내 모든 작업을 완료해야 하는 방식이다. 계약 체결 시 확정된 금액으로 모든 비용이 포함되기 때문에, 발주자는 예산 관리가 쉽고 예상치 못한 비용 증가에 대한 부담이 적다. 설계가 명확하고 프로젝트 범위가 안정적으로 정의되었을 때 주로 적용된다. 이 계약의 장점은 발주자가 프로젝트 예산을 명확히 파악할 수 있다는 것이다. 이는 프로젝트 초기 단계에서 예산 계획을 안정적으로 수립할 수 있게 하며, 발주자가 효율적인 자금 조달 계획을 세우는 데도 이바지한다. 그러나, 시공자는 고정된 금액 내에서 모든 리스크를 관리해야 하므로, 원가 초과나 설계 변경으로 인한 추가 부담이 발생할 가능성이 있다. 설계 변경이 필요한 경우, 시공자는 추가 공사비에 대해 발주자와 별도 협의를 해야 하므로 협상이 길어질 수 있다. 이런 특성으로 인해 총액 도급 계약은 프로젝트 범위가 명확히 정의되고, 설계 완성도가 높은 프로젝트에 적합하다.

2) 단가 계약(Unit Price Contract, Re-measurement Contract)

단가 계약은 작업 단위별로 비용이 책정되며, 실제 수행된 작업량에 따라 계약 금액이 달라지는 방식이다. 이 계약은 프로젝트 범위가 초기 단계에서 완전히 확정되지 않았거나, 작업량이 유동적일 때 적합하다. 발주자는 유연하게 작업량을 조정할 수 있으며, 시공자는 실적에 따라 공사비를 받을 수 있다. 장점으로는 발주자가 공사 진행 상황에 따라 작업량을 조정할 수 있다는 점이 있다. 시공자는 실제 작업량에 따른 공사비를 청구하기 때문에, 특정 작업의 효율성을 높일 동기를 가지게 된다. 단점으로는 작업량 초과로 인해 발주자의 예산이 초과할 위험이 있다는 점이다.

3) 설계·시공 계약(Design-Build Contract)

설계·시공 계약은 설계와 시공을 시공자가 통합적으로 수행하는 방식이다. 발주자가 설계와 시공을 개별적으로 발주하지 않고, 하나의 계약으로 통합함으로써 프로젝트 일정 단축과 효율적인 비용 관리를 가능하게 한다. 이는 프로젝트 초기부터 시공자의 의견이 설계에 반영될 수 있다는 점에서, 발주자와 시공자 간의 협력을 강화한다. 장점으로는 프로젝트 일정이 단축된다는 점이다. 설계와 시공이 병행으로 진행되기 때문에, 전통적인 방식에 비해 공사 완료 시간이 단축될 수 있다. 또한, 시공자가 설계 단계에서부터 프로젝트에 참여하기 때문에, 최적화된 설계를 완성할 수 있어 비용 절감이 가능하다. 반면, 이 계약은 발주자가 초기 단계에서 설계와 시공을 모두 신뢰할 수 있는 업체를 선정해야 한다는 부담이 있다. 선정 과정에서 업체의 기술력과 신뢰성을 자세히 검토하지 않으면, 프로젝트 품질이 저하될 위험이 있다.

4) 실비 정산 보수 가산 계약(Cost Plus Fee Contract)

실제 발생한 비용에 시공자의 보수를 더하여 발주자가 지급하는 방식이다. 이는 시공자가 원가 초과에 대한 부담을 덜 느끼고, 프로젝트의 실제 비용이 반영된 투명한 계약이 가능하다는 특징이 있다. 발주자는 세부 비용 내역을 확인할 수 있어 프로젝트 비용 관리의 투명성이 높아진다. 장점으로는 요구사항이 명확하지 않은 초기 단계의 프로젝트나, 신기술이 적용되는 프로젝트에서 적합하다는 점이 있다. 시공자는 필요시 추가 자원을 투입하여 프로젝트의 품질을 보장할 수 있으며, 발주자는 상세한 비용 내역을 통해 공사 진행 상황을 명확히 파악할 수 있다. 그러나, 비용 관리와 리스크가 발주자에게 전가될 수 있다는 단점이 있다. 발주자는 총공사비에 대한 명확한 예측이 어려워 예산 초과 가능성을 고려해야 한다. 시공자가 합리적인 기준에 따라 프로젝트 비용을 절감하는 노력을 해야 한다는 전제가 필요해서, 시공자와 발주자의 상호 신뢰성에 기반하여 계약이 진행될 수 있다.

3. 계약 방식별 리스크 관리 전략

   1) 리스크 식별

   계약 방식에 따라 시공자와 발주자가 부담해야 할 리스크가 서로 다르며, 이를 명확히 식별하는 것이 중요하다. 총액 도급 계약에서는 원가 초과가 시공자의 주요 리스크로 작용한다. 단가 계약은 계약 물량 대비 실 수행 물량이 초과할 경우, 발주자의 예산 초과 리스크가 존재한다. 설계·시공 계약에서는 설계 품질 저하나 시공자의 신뢰도 부족이 리스크로 나타날 수 있다. 실비 정산 보수 가산 계약은 비용 통제 실패로 인해 발주자가 예상보다 높은 비용을 부담할 가능성이 있다.

   2) 리스크 관리 방안

   계약별 리스크를 효과적으로 관리하기 위해서는 각 방식에 맞는 세부 전략이 필요하다. 총액 도급 계약에서는 프로젝트 초기 단계에서 설계 검토와 원가 분석을 철저히 수행하여 비용 초과 가능성을 최소화해야 한다. 단가 계약의 경우, 작업량 변동에 대비한 세부 작업 계획 수립과 지속적인 현장 모니터링이 중요하다. 설계·시공 계약에서는 설계 단계부터 발주자와 시공자 간의 원활한 협력 체계를 구축하고, 설계 및 시공 진행 상황을 정기적으로 점검하는 것이 필수적이다. 실비 정산 보수 가산 계약에서는 시공자가 합리적인 수준으로 프로젝트 원가를 통제한다는 접근이 필요하다.

4. 계약 방식 선정 시 고려 사항

    1) 프로젝트 특성

    프로젝트의 특성에 따라 적합한 계약 방식을 선택하는 것이 중요하다. 프로젝트 범위가 명확하고 안정적이라면 총액 도급 계약이 적합하다. 이러한 프로젝트는 설계가 확정된 상태로 진행되며, 비용 관리와 일정 예측이 쉽다. 범위가 유동적이거나 설계 변경 가능성이 높은 프로젝트는, 단가 계약이나 실비 정산 보수 가산 계약이 적합하다.

    2) 발주자의 요구사항

    발주자의 요구사항은 계약 방식 선택에 있어 중요한 요소로 작용한다. 발주자가 비용 관리에 중점을 두는 경우, 총액 도급 계약이 선호된다. 단가 계약은 작업량에 따라 비용을 조정할 수 있어 유동적 작업량 관리가 가능하며, 총액 도급 계약은 고정된 예산을 기반으로 발주자의 비용 예측을 쉽게 한다. 품질과 일정 준수가 프로젝트의 우선순위인 경우, 설계와 시공을 통합적으로 관리할 수 있는 설계·시공 계약이 적합하다.

    3) 시공자의 역량

    시공자의 기술적 역량과 경험 역시 계약 방식 선택의 핵심 기준이다. 시공자가 프로젝트 초기 단계부터 참여할 수 있는 기술적 역량과 설계 경험이 풍부하다면, 설계·시공 계약이 유리하다. 시공자의 전문성을 설계 단계에 반영할 수 있어 프로젝트의 실현 가능성을 높이고, 효율적인 설계와 시공을 진행할 수 있다.

6.8 FIDIC 계약 조건 이해

FIDIC은 국제 공사에서 계약 체결과 이행의 기준으로 널리 활용되며, 발주자와 시공자 간의 권리와 의무를 명확히 정의하는 데 중요한 역할을 한다. FIDIC 계약 조건은 공정성과 국제적 신뢰성을 바탕으로 프로젝트의 성공 가능성을 높이고, 분쟁을 예방하며, 효율적인 계약 관리를 지원한다. 특히, 프로젝트 특성에 따라 적합한 계약서를 선택하고 이를 활용함으로써, 모든 당사자가 만족할 수 있는 결과를 도출할 수 있다. 해외 공사의 입찰과 수행을 준비하는 이들이 필수적으로 이해해야 하는 계약 조건이다.

1. FIDIC의 정의

    FIDIC(Fédération Internationale Des Ingénieurs-Conseils)은 'International Federation of Consulting Engineers'로 번역되며, 1913년에 설립된 국제 컨설팅 엔지니어 연맹이다. 건설과 엔지니어링 프로젝트의 계약 조건 표준을 개발하고 보급하는 기관이다. 본부는 스위스 제네바에 위치하며, FIDIC의 목적은 국제적인 건설과 엔지니어링 프로젝트에서, 계약 체결과 관리의 투명성과 효율성을 높이는 데 있다. FIDIC이 발행한 계약 조건(Standard Forms of Contract)은 세계적으로 널리 사용되며, 발주자와 시공자 간의 계약 체결과 이행의 기준으로 인정받고 있다.

2. FIDIC 계약 조건의 주요 특징

    1) 표준화된 계약 구조

        FIDIC 계약 조건은 다양한 프로젝트 유형에 적합한 표준 계약서를 제공하여, 공사와 관련된 모든 당사자가 쉽게 이해하고 활용할 수 있도록 설계되었다. 표준화된 구조를 통해 각 조항의 명확성을 보장하며, 각 프로젝트의 특성과 요구사항에 따라 조정이 가능하다. 예를 들어, FIDIC Red Book은 전통적인 시공 프로젝트에 적합하며, Yellow Book은 설계·시공 계약에 더 적합한 조항을 포함하고 있다. 이러한 표준화는 계약 준비 시간을 줄이고, 모든 당사자가 공통된 기준으로 계약을 이해할 수 있도록 돕는다.

    2) 분쟁 예방과 해결 절차

        FIDIC 계약 조건은 분쟁 발생 가능성을 최소화하기 위한 예방 조치와 분쟁 해결 절차를 명확히 규정한다. 특히, 분쟁 발생 시 먼저 DAAB (Dispute Avoidance/Adjudication Board)와 같은 독립적인 중재 기구를 통해 문제를 해결하도록 권장한다. 이는 중재나 법적 소송으로 확대되지 않도록 하여, 프로젝트 진행의 중단을 방지한다. 문제를 해결할 수 없으면 명확한 중재 절차를 통해 공정한 결론을 도출할 수 있도록 지원한다.

3) 국제적 적용 가능성

FIDIC 계약 조건은 다양한 국가와 법적 시스템에 적합하게 설계되어, 국제 공사 프로젝트에서 공통으로 사용된다. 표준 계약서에는 국제적으로 인정받는 용어와 절차가 포함되어 있어, 발주자와 시공자가 서로 다른 법적, 문화적 배경을 가질 때에도 원활한 협력이 가능하다. 특히, 다국적 금융기관은 FIDIC 계약을 공식적으로 채택하여, 대규모 국제 프로젝트에 사용하고 있다.

4) 공정성 강조

FIDIC 계약 조건은 발주자와 시공자 간의 균형 잡힌 책임 분담을 강조한다. 계약 조건은 양측의 이익을 공정하게 고려하여 분쟁 가능성을 줄이고, 프로젝트 성공을 위한 협력적 환경을 조성한다. 예를 들어, 위험 분담 구조에서는 발주자가 통제할 수 있는 리스크와 시공자가 관리해야 할 리스크를 명확히 구분하여, 한쪽으로 리스크가 편중되지 않도록 설계되었다. 이러한 공정성은 계약 당사자 간 신뢰를 형성하고, 프로젝트의 원활한 진행을 지원하는 핵심 요소로 작용한다.

3. FIDIC의 주요 계약서 유형

1) Red Book (Construction Contract)

전통적인 설계-시공 분리 방식의 계약서로, 발주자가 설계와 시방서를 제공하고, 시공자는 이를 기반으로 공사만 수행하는 구조로 되어 있다. 이 계약 방식은 발주자가 설계 과정에 직접 관여하며 프로젝트 품질을 통제할 수 있다는 장점이 있다. 발주자는 시공자에게 명확한 설계를 제공해야 하며, 시공자는 제공된 설계와 시방에 따라 계약 범위 내에서 작업을 완성해야 한다.

2) Yellow Book (Plant and Design-Build Contract)

설계와 시공을 모두 시공자가 책임지는 계약 방식으로, 발주자가 제공하는 요구사항

(Employer's Requirements)을 기반으로 시공자가 설계와 시공을 수행한다. 이 계약 방식은 프로젝트 초기 단계에서 발주자가 명확한 요구사항을 제공하는 것이 필수적이며, 시공자는 이를 충족하기 위한 설계를 수행하고 공사를 완성해야 한다. 설계와 시공의 통합이 가능하다는 점에서 효율성이 높으며, 기술적 복잡성이 높은 기계, 전기, 플랜트 프로젝트에서 자주 사용된다. 특히, 시공자의 책임이 크기 때문에 비용 초과와 일정 지연의 위험을 시공자가 부담한다.

3) Silver Book (EPC/Turnkey Contract)

EPC (Engineering, Procurement, Construction) 계약은 설계, 조달, 시공을 시공자가 모두 책임지는 계약 방식으로, 완공 후 발주자에게 인도 가능한 상태로 제공해야 한다. 발주자는 프로젝트 초기 단계에서 최소한의 개입만 하며, 주요 리스크는 시공자가 부담한다. 총액 도급 계약과 유사하게 고정된 예산과 일정 내에서 프로젝트를 완성해야 하므로, 시공자는 철저한 계획 수립과 리스크 분석을 통해 계약을 이행해야 한다. 이 계약 방식은 대규모 인프라 프로젝트, 발전소, 정유 공장과 같이 복잡하고, 발주자가 세부 공정보다는 결과물에 집중하는 프로젝트에 적합하다. 발주자로서는 리스크가 줄어들지만 시공자 책임이 크고, 리스크를 가격에 반영한 계약금이 상대적으로 높아질 수 있다. 이 방식은 국제적 규모의 대형 프로젝트에서 흔히 사용된다.

4) Green Book (Short Form of Contract)

간소화된 계약서로, 소규모 또는 단순한 프로젝트에 적합한 구조로 설계되었다. 계약 조건이 간단하고 명확하게 정리되어 있어, 계약 체결과 실행 과정에서 신속성과 효율성을 중시하는 프로젝트에 활용된다. 이 계약서는 관리 비용이 덜 들고, 짧은 일정과 명확한 범위를 가진 프로젝트에 적합하다. 복잡한 조건이나 상세한 규정을 생략하고, 당사자 간의 합의를 간단히 기록하는 방식으로 설계되어 있다.

5) White Book (Client/Consultant Model Services Agreement)

발주자와 컨설팅 엔지니어 간의 계약을 위한 표준 양식으로, 주로 설계, 기술 자문, 프로젝트 관리와 같은 전문 컨설팅 서비스를 위한 계약서로 사용된다. 이 계약서는 컨설턴트의 역할, 책임, 성과물, 보상 체계를 명확히 정의하며, 발주자가 요구하는 서비스의 범위와 품질 기준을 설정한다. 특히, 프로젝트 초기 단계에서 컨설팅 엔지니어가 설계 검토, 입찰 문서 작성, 프로젝트 관리 자문 등의 임무를 수행해야 할 때 주로 활용된다. 계약 당사자 간의 의사소통을 촉진하고, 전문적인 기술 지원을 통해 프로젝트의 성공 가능성을 높이는 데 이바지한다. 또한, 분쟁 발생 시 명확한 해결 절차를 제공하여 발주자와 컨설턴트 간의 협력 관계를 유지할 수 있도록 설계되어 있다.

7장 입찰서 작성과 제출

7.1 BOQ 작성

BOQ(Bill of Quantities) 작성은 공사 범위, 물량, 비용을 체계적으로 정리하여, 발주자와 시공자 간의 명확한 계약 기반을 제공하는 중요한 작업이다. Preambles, Preliminaries and General, Main Bills, Prime Cost, Provisional Sums, Daywork, Schedule of Rates와 같은 항목별 구성을 철저히 분석하고 작성해야 한다. 정확하게 작성된 BOQ는 입찰서의 오류를 줄이고, 계약 후 프로젝트 원가 관리의 기초 자료로 활용될 수 있다. BOQ는 설계 도면과 시방서에 명시된 공사 내용을 공종별로 정리하고, 각 항목에 대해 물량과 단가, 총금액을 명시한 서류로, 계약의 중요한 구성 요소다. Re-measurement 계약의 경우 주로 발주자가 고용한 Quantity Surveyor가 작성하며, 입찰서의 핵심 자료로 활용된다. Lump-sum Fixed Price 계약일 때 입찰자에게 BOQ 제출을 요구하는 예도 있으므로, 국제 공사의 BOQ 구성 요소를 정확히 파악하여 작성해야 한다. 다음은 BOQ의 주요 항목별 구성과 설명이다.

1. BOQ의 구성

    1) Preambles

        Preambles는 BOQ의 주요 항목에 대해 세부적으로 설명하는 부분으로, 물량 산출의 근거와 포함된 비용 요소를 명시하는 데 목적이 있다. 이를 통해 각 항목의 BOQ 금액에 반영해야 할 요소들을 구체화할 수 있다.

    2) Preliminaries and General

        다양한 간접비용과 가설 공사 관련 비용을 포함한다. 모든 간접 비용이 빠지지 않도록 철저히 검토해야 한다. 간접비 항목은 공사 기간과 규모에 따라 변동될 수 있으므로, 이를 고려하여 상세하게 산정해야 한다.

    3) Main Bills

        직접공사비가 포함된 핵심 항목으로, 공종별로 나뉘며 공사 내용에 따라 세부 항목으로 구성된다. 이 항목은 공사의 실제 수행에 필요한 주요 작업과 자재, 인력 등의 비용을 반영한다. Main Bills를 작성할 때는 도면과 시방서의 공통 검토를 통한 정확한 물량 산출이 필수적이다. 또한, 공종별로 항목의 중복이나 누락이 발생하지 않도록 철저한 검토가 필요하다.

4) Prime Cost (Nominated Subcontractor & Nominated Supplier)

발주자가 지명한 하도급 업체(NSC) 및 공급 업체(NS)와 관련된 공사 비용을 포함한다. 발주자의 요구 사항을 반영해서 직접 지명한 업체들의 비용이다. NSC 공사에는 Attendance Fee(관리비)와 Profit(이윤)이 함께 포함된다. NS에는 Wastage(손실)와 Profit(이윤)이 포함된다.

5) Provisional Sums

계약 전 상세 내역이 확정되지 않은 항목에 대해, 잠정적으로 설정한 금액을 의미한다. 이는 추가 설계 변경 비용이나 예상치 못한 작업 비용 등, 공사 중 발생할 수 있는 불확실한 요소에 대비하기 위한 금액이다. 잠정 금액은 실제 상황에 따라 조정될 수 있으며, 공사 진행 과정에서 구체적인 내역이 확정되면 이에 따라 금액이 변경된다.

6) Daywork

특정 작업이나 예상치 못한 추가 작업을 정해진 시간 단위(일 또는 시간)로 계산하여 비용을 산정하는 방식이다. 이는 주로 계약에 명시되지 않았거나 사전에 물량을 예측하기 어려운 작업에 적용된다.

7) Schedule of Rates

특정 작업이나 공정의 단가를 기준으로 비용을 산정하는 방식이다. 이는 BOQ에 포함되어 작업 항목별로 표준 단가를 명시하며, 해당 단가를 기반으로 최종 금액을 계산한다. 이 방식은 Main Bills에 포함되지 않는 작업에 적합하다.

2. BOQ 작성 시 유의 사항

1) 정확한 물량 산출

BOQ의 신뢰성을 높이기 위해 설계 도면, 시방서, 발주자의 요구사항을 철저히 분석하여 물량을 산출해야 한다. 물량 산출 과정에서는 계산 오류를 방지하기 위해 교차 검토를 하고, 사용된 산출 근거와 적용된 기준을 명확히 기재해야 한다. 특히, 공사 범위와 설계 변경 사항을 고려하여 변동 요소를 반영하고, 필요시 추가 자료를 요청하거나 기술적 해석을 수행해야 한다. 발주자나 Quantity Surveyor가 검증할 수 있도록, 산출 과정과 기준을 체계적으로 정리하여 객관성을 유지하는 것이 중요하다.

2) 항목별 물량과 금액 명시

BOQ에는 항목별 물량과 단가를 정확하게 기재해야 하며, 이를 곱하여 산출된 항목별 금액을 명확히 제시해야 한다. 단가 산정 시에는 재료비, 노무비, 장비비, 운송비 등의 변동성을 충분히 반영하여 현실적인 비용을 책정해야 한다. 주요 원자재 가격 변동과 시장 단가를 고려하여 예산 초과를 방지하고, 공사비 산정의 신뢰성을 확보해야 한다. 특정 공법이나 시공 방식에 따라 추가로 발생할 수 있는 비용 요소를 검토하여 포함할 필요가 있다.

3) 통일된 형식 유지

BOQ는 발주자가 요구하는 표준 형식에 따라 일관된 문서 구조로 작성해야 한다. 각 항목의 분류 체계, 단위 표기(m^2, m^3, ton 등), 항목명과 규격 설명 등을 통일하여 이해도를 높이고, 항목별 구분이 명확하도록 작성해야 한다. 표준 형식을 준수하지 않으면 발주자의 검토 과정에서 혼선이 발생할 수 있으므로, 계약 문서나 시방서에서 요구하는 양식을 확인하고, 기존에 사용된 BOQ와 비교하여 일관성을 유지해야 한다. 동일한 공종 내에서 항목 간 중복이나 누락이 없도록 철저히 점검해야 한다.

4) 검토

작성된 BOQ는 최종 제출 전에 내부적으로 철저한 검토를 거쳐야 한다. 검토 과정에서는 산출된 물량과 단가의 오류 여부를 확인하고, 항목 간 중복이나 누락이 있는지 점검해야 한다. BOQ 각 페이지의 합계, 중공종 집계, 대공종 집계에 오류가 없는지 여러 계산식을 통해 검토해야 한다. 엑셀과 같은 프로그램을 이용하면서, 담당자의 실수로 계산식의 오류가 있을 수 있으므로, 반드시 여러 사람이 상호 검증할 필요가 있다. BOQ 형식이 발주자가 요구하는 기준과 다를 경우 조정이 필요하며, 이를 문서로 만들어 변경 사항을 명확히 기록해야 한다. 특히, 계약 체결 이후에도 물량 조정이나 설계 변경이 발생할 수 있으므로, 변경 관리 프로세스를 수립하고 협의가 이뤄진 내용을 반영할 수 있도록 체계적으로 운영하는 것이 중요하다.

7.2 BOQ 수기 작성

사우디아라비아와 같은 중동 일부 국가에서는, 여전히 BOQ 단가와 금액을 아랍어 숫자로 수기 작성해 제출하는 관행이 존재한다. 이는 전통적인 행정 방식과 현지 법규에 기인하며, 입찰자는 이러한 요구를 정확히 이해하고 준비해야 한다. 중동 국가들도 점차 디지털화와 전자 입찰 시스템(e-procurement)을 도입하고 있다. 그러나 전통적 방식이 여전히 유지되고 있는 일부 프로젝트에서는 이러한 요구에 철저히 대비해야 한다.

1. 수기 작성 요구가 지속되는 이유

    1) 법적 요구사항

        정부 기관은 입찰 문서의 정확성과 책임 소재를 명확히 하기 위해, 입찰자가 직접 수기로 작성한 문서를 요구한다. 이는 문서의 위조나 조작을 방지하고 오류 발생 가능성을 줄이며, 입찰자의 책임을 강화하는 목적을 포함하고 있다. 수기로 작성된 문서는 입찰자가 직접 서명함으로써 문서의 신뢰성을 높일 수 있으며, 타인의 개입 없이 입찰자가 직접 금액을 기재하는 방식은 문서의 진정성을 보장하는 데 이바지한다.

    2) 보수적인 행정 관행

        중동 국가의 행정 절차는 전통적인 방식을 중시하는 경향이 강하며, 특히 공공 입찰이나 계약 절차에서 기존 관행을 유지하려는 성향이 뚜렷하다. 정부 기관과 공기업은 오랫동안 유지해 온 문서 작성과 검토 방식에 익숙하므로, 급격한 디지털화보다는 점진적인 변화를 선호한다. 또한, 정부 기관의 내부 승인 절차나 행정 시스템이, 여전히 수기 기반 문서를 기준으로 운영될 가능성이 크며, 이 경우 수기 작성 필요성은 계속 남아 있을 것이다.

3) 법적 효력

수기로 작성된 문서가 서명이나 날인과 함께 제출되면 법적 효력이 더 강하게 인정될 수 있으며, 이는 계약 이행의 신뢰성과 입찰자의 책임을 보장하는 중요한 요소로 작용한다. 일부 국가에서는 전자 문서보다 서면 문서를 공식적인 법적 증거로 간주하는 경향이 있으며, 특히 법적 분쟁 발생 시 수기 작성된 문서가 더 강한 증거로 활용될 가능성이 크다. 수기 문서는 입찰자가 직접 작성하고 서명하기 때문에 위·변조 가능성이 작고, 문서의 신뢰성을 높다고 판단할 수 있다.

4) 현지 언어 사용 준수

중동 국가의 공공 계약법은 공식 언어로 아랍어를 사용하도록 규정하고 있으며, 이에 따라 공공 입찰과 계약 문서 작성 시 아랍어 사용이 필수적으로 요구될 수 있다. 특히, BOQ에는 금액을 포함한 모든 항목을 아랍어 숫자로 수기 작성해야 하는 사례도 있으니, 수기 작성에 대비해야 한다.

5) 전자 시스템에 대한 신뢰 부족

일부 발주자는 디지털 방식의 오류 가능성이나 보안 위협을 우려하여, 전통적인 수기 작성 방식을 더 신뢰할 만하다고 간주할 수 있다. 특히, 전산 시스템을 통한 자동 계산이나 전자 문서 제출은 데이터 입력 오류, 시스템 충돌, 파일 손상 등의 문제가 발생할 수 있으며, 해킹이나 사이버 공격과 같은 보안 위협도 고려해야 한다. 일부 공공 기관에서는 디지털 시스템의 도입이 상대적으로 늦거나, 전산화된 입찰 프로세스가 완전히 정착되지 않아 전통적인 방식이 유지될 가능성이 크다.

2. 수기 작성 방식의 문제점

1) 시간 소요

BOQ 단가와 금액을 수기로 작성하는 과정은 상당한 시간이 소요되며, 특히 대규모 프로젝트의 경우 그 부담이 더욱 키진다. 수기로 금액을 써넣는 작업은 반복적이며, 각 항목 기재 과정에서 많은 시간이 필요하다. 이에 따라 입찰자는 제한된 입찰 기간 내에 입찰 자료 작성을 완료하기 어려워지고, 시간이 촉박할 경우 작성 과정에서 실수가 발생할 가능성이 높아진다. 또한, 수기로 작성한 문서는 오류 검토와 검산 과정에서도 추가적인 시간이 필요하며, 한 번 기재된 내용을 수정하려면 기재 전에 내역서 사본을 미리 준비하여 갈아 끼워야 하는 등 입찰자에게 상당한 부담을 준다.

2) 오류 발생 가능성

수기로 작성된 문서는 오타, 항목 착오, 금액 기재 오류 등의 문제가 발생할 가능성이 높다. 특히, 숫자를 직접 써넣는 과정에서 자릿수 실수나 잘못된 기재에 따라 세부 항목과 집계가 달라질 수 있으며, 이는 입찰 평가에서 불이익을 초래할 수 있다. 또한, 기재된 숫자가 명확하지 않으면 발주자가 이를 잘못 해석할 가능성이 있으며, 이에 따른 분쟁이 발생할 수도 있다.

3) 효율성 저하

전산화된 시스템에서는 엑셀과 같은 전문 프로그램을 통해 업무의 효율성을 극대화할 수 있지만, 수기 작성 방식은 이러한 기능을 활용할 수 없어 전체적인 업무 처리 속도가 저하된다. 특히, BOQ 작성 과정에서 수기로 금액을 기재한 후 이를 다시 검산해야 하는 절차가 추가되므로, 입찰자의 업무 부담이 커지며, 작업 속도도 느려질 수밖에 없다.

4) 문서 관리의 비효율성

수기로 작성된 문서는 보관과 관리가 어려우며, 물리적 손상이나 분실의 위험이 존재한다. BOQ는 프로젝트 진행 과정에서 지속적으로 참조해야 하는 중요한 문서이므로, 체계적인 관리가 필수적이다. 그러나, 수기 문서는 보관 과정에서 훼손될 위험이 있고, 장기간 보관 시 문서의 색이 바래거나 일부 내용이 식별이 어려워지는 문제가 발생할 수 있다.

3. 수기 작성 요구에 대응하는 방법
   1) 입찰 지침 검토

   발주자의 입찰 지침을 철저히 검토하여 수기 작성이 필수 요건인지 아닌지를 사전에 확인해야 한다. 발주자는 프로젝트별로 요구사항을 다르게 설정할 수 있으므로, 계약 문서, 시방서, BOQ 작성 지침 등을 철저히 분석하여, 수기 작성이 필요한지 확인하고 구체적인 요구사항을 파악해야 한다.

   2) 검토와 검산 강화

   수기로 작성된 문서는 디지털 문서에 비해 오류 발생 가능성이 높으므로, 작성 과정에서 철저한 검토와 검산 절차를 적용해야 한다. 또한, 한 명이 작성하고 다른 담당자가 이를 검토하는 방식으로 오류를 최소화해야 한다. 금액을 기재한 후에도 단가와 총액이 일치하는지, 숫자 표기가 올바른지 반복 확인하는 과정이 필요하다.

   3) 언어와 형식 준수

   아랍어 수기 작성 시 아랍어 숫자 표기 방식과 발주자가 요구하는 형식을 철저히 준수해야 한다. 발주자가 요구하는 문서의 언어와 형식이 있을 수 있으므로, 문서 작성 전에 이를 숙지하는 것이 필수적이다.

   4) 사본 준비

   수기 작성된 문서는 분실이나 훼손될 위험이 있으므로, 작성 후 고화질 스캔본과 복사본을 별도로 준비하여 보관해야 한다. 원본 문서를 제출한 이후에도, 필요시 검토할 수 있도록 디지털 백업 파일과 복사본을 보관하는 것이 중요하다.

7.3 기술 제안서(Technical Proposal) 작성

기술 제안서는 발주자에게 시공자의 기술적 능력과 프로젝트 수행 가능성을 입증하는 중요한 문서다. 발주자의 요구를 정확히 이해하고, 구체적이며 실현할 수 있는 제안을 제시함으로써 기술적 신뢰를 확보할 수 있다. 철저한 준비와 명확한 표현을 통해 기술 제안서를 작성하면, 발주자의 신뢰를 얻고 프로젝트 수주 가능성을 크게 높일 수 있다. 이는 발주자가 시공자의 기술력, 경험, 실행 가능성을 평가하는 핵심 자료로, 프로젝트 수주에서 중요한 역할을 한다.

1. 기술 제안서의 주요 구성 요소

   1) 프로젝트 개요와 서론

      프로젝트 개요에서는 프로젝트의 범위, 목적, 목표를 명확히 정의한다. 서론에서는 입찰 기간 중 해석된 발주자의 요구사항을 정확히 명기하고, 이를 충족하기 위한 시공자의 접근 방식을 간략히 설명한다. 또한, 제안서가 제시하는 기술적 해결책이 프로젝트 수행에 어떻게 이바지하는지 강조한다.

   2) Execution Plan & Method Statement (공사 수행 계획)

      Execution Plan과 Method Statement는 프로젝트 수행 방법과 공정별 시공 방안을 상세히 설명하는 문서이다. Execution Plan은 프로젝트의 전반적인 수행 전략을 정리한 계획서로, 프로젝트 목표, 시공 일정, 공정 단계별 실행 전략, 인력과 장비 배치 계획, 리스크 대응 방안 등을 포함한다. 이는 프로젝트를 원활히 수행하기 위한 종합적인 지침이 되며, 발주자는 이를 통해 입찰사의 공사 관리 능력을 평가한다. 예를 들어, 시공 일정이 프로젝트 요구 기간 내에 현실적으로 수행 가능한지를 설명하고, 자재와 장비 조달 계획이 공정에 미치는 영향을 분석하여, 리스크를 최소화하는 전략을 제시해야 한다. Method Statement는 특정 공종의 시공 방법과 절차를 구체적으로 설명하는 기술 문서로, 시공 품질과 안전 기준을 명확히 제시한다. 예를 들어, 철골 조립 공정의 경우 Shop Drawing 작성, 제작, 자재 운반, 조립 순서, 용접 방식, 품질 검사 방법, 안전 관리 대책 등을 포함해야 한다. 콘크리트 타설 공정에서는 거푸집 설치, 철근 배근, 타설 방법, 양생 절차 등을 기술하고, 품질 확보를 위한 검사와 시험 방법을 구체적으로 서술해야 한다. Method Statement는 발주자가 시공사의 기술력과 실행 능력을 평가하는 핵심 자료이므로, 표준 시방서와 시공 경험을 바탕으로 실질적인 기술적 강점을 강조해야 한다.

3) Key Personnel CV (주요 인원 이력서)

Key Personnel CV는 프로젝트 수행에 핵심적인 역할을 하는 주요 인원의 경력과 역량을 설명하는 문서로, 발주자가 시공사의 인적 자원을 평가하는 중요한 기준이 된다. CV(Curriculum Vitae)에는 이름, 직위, 학력, 자격증, 전문 분야, 프로젝트 수행 경험 등이 포함된다. 주요 담당자로는 프로젝트 매니저, 시공 관리자, 품질 관리자, 안전 관리자 등이 있으며, 각 담당자의 역할과 책임을 명확히 기술해야 한다. 과거 수행했던 프로젝트의 경험과 성과를 구체적으로 제시하는 것이 중요하다.

4) QA/QC Plan (품질 관리 계획서)

QA/QC Plan은 프로젝트 품질을 보장하기 위한 절차와 기준을 정리한 문서로, 발주자는 이를 통해 시공사의 품질 관리 능력을 평가한다. QA(Quality Assurance, 품질 보증)는 프로젝트 전체의 품질을 보장하기 위한 관리 시스템을 의미하며, 품질 목표, 교육과 훈련 계획, 품질 시스템 절차 등을 포함한다. ISO 9001 등 국제 품질 표준 준수를 위한 품질 정책과 내부 품질 감사 계획, 시공 품질 문서 관리 방안을 명확히 수립해야 한다. QC(Quality Control, 품질 관리)는 특정 공정이나 제품이 품질 기준을 충족하는지 검사하는 절차로, 시험 및 검사 계획(Inspection & Test Plan, ITP), 승인 절차, 품질 불량 시 대응 방안 등을 포함해야 한다.

5) Safety Management Plan (안전 관리 계획서)

Safety Management Plan은 프로젝트 수행 중 작업자의 안전을 보장하고, 산업재해를 예방하기 위한 안전 관리 방안을 상세히 기술하는 문서이다. 작업 환경에서 발생할 수 있는 위험 요소 분석, 사고 예방 대책, 보호 장비 착용 기준, 비상 대응 계획 등이 포함된다. 주요 내용으로는 안전 관리 조직도, 법적 요구사항 준수 계획, 위험성 평가(Risk Assessment), 안전 교육 일정, 사고 발생 시 대응 절차 등이 포함된다. 환경 관리 계획(Environmental Management Plan) 및 보건 관리 계획(Health Management Plan)과 같은 다양한 절차서도 프로젝트 특성에 따라 작성해야 하며, 해당 국가의 표준을 준수해야 한다.

6) 기술적 차별성과 부가가치 제안

기술적 차별성에서는 경쟁사 대비 우위를 점할 수 있는, 독창적인 기술이나 공법을 강조한다. 예를 들어, 발주자의 환경 규제를 초과 준수하는 친환경 설계를 적용하거나, 특허 기술을 활용한 효율적인 시공 방법을 도입하는 방안을 제시할 수 있다. 부가가치 부분에서는 프로젝트 수행 이후 유지보수 지원, 효율적인 운영 교육 제공 등 추가로 제공할 수 있는 서비스나 기술적 강점을 설명하여, 프로젝트 수행의 장기적인 가치를 높이는 전략을 제시한다.

7) 유사 공사 실적 증명 서류

유사 공사 실적 증명 서류는 입찰사의 과거 프로젝트 수행 경험을 증명하는 자료로, 발주자는 이를 통해 시공사의 기술력과 프로젝트 수행 능력을 평가한다. 실적 증명서에는 프로젝트명, 발주자, 공사 기간, 계약 금액, 공사 범위, 수행 역할(시공, 설계, 감리 등)을 명확히 기재해야 한다. 유사 공사 실적은 프로젝트 특성에 따라 다른 형식으로 제출될 수 있으며, 특히 공종, 규모, 난이도가 유사한 프로젝트 수행 경험을 강조하는 것이 중요하다. 유사 공사 실적 증명에는 공사 준공 증명서, 수주 계약서, 공사 수행 성과 보고서 등의 자료가 포함될 수 있다.

2. 기술 제안서 작성 절차

1) 발주자 요구 사항 분석

발주자가 제공한 입찰 자료와 프로젝트 목표를 철저히 분석하여 핵심 요구사항을 도출한다. 이 과정에서 발주자의 산업적 배경과 과거 프로젝트 수행 방식도 검토하여, 요구사항의 맥락을 파악한다. 발주자의 주요 평가 기준(가격, 기술력, 품질, 일정 준수 등)을 확인하고, 제안서에서 이를 충족할 수 있도록 세부 계획을 수립한다. 요구사항 중 불명확한 부분은 질의응답 과정을 통해 확인하고, 필요시 보완한다.

2) 기술 제안 개발

프로젝트 수행 시 예상되는 기술적 문제와 리스크를 사전 분석하고, 이를 해결할 수 있는 구체적인 방안을 마련한다. 프로젝트의 범위에 따라 최적의 설계와 공법을 결정하고, 기존 기술의 적용 가능성이나 새로운 기술 도입 필요성을 검토한다. 제안의 실현 가능성을 입증하기 위해 모의시험 결과, 과거 유사 프로젝트 사례 등을 활용하며, 필요하면 전문가나 컨설팅 업체의 검토를 받아 타당성을 검증한다.

3) 체계적 구성

발주자가 제안서를 쉽게 이해할 수 있도록 시각적 요소를 활용하고 체계적으로 구성한다. 기술적 설명이 많은 경우 표, 그래프, 다이어그램 등을 사용하여 핵심 정보를 직관적으로 전달하며, 문서의 흐름을 고려하여 가독성을 높인다. 문서의 각 장을 명확히 구분하고, 목차와 색인을 포함하여 원하는 정보를 쉽게 찾을 수 있도록 구성한다. 제안서 디자인은 기업의 브랜드 사용 지침을 반영하여 일관성을 유지하며, 전문적인 인상을 줄 수 있도록 편집한다.

4) 내부 검토와 조율

작성된 기술 제안서를 기술팀, 견적팀, 영업팀 등과 협력하여 여러모로 검토한다. 기술적 실현 가능성과 재무적 타당성, 계약적 요건 준수 여부를 점검하고, 발주자의 요구사항과의 일관성을 유지할 수 있도록 조정한다. 내부 검토 과정에서 논리적 일관성을 확보하고, 기술적 세부 사항을 명확히 설명하도록 문장을 다듬는다. 또한, 제안서 내 수치 데이터와 예상 성과를 상호 검증하여 신뢰성을 높인다.

5) 제출

경영진의 최종 승인을 받아 제안서를 확정한 뒤, 발주자가 요구하는 형식과 기한에 맞춰 제출한다. 제출 전에 문서의 세부 사항을 재점검하고, 발주자의 양식 요구사항과 일치하는지 확인한다. 발주자와의 협상 가능성을 고려하여 유연한 조정이 가능한 부분을 사전 검토하고, 제출 후 추가 질의나 협상에 대비해 별도의 대응 자료를 준비한다. 필요시, 제안 내용을 효과적으로 설명하기 위한 프레젠테이션 자료를 별도로 제작하여, 기술 제안 발표회에 대비하기도 한다.

3. 기술 제안서 작성 시 유의 사항
   1) 발주자 맞춤형 접근

      발주자의 요구사항을 철저히 분석하고, 제안 내용을 맞춤화하여 신뢰도를 높인다. 프로젝트의 핵심 목표와 연관된 구체적인 사례와 데이터를 포함하여, 발주자가 쉽게 평가할 수 있도록 한다. 예를 들어, 발주자가 에너지 절감을 중요하게 여긴다면 친환경 에너지 시스템을 활용한 운영 효율성 개선 방안을 제시하고, 실증 데이터를 통해 예상 절감 효과를 명확히 설명한다.

   2) 명확하고 구체적인 표현 사용

      기술적 신뢰성을 유지하면서도 지나치게 어려운 기술 용어 사용을 지양하고, 발주자가 이해하기 쉬운 표현을 사용한다. 특히, 기술적 성과와 기대 효과를 정량적으로 표현하여 신뢰성을 높인다. 예를 들어, 단순히 "최신 기술 적용"이라고 서술하는 대신, "2025년형 OO 공법 적용으로 공사비 3% 절감 및 공사 기간 1.5개월 단축"과 같이 구체적인 수치를 포함하여 설명한다.

   3) 경쟁사와의 차별화

      경쟁사 대비 우위를 점할 수 있는 기술적 차별성과 독창적인 공법, 서비스 요소를 강조하여 경쟁력을 확보한다. 경쟁사의 한계를 분석하고, 자사 기술이 어떻게 차별화될 수 있는지를 구체적으로 기술한다. 경쟁사 대비 명확한 비교 우위를 제공하거나, 특허 기술과 독자적인 시공 방식을 강조하여 경쟁력의 근거를 제시한다.

   4) 리스크 관리 계획 포함

      프로젝트 수행 중에 발생할 수 있는 기술적 리스크를 사전 분석하고, 이를 최소화할 수 있는 대응 방안을 제안한다. 예를 들어, 기후 조건으로 인한 공정 지연 가능성을 고려하여 실내 예비 작업 계획을 수립하고, 예상되는 변수에 따른 대응 전략을 미리 마련한다. 리스크 발생 시 신속하게 대응할 수 있는 관리 체계를 문서로 만들어 발주자의 신뢰를 얻는다.

7.4 견적 조건 작성

견적 조건(Basis of Bid, Alternative, Deviation/Exception)은 발주자의 요구사항에 대한, 입찰자의 이해와 대응 방식을 투명하게 제시하는 도구다. 이를 통해 발주자는 입찰자의 전문성과 실행 가능성을 평가할 수 있으며, 입찰자는 현실적인 조건과 차별화된 제안을 통해 경쟁력을 확보할 수 있다.

1. 견적 기준(Basis of Bid)

    Basis of Bid는 입찰자가 견적을 작성하는 데 기반이 된 주요 기준과 가정을 명시하는 문서다. 이는 발주자의 요구사항을 충족하는 범위 내에서 견적이 산출되었음을 명확히 하고, 입찰서 평가와 협상 과정에서 기준점 역할을 한다. 발주자가 요구한 내용과 입찰자가 제안한 내용의 일치 여부를 명확히 하여, 계약 체결 전 이해관계자 간의 오해를 방지하는 중요한 문서다. 계약 체결 후 발생할 수 있는 해석 차이를 줄이고, 차후 협상에서 기준점 구실을 하며, 입찰자의 책임 범위와 계약 이행 조건을 명확하게 설정하는 데 이바지한다.

    1) 프로젝트 범위 정의

        프로젝트 범위는 발주자의 요구사항을 충족하기 위해 수행해야 할 작업을 명확히 정의하는 중요한 요소다. 견적을 산출할 때 포함되는 공종과 제외되는 공종을 구체적으로 서술해야 하며, 특정 시공 방식, 자재 사용 여부, 부속 공사 등이 포함되는지 명확히 해야 한다. 또한, 추가가 예상되는 업무 범위(예: 기존 시설의 철거 또는 환경 정비 등)가 있으면, 이를 분명하게 기재하여 오해를 방지해야 한다.

    2) 기술적 기준

        프로젝트 수행에 적용될 기술적 기준을 명확히 기술해야 한다. 견적이 특정 설계 표준이나 산업 규격을 준수하는지를 명시한다. 발주자의 요구에 따라 지역별 건설 법규와 환경 규제를 준수하여, 프로젝트가 적법하게 수행될 수 있다는 근거를 제시해야 한다. 예를 들어, 강재 구조물 시공 시 특정 강도 기준을 준수해야 하는지, 전기설비가 국제 안전기준을 따라야 하는지 등을 명확히 기술해야 한다.

3) 가격 산정 기준

견적의 신뢰성과 투명성을 확보하기 위해 가격 산정의 기준과 적용된 비용 요소를 상세히 설명해야 한다. 인건비는 지역별 노동시장에 따라 차이가 있을 수 있으며, 재료비는 견적 시점에서 적용된 단가 기준과 시장 변동성에 대한 고려 사항을 포함해야 한다. 또한, 물류비와 장비 임대 비용, 유지보수 비용 등을 포함하여 프로젝트 전체 비용의 명확한 산정 기준을 제시한다. 특정 자재나 작업의 가격 변동에 따른 조정 조건(Escalation)을 포함할 수 있으며, 특정 국가의 관세와 물류비용 변동성도 고려하여 명시해야 한다.

4) 공사 기간

프로젝트 공사 기간은 특정 공정의 완료 시점과 전체 공사 완료 일정을 포함하여 명확히 정의되어야 한다. 공정별 주요 마일스톤을 설정하고, 이를 바탕으로 발주자가 입찰자가 제안한 공사 일정을 정확하게 검토할 수 있도록 한다. 주요 조달 일정, 시공 단계별 예상 일정 등을 포함하여 공사 기간 준수 계획을 구체적으로 서술한다. 또한, 기상 조건과 공급망 문제와 같은 예측하기 어려운 리스크 요인도 최대한 반영한다.

5) 발주자의 제공 항목

발주자가 제공하기로 한 자재, 인력, 설계 자료, 기반 시설 등을 명확히 기재하여, 입찰자의 책임 범위를 구체화해야 한다. 발주자가 특정 자재를 직접 조달하거나, 공사에 필요한 인력을 지원하는 경우, 이를 명확히 명시하여 입찰자의 책임 범위를 정확하게 설정해야 한다. 또한, 공사 진행에 필요한 인허가 지원 여부, 공사 기간 중 현장 사용 권한 부여 여부, 전력과 수도 공급 조건 등을 포함하여, 발주자가 부담할 항목과 입찰자가 수행해야 할 범위를 명확히 구분한다. 예를 들어, 발주자가 전력이나 수도를 직접 제공할 것인지, 또는 특정 기계 장비를 직접 조달할 것인지 등에 대한 세부 사항을 명시해야 한다.

2. 대안(Alternative)

Alternative는 발주자의 요구사항과 다른 방식으로 대체할 수 있는 제안 내용을 포함하는 경우를 말한다. 이는 기존 요구사항을 충족하면서도 비용 절감, 기술적 효율성 향상이나 일정 단축 등의 이점을 제공하는 것을 목표로 한다.

1) 목적

대안 제안의 목적은 발주자의 기본 요구조건을 준수하면서도, 더 나은 결과를 도출하는 것이다. 비용 절감, 성능 향상, 프로젝트 일정 단축 등의 부가가치를 제공할 방안을 검토하여 제안한다. 이를 통해 발주자는 기존 계획과 비교하여 보다 유리한 선택을 할 수 있으며, 입찰자는 차별화된 경쟁력을 확보할 수 있다.

2) 내용 구성

원래 요구사항을 명확히 설명해야 한다. 발주자의 요구 조건과 사양을 정확히 정의하고, 특정 공법, 자재, 시공 방식, 일정 요구 등의 요소를 상세히 기재한다. 이러한 요구사항을 명확히 하는 것은, 대안을 제시할 때 비교 기준을 제공하기 때문에 중요하다. 대안의 설명에서는 제안된 대안이 기술적, 경제적으로 어떤 이점을 가지는지를 구체적으로 설명해야 한다. 새로운 기술의 적용 방식, 예상 효과, 추가적인 부가가치 등을 명확히 제시하고, 기존 요구사항을 어떻게 개선할 수 있는지에 대한 구체적인 근거를 포함한다. 예를 들어, 기존 설계보다 내구성이 뛰어나면서도 비용이 절감되는 신소재를 사용하는 경우, 그 재료의 특성과 예상 비용 절감 효과를 상세히 설명해야 한다. 비교 분석에서는 원래 요구 사항과 대안 간의 차이를 구체적인 수치나 사례를 바탕으로 제시해야 한다. 비용 절감 효과, 공정 효율성 향상, 유지보수 편의성 증가, 시공 기간 단축 등의 요소를 정량적으로 비교하며, 이를 입증할 수 있는 데이터나 사례를 포함해야 한다.

3. 예외(Deviation/Exception)

Deviation 또는 Exception은 발주자의 요구사항을 충족할 수 없으면, 이를 명확히 선언하고 해당 조건을 변경하거나 수정할 것을 요청하는 사항이다. 이는 입찰자가 모든 요구사항을 수용할 수 없으면, 이를 사전에 명확히 알리고 평가 과정에서 합리적인 협의가 이루어질 수 있도록 하는 역할을 한다.

1) 목적

예외 사항을 명확히 제시하는 목적은, 입찰자가 발주자의 모든 조건을 수용할 수 없음을 사전에 알리고, 평가 과정에서 이를 고려할 수 있도록 하는 것이다. 이를 통해 불필요한 논란을 방지하고, 합리적인 대안을 제시하여 협상을 유리하게 진행할 수 있다.

2) 내용 구성

예외 사항을 명확히 기술하기 위해 먼저 해당 조건을 정의해야 한다. 발주자가 요구한 사항 중 입찰자가 충족할 수 없는 항목을 구체적으로 명시하고, 단순히 불가능함을 선언하는 것이 아니라 해당 조건을 충족할 수 없는 이유를 설명해야 한다. 사유는 기술적, 법적, 경제적 요소에 따라 다양하게 도출될 수 있으며, 객관적인 근거를 들어 설명해야 한다. 발주자가 수용할 가능성이 높은 수정 조건을 제안하고, 그에 따라 발생할 수 있는 장점과 영향 요소를 설명하는 것이 필요하다.

4. 견적 조건 작성 시 유의 사항

1) 명확성과 간결성

견적 조건은 명확하고 간결하게 작성하여 발주자가 쉽게 이해할 수 있도록 한다. 문장이나 표현이 복잡하거나 지나치게 기술적이면 발주자의 혼란을 초래할 수 있으므로, 간단한 용어와 논리적인 구조를 사용해야 한다. 중요한 사항은 목록 형식이나 강조 표시로 시각적으로 구분하여 가독성을 높인다. 발주자는 여러 입찰서를 검토하므로, 핵심 메시지를 빠르게 전달하는 것이 효율적이다.

2) 발주자 요구 사항과의 연계성

발주자 요구 사항을 기반으로 대안과 예외 사항을 제시하여, 평가 시 긍정적 인식을 유도한다. 대안이 발주자의 원래 요구보다 더 나은 결과를 제공한다는 점을 명확히 설명해야 한다. 제안된 대안이 어떻게 발주자의 목표를 달성하거나 초과 달성하는지 구체적으로 기술한다. 발주자의 관점에서 제안 내용이 가치를 더할 수 있도록, 설득력 있는 연계를 보여주는 것이 중요하다.

3) 근거 자료 포함

대안 또는 예외 사항에 대한 타당성을 증명하기 위해 기술적 근거, 비용 분석, 프로젝트 사례를 함께 제공한다. 예를 들어, 대체 자재를 제안할 경우, 품질 시험 결과나 사용된 과거 사례를 첨부하여 신뢰성을 높인다. 비용 절감 효과나 공정 개선 사례를 수치화하여, 제안 내용을 구체적으로 보강한다. 발주자는 객관적이고 검증할 수 있는 자료를 선호하므로, 이러한 근거를 제공하는 것이 중요하다.

4) 발주자 수용성 고려

발주자가 대안과 예외를 수용할 수 있는지 확인하고, 수용 가능성이 높은 조건부터 제안한다. 발주자의 요구사항이 엄격하면, 대안이 허용될 가능성이 있는지 사전에 협의하거나 질문을 통해 확인해야 한다. 승인 가능성이 낮은 대안이나 예외는 우선순위에서 배제하고, 현실적이고 실행할 수 있는 범위에서 제안을 구성한다. 발주자와의 협의 과정에서 요구사항을 충족하면서도 유연성을 보여주는 것이 중요하다.

5) 발주자 지침 준수

입찰 지침에서 대안이나 예외 제출이 허용되지 않을 경우, 이를 준수하고 불가피한 경우 발주자와 사전 협의한다. 발주자가 허용하지 않는 항목에 대해 제안이나 예외를 포함해야 할 경우, 사전에 질의응답 절차를 통해 이를 명확히 확인하는 것이 필요하다.

7.5 입찰 품의

입찰서 제출 전 마지막 단계에서 경영진의 승인을 받는 절차를 입찰 품의(Bid Approval)라고 한다. 입찰 품의서에는 입찰 개요, 입찰 금액과 원가 분석, 공사 기간 검토, 경쟁사와 시장 분석, 계약 조건 검토, 리스크와 기회 분석, 주요 견적 조건 등의 자료가 포함된다. 경영진의 검토를 거쳐 입찰서 제출과 목표 원가율이 승인되면, 최종적으로 입찰서를 제출하게 된다. 대부분의 입찰 과정에서는 제출 최종 단계까지 금액이 변할 수 있으므로, 입찰 품의 단계에서는 입찰 금액이 아닌 목표 원가율만 승인된다고 이해하면 된다. 경영진은 보고받은 다양한 요소를 고려하여 원가율을 결정한다. 수익성이 낮거나 리스크가 크다고 판단되면 입찰 전략을 조정하거나, 극단적으로는 입찰 포기를 결정할 수도 있다. 입찰 품의서에는 다음과 같은 자료들이 포함된다.

1. 입찰 개요

    프로젝트명, 발주자 정보, 공사 위치와 규모, 입찰 일정, 입찰 방식, 계약 유형, 공사 기간, 주요 요구사항 등이 포함된다. 이를 통해 경영진은 프로젝트의 기본 정보를 한눈에 파악할 수 있다.

2. 입찰 금액과 원가 분석

    예상 입찰 금액과 원가 산출 내역이 상세히 제시된다. 재료비, 노무비, 장비비, 제경비 등을 포함한 세부 원가 내역과 목표 이윤율이 분석되며, 경쟁사 대비 가격 경쟁력도 함께 검토된다. 원가 변동 비용과 리스크 요인을 평가하여 예상되는 원가 상승 요소와 그에 대한 대응 방안을 제시한다. 이를 통해 경영진은 입찰 금액이 현실적인지, 기업의 수익성 확보가 가능한지를 판단할 수 있다.

3. 공사 기간 검토

    프로젝트의 실행 가능성을 평가하는 핵심 요소 중 하나로, 발주자가 요구하는 공사 기간이 현실적인지를 분석하는 과정이다. 공사 일정은 공정 계획, 인력과 장비 배치, 자재 조달 기간 등을 종합적으로 고려하여 수립해야 한다. 공사 기간 내 준공이 가능하지 않으면 지체보상금(Delay Damages) 부과 등의 위험이 발생할 수 있다. 기상 조건, 인허가 절차, 현장 접근성 등 외부 요인도 공사 일정에 영향을 미칠 수 있으므로, 이에 대한 충분한 검토가 필요하다. 공정 분석을 통해 공사 기간이 타당한지 검토하고, 필요시 견적 조건 제시를 통해 계약상의 리스크를 최소화해야 한다. 다양한 VE나 대안 적용을 통해 발주자 제시 공사 기간보다 단축할 수 있다고 판단되는 자료가 있으면, 이를 적극 강조하여 입찰서에 포함할 수도 있다.

4. 계약 조건 검토

    발주자가 제시한 계약상의 주요 조항을 분석하여 리스크를 평가한다. 지급 조건, 각종 보증 조건, 지체보상금 조항, 면책 조항, 분쟁 해결 절차 등이 검토된다. 이 과정에서 계약 조건이 시공사에 불리한지를 확인하고, 필요시 협상안을 포함하여 제출할 수도 있다.

5. 경쟁사와 시장 분석

    주요 경쟁사의 예상 입찰 전략을 분석하여 경쟁력을 검토한다. 건설 자재 가격 변동, 인건비, 환율 변동 등 시장의 요인도 함께 검토한다. 발주자의 과거 낙찰 경향과 평가 기준을 분석하여 입찰 전략을 보완할 수 있다. 이를 통해 경쟁사와 대비하여 차별화된 전략을 검토할 수 있다.

6. 리스크와 기회 분석

    프로젝트 수행 시 발생할 수 있는 위험 요소와 예상 수익성을 종합적으로 평가한다. 기술적, 법적, 환경적 리스크를 분석하고, 프로젝트 수익성 예측을 통해 재무적 타당성을 검토한다. 프로젝트 수주 시 기업의 성장성과 연계된 기회 요소를 평가하여, 입찰 참여의 전략적 의미를 분석한다.

7. 주요 견적 조건

    입찰 금액을 산정하는 데 영향을 미치는 요소인 공사 수행 방식, 사용 자재, 시공 일정, 인건비와 장비 비용, 조달 방식 등을 포함한다. 견적은 시방서, 설계도면, 발주자의 요구사항을 반영하여 검토되며, 각 항목의 단가와 수량 산정 방식이 명확해야 한다. 또한, 환율 변동, 원자재 가격 상승, 법적 규제 변화 등의 외부 요인을 고려한 조정 조항이 필요하며, 일정 지연에 따른 추가 비용 발생 가능성도 분석해야 한다. 견적서의 가정 조건과 제한 사항을 명확히 기재하여, 수행 과정에서 발생할 수 있는 분쟁을 최소화하는 것이 중요하다.

7.6 입찰서 제출

해외 공사 입찰서는 국제적인 계약 환경에서 정해진 요건을 준수하여 정확하게 제출해야 한다. 현지에 입찰서를 제출할 경우, 시차, 항공편 이용, 운송 방식, 제출 방식 등의 변수를 자세히 검토해야 한다. 서류의 원본과 복사본 준비, 포장과 운송, 현장 제출 과정에서 발생할 수 있는 리스크를 사전에 대비하는 것이 필수적이다.

1. 제출 요건 파악

    발주자가 요구하는 제출 요건을 철저히 검토하는 것이 필수적이다. 입찰 공고문, 입찰 지침서, 현지 법규, 제출 기한, 서류 구성 방식 등을 정확히 파악해야 한다. 요구 조건을 충족하지 못하면 입찰이 무효 처리될 수 있다. 일반적으로 입찰서 제출 시, 입찰 보증금(Bid Bond), 회사 등록 서류, 기술 제안서, 가격 제안서, 입찰서 서명과 날인 요건 등을 확인해야 한다. 국가마다 공증(Notarization)이 필요한 예도 있으므로, 이에 대한 처리 일정도 고려해야 한다. 입찰 서류를 지정된 양식과 분량에 맞춰 제출하라고 요구하는 경우가 많으므로, 사전에 관련 지침을 확인하고 모든 서류가 해당 요구사항을 충족하는지 점검해야 한다. 입찰서 제출 마감 시점과 국내의 시차를 고려한 일정 계획을 수립하는 것이 중요하며, 항공편과 물류 일정을 반영하여 충분한 시간을 확보해야 한다.

2. 원본과 복사본 준비

    입찰서 원본과 복사본을 준비할 때는 발주자의 요구 사항에 따라 지정된 수량을 정확하게 맞추고, 원본과 복사본의 차이를 명확히 구분하여 정리해야 한다. 일반적으로 원본 1부 및 복사본 다수를 요구하며, 전자 파일(PDF) 제출이 필수인 경우도 있으므로 사전에 이를 확인해야 한다. 원본 서류는 법적 효력을 가지므로, 모든 서명이나 날인이 제대로 이루어졌는지, 공식 인감이나 공증이 필요한 서류가 포함되어 있는지 점검해야 한다. 해외 발주자의 경우 일부 서류에 대한 현지 언어로의 번역본 제출을 요구할 수 있으므로, 공인 번역과 공증 절차를 마친 후 제출해야 한다. 복사본은 원본과 동일한 구성으로 준비해야 하며, 각각 개별 바인더에 구분하여 빠르게 검토할 수 있도록 구성하는 것이 중요하다. 원본과 복사본이 혼동되지 않도록 각 문서에 명확한 표시(예: "Original" 및 "Copy")를 해야 하며, 잘못된 문서가 포함되지 않도록 철저한 검토가 필요하다.

3. 바인더 제작

    입찰서는 발주자가 요구하는 형식에 맞춰 체계적으로 정리해야 한다. 일반적으로 하드커버 바인더를 활용하여 서류를 구성한다. 서류별로 색인을 삽입하여 필요한 내용을 빠르게 찾을 수 있도록 구성하는 것이 중요하다. 바인더 표지에는 프로젝트명, 회사명, 날짜, 원본 사본 등을 기재하여 공식적인 문서임을 명확히 해야 한다. 바인더 내 각 섹션에 일관된 형식을 사용하여 체계적으로 정리해야 한다. 제출 기준에 따라 물리적 서류는 물론 USB, CD, DVD 등 전자 문서 제출이 요구될 수도 있으므로, 이를 고려하여 별도 보관 봉투를 마련한다. 회사별 보안 규정에 따라 암호화된(DRM) 파일이 포함될 수 있으므로, 모든 파일이 제대로 열리는지 확인해야 한다. 원본 파일(엑셀, 워드, CAD 등)과 PDF 변환본이 같이 제출될 때, 내용이 서로 다를 경우 PDF 파일이 우선된다.

4. 포장

    해외 운송으로 제출한다면 운송 중 손상이 발생하지 않도록 적절한 포장 방식이 필요하다. 방수와 내구성이 강한 상자나 하드케이스를 사용하여 서류를 보호하며, 각 바인더가 이동 중 손상되지 않도록 내부 완충재를 사용하여 포장해야 한다. 서류가 세관 검사를 받을 가능성을 고려하여 모든 서류를 명확하게 정리하고, 발송 서류 목록(Packing List)을 함께 첨부하는 것이 중요하다. 발주자가 요구하는 포장 형식(예: 밀봉 및 공식 봉인 스티커 부착 등)을 준수해야 하며, 서류 개봉 시 훼손되지 않도록 안전하게 밀봉해야 한다. 주소 표기 시 발주자의 정확한 수령 주소, 담당자 연락처, 제출 마감 시한 등을 명확하게 기재한다.

5. 제출

    발주자가 지정한 장소에 직접 방문 제출이 필요한 경우, 현지 시각 기준으로 제출 마감 전에 인원과 서류가 도착할 수 있도록 일정을 조정해야 한다. 국제 특송을 이용하는 경우, 마감 기한을 준수하기 위해 운송 소요 기간을 사전에 확인하고, 서류가 정상적으로 도착했는지 실시간으로 모니터링할 수 있도록 추적 서비스를 활용해야 한다. 또한, 배송 중 지연이나 분실에 대비하여 사본을 별도로 보관하고, 필요한 경우 긴급 대응이 가능하도록 대체 계획을 마련해야 한다. 온라인 제출이 필요한 경우, 발주자의 지정된 포털이나 이메일 시스템을 활용하여 입찰서를 제출하며, 시스템 오류나 네트워크 문제로 인해 제출이 실패하지 않도록 사전에 테스트를 진행해야 한다.

8장 입찰서 제출 이후

8.1 기술 제안 발표

기술 제안 발표는 단순히 입찰자의 기술적 역량을 설명하는 것 이상으로, 발주자와의 소통을 통해 신뢰를 구축하고 경쟁력을 강조할 수 있는 중요한 절차다. 철저한 준비와 효과적인 발표를 통해 발주자의 요구를 충족하고 차별화된 제안을 전달함으로써, 입찰 성공 가능성을 높일 수 있다. 기술 제안 발표는 입찰서 제출 후 발주자가 입찰자들의 기술적 역량과 제안의 타당성을 직접 확인하기 위해 요구하는 절차다. 입찰자는 제출한 기술 제안서의 주요 내용을 구두와 시각 자료를 통해 설명하며, 발주자와의 소통을 통해 제안 내용의 이해도를 높이고 신뢰를 구축할 기회를 얻는다. 이는 단순히 문서로 표현된 제안서의 내용을 보완하고, 입찰자의 기술적 전문성과 프로젝트 수행 능력을 강조할 수 있는 중요한 단계다.

1. 기술 제안 발표의 목적
   1) 제안 내용의 명확화

      발주자는 제안서에 포함된 기술적 접근 방식과 해결 방안이 구체적으로 무엇을 의미하는지 더 명확히 이해할 수 있다. 발표 과정에서 입찰자는 제안된 기술적 사항이 발주자의 요구를 어떻게 충족하는지 구체적으로 설명하고, 제안 내용의 타당성을 입증한다. 모호하거나 생략된 부분에 대해 발주자는 대면 질의를 통해 보완하며, 입찰자의 설명을 통해 초기 문서의 한계를 보완할 기회를 얻는다. 이러한 과정은 발주자가 입찰 내용을 완전히 이해하고 평가의 신뢰성을 높이는 데 이바지한다.

   2) 입찰자의 역량 검증

      입찰자의 기술적 전문성, 프로젝트 관리 능력, 그리고 팀 구성원의 역량을 직접 확인한다. 발표 과정에서 프로젝트 매니저를 포함한 팀원의 전문성과 과거 유사 프로젝트 경험이 주목받으면, 발주자는 입찰자의 수행 능력을 더욱 신뢰하게 된다. 입찰자는 제안한 기술적 사항의 실현 가능성을 설명하며, 발주자가 제기할 수 있는 우려 사항에 대해 명확하고 논리적인 답변을 제공한다. 이를 통해 발주자는 입찰자의 프로젝트 수행 능력을 정량적 정성적으로 평가할 수 있다.

3) 발주자와의 소통 강화

입찰자는 발주자와의 대화를 통해 요구사항과 기대치를 보다 구체적으로 이해하고 이를 반영할 수 있다. 발표를 통해 입찰자는 발주자가 중요하게 여기는 핵심 요소를 확인하고, 입찰서에서 미처 다루지 못했던 세부 사항을 논의할 기회를 얻는다. 발주자는 입찰자의 협력 의지와 소통 능력을 평가하며, 입찰자가 프로젝트 진행 과정에서 원활하게 협력할 수 있는 파트너인지 판단한다.

4) 차별화 기회 제공

경쟁 입찰에서 입찰자는 발표를 통해 다른 경쟁사와의 차별성을 강조하고, 발주자에게 긍정적인 인상을 심어줄 수 있다. 발표 과정에서 입찰자는 고유의 기술적 접근 방식, 혁신적인 공법 또는 비용 절감 방안을 명확히 설명하여 경쟁 우위를 확보한다. 발주자는 입찰자의 발표를 통해 단순히 입찰서의 내용만이 아닌, 입찰자의 전문성과 문제 해결 능력을 확인할 수 있다.

2. 기술 제안 발표의 구성 요소

1) 프로젝트 이해도 설명

프로젝트의 요구 사항과 도전 과제를 입찰자가 얼마나 명확히 이해하고 있는지 설명한다. 이는 발주자가 제시한 조건과 제한사항을 분석하고, 해당 프로젝트의 성공을 위한 핵심 요소를 정확히 이해했음을 보여주는 단계다. 프로젝트 목표와 이를 달성하기 위한 접근 방식을 명확히 제시하며, 도전 과제를 해결하기 위해 제안된 방법론을 구체적으로 설명한다. 이 과정에서 입찰자의 제안이 발주자의 기대를 충족하거나 초과 달성할 수 있다는 점을 강조해야 한다.

2) 기술적 접근과 해결 방안

설계, 공법, 자재 선택 등 제안된 기술적 해법과 그 장점을 설명한다. 입찰자가 제안하는 기술적 방안은 발주자의 요구를 충족하면서, 동시에 비용 효율성과 일정 준수를 보장할 수 있는 내용으로 구성되어야 한다. 혁신적인 시공 공법(예: 모듈러 시공)이나 에너지 효율이 높은 자재 활용 방안을 제시함으로써 경쟁 우위를 확보할 수 있다. 또한, 이러한 해결 방안이 기존의 기술적 접근보다 왜 더 효과적인지, 수치나 사례를 통해 증명하는 것이 중요하다.

3) 프로젝트 수행 계획

공정표, 자원 배분, 위험 관리 계획 등 프로젝트 실행 방안을 상세히 설명한다. 단계별 작업 일정과 주요 마일스톤을 명확히 제시하여, 발주자가 제안서의 실행 가능성을 확인할 수 있도록 한다. 시공 기간, 품질 관리 방안, 현장 안전 대책 등을 포함하며, 발주자가 우려할 만한 리스크를 미리 식별하고 그에 대한 대응 방안을 제시한다. 예를 들어, 날씨, 인력 부족, 민원, 자재 공급 지연과 같이 예상할 수 있는 리스크와, 이를 관리할 계획을 구체적으로 설명한다.

4) 팀 구성과 역량 소개

프로젝트에 투입될 핵심 인원의 역할, 경험, 자격 등을 설명하며, 입찰자의 인적 자원이 프로젝트 성공에 어떻게 이바지할 수 있는지를 강조한다. 프로젝트 성공을 보장할 수 있는 팀 구성과 전문성을 입증하기 위해, 팀원들의 과거 유사 프로젝트 경험과 주요 성과를 구체적으로 제시한다. 예를 들어, "프로젝트 매니저가 지난 10년 동안 유사한 대형 프로젝트 3건을 성공적으로 완료했다"와 같은 구체적 사례는, 발주자에게 신뢰를 줄 수 있다.

5) 발주자의 요구 사항 반영

발주자가 중요하게 여기는 요구 사항을 얼마나 효과적으로 반영했는지 설명한다. 이는 발주자의 기대와 우선순위를 정확히 이해했음을 입증하는 과정으로, 맞춤형 제안을 강조해야 한다. 예를 들어, 발주자가 비용 절감을 우선시하는 경우, 입찰자는 경제적인 설계와 공법을 제안하며 그 효과를 설명할 수 있다. 또한, 발주자가 강조한 환경 규제나 품질 기준을 어떻게 지킬 것인지에 대해 구체적으로 설명함으로써 신뢰를 높일 수 있다.

6) 질의응답 대응

발표 후 발주자의 질문에 대한 명확하고 전문적인 답변을 제공한다. 기술적 세부 사항, 비용 관리, 일정 관리, 리스크 관리 등 다양한 질문에 대비하기 위해, 발표 전 예상 질문 목록을 작성하고 이에 대한 답변을 팀원들과 미리 준비하는 것이 중요하다. 답변 과정에서 입찰자는 발주자의 우려를 해결하고, 기술적 전문성과 문제 해결 능력을 강조해야 한다. 답변 중 모호함이 없어야 하며, 가능하다면 추가 자료나 사례를 통해 발주자를 설득할 수 있어야 한다.

3. 기술 제안 발표 절차

1) 발표 준비

기술 제안 발표의 성공적인 진행을 위해, 발표 자료는 시각적으로 명확하고 간결하게 구성해야 한다. 핵심 내용을 강조하는 구조로 구성하고, 복잡하고 분량이 많은 텍스트보다는 도표, 사진, 3D 모델 등 시각 자료를 적극 활용하여 효과적으로 설명한다. 프로젝트의 주요 특징과 차별화 요소를 한눈에 파악할 수 있도록 도표와 그래프를 적절히 배치한다. 기술적 내용이 복잡한 경우 애니메이션이나 단계별 설명을 활용하여 내용을 간결하게 정리하고, 상세한 내용은 발표자가 구두로 설명하는 것이 유리하다.

2) 사전 예행연습

발표 팀원들은 역할을 분담하고 각자의 발표 내용을 숙지한 후, 예행연습을 진행해야 한다. 각자의 역할에 따라 설명해야 할 핵심 내용을 정리하고, 발주자가 중점적으로 평가할 가능성이 높은 부분을 고려하여 발표 전략을 수립한다. 예상 질문을 사전에 준비하고 이에 대한 답변을 논리적으로 구성하여, 발표 중 당황하지 않도록 대비해야 한다. 예행연습을 통해 발표 흐름과 시간을 점검하며, 원활한 진행을 위해 발표자가 너무 긴 설명을 하지 않도록 조정해야 한다.

3) 발표 진행

발표는 주로 프로젝트 매니저가 주도하며, 발표 시간 내에 핵심 내용을 전달할 수 있도록 구성해야 한다. 지나치게 기술적인 설명보다는 발주자가 중요하게 여기는 요소 (예: 비용 절감, 기술적 안정성, 일정 준수 등)를 중심으로 설명한다. 발표자가 자신감 있고 논리적으로 설명할수록 발주자로부터 신뢰를 얻을 수 있으므로, 명확한 목소리와 적절한 속도로 발표하는 것이 중요하다. 또한, 청중의 반응을 살피면서 유연하게 설명 방식을 조정하는 능력도 필요하다.

4) 질의응답

발주자가 기술 제안 내용을 충분히 이해할 수 있도록 질의응답을 성실하게 진행해야 한다. 질문에 대한 답변은 명확하고 구체적이어야 하며, 기술적 근거를 바탕으로 신뢰성을 확보해야 한다. 준비되지 않은 질문이 나올 때도 유연하게 대응하며, 답변이 즉시 어려우면 후속 자료를 제공하겠다는 의사를 명확히 밝히는 것이 바람직하다. 발주자의 우려 사항이 있는 경우 이를 해소하기 위한 추가 설명을 제공하고, 필요시 관련 사례나 데이터로 보완하여 신뢰를 높인다.

5) 피드백 반영

발표 후 발주자로부터 받은 피드백을 내부적으로 검토하고, 주요 개선 사항을 분석하여 반영해야 한다. 피드백 내용 중 수정이 필요한 부분이 있는 경우, 이를 반영한 추가 자료를 발주자에게 제출하여 신뢰를 구축할 수 있도록 한다. 발주자가 요구하는 추가 정보를 명확하게 정리하여 제공함으로써, 입찰자의 성실성과 대응 능력을 강조할 수 있다. 필요시 제안서의 일부 내용을 보완하여 제출함으로써, 발주자의 요구 사항을 보다 충실히 반영하는 것도 중요한 전략이다.

4. 기술 제안 발표 시 주의 사항

1) 시간 관리

발표 시간이 제한되어 있으므로 모든 핵심 내용을 효과적으로 전달할 수 있도록 발표 내용을 간결하게 구성해야 한다. 부문별로 시간을 배분하여 중요한 내용을 충분히 설명하면서도, 불필요한 세부 사항에 시간을 낭비하지 않도록 한다. 발표 흐름을 미리 정리하고, 예상보다 시간이 더 걸리지 않도록 사전 예행연습을 통해 조정하는 것이 중요하다. 필요시 발표 중간에 핵심 요점을 다시 강조하여, 중요한 정보가 명확히 전달되도록 해야 한다.

2) 시각 자료의 활용

3D 모델, 동영상 등 시각 자료를 적극 활용하여, 기술적 내용을 쉽게 전달할 수 있도록 구성해야 한다. 복잡한 기술적 개념은 그래프, 다이어그램, 애니메이션 등을 활용하여 시각적으로 표현하면 이해도를 높일 수 있다. 다만, 시각 자료가 과도하게 많거나 복잡하면 집중도가 떨어질 수 있으므로, 핵심적인 정보만을 담아 간결하게 구성하는 것이 중요하다. 가독성이 높은 디자인과 명확한 색상 대비를 사용하여 시각적인 피로감을 줄여야 한다.

3) 팀워크와 전문성 강조

발표에 참여하는 팀원들은 각자의 역할을 명확히 분담하여 조직적으로 발표를 진행해야 한다. 발표자는 기술적 전문성을 갖춘 인원이 맡아야 하며, 주요 질문에 대한 답변을 미리 준비해야 한다. 팀원 간의 협업을 통해 발표의 일관성을 유지하고, 각자의 역할에 맞춰 자연스럽게 발표를 이어가는 것이 중요하다. 발주자는 발표팀의 전문성과 조직력을 평가할 수 있으므로, 각 팀원이 자신이 담당하는 영역에서 확신을 가지고 설명할 수 있도록 해야 한다.

4) 발주자 중심의 내용 구성

기술 제안 발표의 핵심은 발주자의 요구와 기대를 중심으로 내용을 구성하는 것이다. 발주자가 해결하고자 하는 문제와 프로젝트의 목표를 충분히 반영하여 설명하며, 입찰자의 제안이 기존 방식보다 어떤 차별성과 장점을 제공하는지를 명확히 강조해야 한다. 발주자의 관심사와 직접적인 연관이 없는 불필요한 내용은 배제하고, 발주자가 중요하게 생각하는 요소(예: 비용 절감, 기술적 안정성, 일정 준수 등)에 대한 설명을 강화해야 한다.

8.2 발주자 협상

입찰 후 발주자 협상은 계약 체결 전 프로젝트 성공 가능성을 결정짓는 중요한 단계다. 협상 과정에서 발주자의 요구와 시공자의 이익을 균형 있게 조율하며, 객관적인 데이터를 기반으로 신뢰를 구축해야 한다. 이 과정에서 기술적, 상업적, 계약적 요소에 대해 협의하며, 양측이 상호 수용 가능한 합의에 도달한다. 유연하면서도 체계적인 접근을 통해 성공적인 협상을 끌어내면, 발주자와의 장기적 협력 관계를 강화하고 프로젝트의 안정성을 확보할 수 있다.

1. 주요 협상 항목
   1) 가격과 공사 기간

      협상의 핵심 요소 중 하나로, 입찰 금액과 제안 공사 기간이 협상 대상이 된다. 원가 산출 근거를 명확히 제시하고, 발주자가 제안한 예산 범위 내에서 합리적인 조정을 제안하는 전략이 필요하다. 발주자가 제시한 공사 기간과 입찰자가 검토한 공사 기간의 차이를 설명하고, 필요시 공사 기간을 조정할 수 있다. 기술 제안에 공사 기간 단축 방안이 포함되었으면, 이를 다시 강조하고 계약에 반영할 수 있도록 협의한다.

   2) 계약 조건 조율

      지급 조건, 불가항력 조건, 분쟁 해결 조건 등을 조정하는 과정으로, 발주자의 요구를 반영하되 시공자의 리스크를 최소화하는 방향으로 협상이 이루어져야 한다. 중간 지급 조건을 구체화하여 시공자의 현금 흐름을 원활하게 하고, 불가항력 조항을 명확히 설정하여 예기치 못한 상황에 대비할 수 있도록 한다. 발주자가 수용한다면 FIDIC 계약 조건을 참조하여, 분쟁 해결 방법을 협의할 수 있다. 계약 조건을 협상할 때는 양측의 법적, 재정적 부담을 고려한 합리적인 방안을 도출하는 것이 중요하다.

   3) 기술적 요구사항 조정

      설계 변경, 공법 적용, 품질 기준 등의 요소를 협상하고 조정하는 과정이다. 발주자의 기술적 요구를 충족하면서도 실행 가능성과 효율성을 고려한 대안을 제시하는 것이 핵심이다. 예를 들어, 발주자가 요구한 콘크리트를 동등한 성능을 가진 친환경 콘크리트로 변경함으로써, 비용 절감과 환경적 이점을 동시에 확보할 수 있다.

4) 리스크 관리와 분배

예상되는 리스크(공정 지연, 자재 부족, 물가 인상 등)에 대한 책임 분담을 명확히 정의하는 협상 과정이다. 시공자의 부담을 완화하고 발주자와의 리스크를 균형 있게 분배하는 것이 중요하다. 예상치 못한 규제 변경으로 인해 발생하는 추가 비용을 양측이 분담하는 방안을 제안할 수 있다. 이를 통해 예기치 못한 상황에서 발생하는 재정적 부담을 조정하고, 계약 당사자 간의 신뢰를 높일 수 있다.

2. 협상 준비 절차

1) 발주자 요구사항 분석

발주자가 제공한 입찰 자료와 평가 기준을 자세히 검토하여 핵심 요구사항을 파악해야 한다. 협상 전 발주자가 제공한 피드백과 질의응답 내용을 분석하여 주요 관심 사항을 확인하고, 이를 협상 전략에 반영하는 것이 중요하다. 발주자가 비용 절감을 최우선으로 고려하는지, 품질 유지나 일정 준수를 더욱 중시하는지를 정확히 파악해야 한다. 또한, 경쟁사의 제안이 어떤 방향으로 구성될 가능성이 있는지를 분석하여, 발주자가 타사와 비교할 때 강점으로 인식할 수 있는 요소를 명확히 부각해야 한다.

2) 내부 전략 수립

협상 목표를 설정하고 기술, 견적, 법무, 계약 담당자들과 협의하여 전략을 수립해야 한다. 부서별 역할을 명확히 정의하고, 협상 중에 발생할 수 있는 다양한 상황을 예측하여 이에 대한 대응 방안을 사전에 마련하는 것이 필요하다. 협상 과정에서 반드시 관철해야 할 필수 조건과 유연성을 가질 수 있는 양보 가능 조건을 구분해야 하며, 이를 기반으로 협상 전략을 수립해야 한다.

3) 협상 자료 준비

객관적인 자료를 철저히 준비하는 것은 협상의 신뢰도를 높이고 발주자를 설득하는 데 필수적이다. 이를 위해 원가 분석 자료를 기반으로 세부 비용 항목을 정리하고, 기술 제안서를 통해 발주자의 요구사항을 어떻게 충족할 수 있는지를 구체적으로 설명해야 한다. 과거 유사 프로젝트에서 성과를 거둔 사례를 제시하여 신뢰성을 높이고, 기술 적용으로 비용 절감이나 일정 단축을 달성한 경험이 있다면 이를 강조하는 것도 효과적이다. 협상 과정에서 발주자의 반응에 따라 즉각적으로 대안을 제시할 수 있도록 사전에 다양한 협상 시나리오를 준비하고, 계약 조건을 조정할 때 발생할 수 있는 영향에 대한 분석 자료도 갖추어야 한다.

3. 협상 진행 전략

   1) 명확한 의사소통

   협상 중에는 명확한 의사소통을 유지하며 발주자의 우려 사항을 신속히 파악하여 대응해야 한다. 협상 초기에는 발주자의 요구와 기대를 명확히 파악하고, 이를 수용할 수 있는 범위를 조율하는 것이 중요하다. 발주자가 중점적으로 고려하는 사항을 정확히 이해하고, 협상 과정에서 이를 해결할 방안을 논리적으로 제시해야 한다.

   2) 객관적인 자료 활용

   협상 과정에서 가격 조정이나 기술 변경 요청이 있으면, 객관적인 자료와 기술적 근거를 활용하여 신뢰성을 높이는 것이 필수적이다. 발주자의 요구를 수용할 수 있는 범위를 설명하면서도, 비용과 기술적 타당성을 객관적으로 제시해야 한다.

   3) 상호 이익 방안 제시

   협상은 단순한 가격 협상이 아니라 발주자와 시공자 모두에게 이익이 되는 해결책을 찾는 과정이다. 따라서, 상호 이익을 극대화할 수 있는 전략을 강조해야 한다. 발주자가 직면한 리스크를 줄이면서 동시에 시공자의 수익성을 유지할 방안을 제안하는 것이 효과적이다.

   4) 유연한 대응

   발주자의 요구를 모두 충족할 수 없는 경우에도 협상의 유연성을 유지할 수 있도록, 실행할 수 있는 대안을 적극적으로 제시해야 한다. 요구사항이 전체 공정에 미치는 영향을 분석하여 현실적으로 실현할 방안을 마련하는 것이 중요하다. 현실적인 조정안을 제시하면 협상의 성공 확률을 높이고 발주자의 신뢰를 얻을 수 있다.

4. 협상 시 유의 사항

   1) 발주자 우선순위 존중

   협상 과정에서 발주자의 핵심 요구사항을 정확히 파악하고 이를 충족하려는 노력을 보여주는 것이 중요하다. 발주자는 특정 요소(예: 품질, 일정, 비용 절감)에 대한 우선순위를 가지고 있으며, 협상 시 이를 존중하는 태도를 보이는 것이 신뢰 구축에 도움이 된다. 발주자의 요구사항이 프로젝트 수행 가능성에 미치는 영향을 분석하고, 현실적으로 조정이 필요한 부분에 대해 논리적인 근거를 제시해야 한다.

   2) 리스크 명확화

   계약 체결 후 발생할 수 있는 예상 리스크를 사전에 식별하고, 이에 대한 책임 분담을 명확히 정의해야 한다. 협상 시 불명확한 리스크 분배는 추후 분쟁의 원인이 될 수 있으므로, 계약서에 명확한 조항을 포함하여 분쟁 가능성을 최소화하는 것이 중요하다. 이를 위해 과거 유사 프로젝트의 사례를 참고하거나, 법적 검토를 통해 현실적인 리스크 분배 방안을 마련하는 것이 필요하다.

   3) 감정적 대응 지양

   협상 과정에서 감정적 대응을 자제하고, 논리적이고 데이터 중심의 접근 태도를 유지하는 것이 필수적이다. 협상 중 의견 차이가 발생할 수 있으나, 감정적으로 대응하면 협상의 흐름이 불필요한 갈등으로 이어질 수 있다. 객관적인 데이터를 기반으로 설득력을 높이고, 발주자의 입장을 고려한 유연한 대안을 제시하는 것이 효과적이다.

8.3 LOA(Letter of Acceptance) 조건 협의와 발급

LOA 조건 협의와 발급은 프로젝트 착수 전 발주자와 시공자가 상호 신뢰를 구축하고, 명확한 기준을 설정하는 중요한 단계다. LOA 조건을 철저히 검토하고, 필요한 경우 발주자와의 협의를 통해 시공자의 리스크를 최소화하면서 발주자의 요구를 충족해야 한다. 체계적이고 신중한 접근을 통해 LOA 조건을 최적화하면, 프로젝트의 성공 가능성을 높이고 안정적인 실행 기반을 확보할 수 있다.

1. LOA의 정의와 중요성

    LOA(Letter of Acceptance)는 발주자가 입찰 평가 후, 특정 입찰자를 최종 낙찰자로 선정하여 이를 공식적으로 통지하는 문서다. LOA는 프로젝트의 공식 시작을 알리며, 시공자는 이를 기반으로 계약 협상을 진행하거나 공사 착수 준비를 시작한다. LOA 조건 협의는 계약 조건을 사전에 조율하고, 프로젝트 성공을 위한 명확한 기준을 설정하는 중요한 단계다. LOA 조건이 명확하지 않거나 불리한 조항이 포함된 경우, 추후 계약 협상과 프로젝트 수행 중 갈등이 발생할 수 있으므로 세부 사항을 철저히 검토하는 것이 필수적이다.

2. LOA의 주요 조건

    1) 프로젝트 범위

        프로젝트 범위는 시공자가 수행해야 할 주요 작업 내용과 프로젝트 목표를 명확히 명시해야 한다. 특정 설계, 시공, 유지보수 작업의 범위와 책임을 상세히 기술하고, 프로젝트 수행 과정에서 발생할 수 있는 예외 사항이나 추가 요구사항을 포함해야 한다. 또한, 추가로 협의가 필요한 경우 조건부 승인 내용을 포함할 수 있다.

    2) 금액과 지급 조건

        LOA에는 입찰 제안서를 기반으로 합의된 총 계약 금액이 명시된다. 예를 들어 "총 계약 금액은 10,000,000 USD로 확정하여 계약을 진행한다"와 같이 구체적인 금액을 포함해야 한다. 지급 일정은 계약금, 중간 지급, 최종 지급 등의 지급 구조를 명확히 설정하여 자금 흐름을 예측할 수 있도록 해야 한다. 예를 들어, "계약금 10%를 계약 체결 후 14일 이내에 지급하고, 주요 공정 완료 시 80%를 지급하며, 인수 확인서 발급 후 28일 이내에 최종 잔금 10%를 지급하는 조건으로 계약을 진행할 수 있다"와 같이, 단계별 지급 조건을 구체적으로 규정해야 한다.

3) 프로젝트 일정과 착수 조건

착수일은 LOA 발급일로부터 프로젝트가 시작되는 일정이 명시되며, 예를 들어 "LOA 발급일로부터 30일 이내에 착수하여 공사를 진행한다"와 같이, 명확한 조항이 포함되어야 한다. 완료일도 명확하게 기재되어야 하며, 주요 마일스톤을 포함하여 프로젝트의 일정 준수를 보장해야 한다. 예를 들어 "프로젝트 준공일은 2027년 12월 31일까지이다"와 같이, 구체적인 준공 기한을 명시해야 한다.

4) 보증과 계약 의무

보증과 계약 의무는 프로젝트의 원활한 진행과 시공자의 책임을 명확히 하기 위한 필수 조건이다. 보증 조건에는 계약이행보증서(Performance Bond) 등의 제출 요건이 포함된다. 예를 들어 "계약이행보증서는 계약 금액의 5%에 해당하는 금액으로, 계약 체결 후 28일 이내에 제출하여야 한다"와 같은 조항을 명시하여, 발주자의 리스크를 최소화할 수 있다. 또한, 계약 체결 기한도 명확히 설정하여 LOA 발급 후 일정 기간 내에 계약이 체결될 수 있도록 해야 한다. 예를 들어 "LOA 발급 후 28일 이내에 계약을 체결하여 본 프로젝트를 진행할 수 있도록 한다"와 같이 시한을 명시하면, 협상의 지연을 방지하고 계약 절차를 신속하게 진행할 수 있다.

3. LOA 조건 협의 절차

1) 발주자 요구사항 검토

LOA 초안을 자세히 검토하여 각 조건의 명확성, 합리성, 실행 가능성을 평가하는 과정이 필요하다. 특히, 지급 조건, 보증 요건, 분쟁 해결 방법 등 시공사에 불리하게 작용할 수 있는 조항을 분석하고, 현실적인 수행 가능 여부를 검토해야 한다. 예를 들어, 지급 조건이 지나치게 불리하거나 보증 요건이 과도한 부담을 초래하는 경우, 이를 조정하기 위한 재협의를 발주자에게 요청할 수 있다. 계약 체결 후 발생할 수 있는 분쟁 요소를 사전에 식별하여 이에 대한 대비책을 마련하는 것도 중요하다.

2) 내부 의견 수렴

LOA 조건이 시공사의 이익을 침해하지 않도록 기술, 견적, 법무팀 등과 협력하여 내부 검토를 진행해야 한다. 계약 조건이 기술적, 재정적, 법률적으로 수용할 수 있는 수준인지 분석하고, 개선이 필요한 부분에 대해 내부 대응 전략을 수립해야 한다. 예를 들어, 발주자가 시공사에 과도한 리스크 분담을 요구한다면, 이에 대한 현실적인 부담을 평가하고 대응 방안을 마련해야 한다. 이를 위해 과거 프로젝트 사례를 참고하거나, 법적 리스크를 최소화할 수 있는 수정안을 도출하여 협상에 대비할 수 있다.

3) 발주자 협의

LOA에서 조정이 필요한 항목에 대해 발주자와 협의를 진행하며, 시공사와 발주자가 모두 수용할 수 있는 조건으로 조정하는 과정이 필요하다. 협의 과정에서는 단순히 요구를 전달하는 것이 아니라, 발주자가 수용할 가능성이 높은 합리적이고 구체적인 대안을 제시하는 것이 중요하다. 협상 과정에서 신뢰를 유지하면서 상호 이익을 얻을 수 있는 전략을 수립하는 것이 바람직하다.

4) 합의 내용 문서화

협의가 끝난 사항은 LOA에 반영하여 공식 문서로 만들고, 모든 변경된 조건이 발주자와 시공자 간의 최종 합의로 명확하게 기록되어야 한다. 구두 협의만으로는 추후 계약 이행 과정에서 분쟁이 발생할 가능성이 있으므로, 합의된 내용을 공식적인 기록으로 남기는 것이 중요하다. 이를 통해 LOA가 계약 체결 전 최종적인 기준이 될 수 있도록 관리해야 한다.

4. LOA 조건 협의 시 유의 사항

1) 명확한 조건 정의

모든 조건이 구체적이고 실행할 수 있도록 명확히 정의되어야 한다. 특히, 중요한 조항이 모호하게 표현되지 않도록 해야 하며, 계약 이행 중 해석 차이를 방지할 수 있도록 상세한 내용을 포함해야 한다.

2) 리스크 최소화

LOA 조건 협의 과정에서는 시공자에게 과도한 리스크가 전가되지 않도록 신중한 검토가 필요하다. 계약 이행 중에 발생할 수 있는 위험 요소를 사전에 분석하고, 이를 조정하여 시공자의 부담을 줄이는 것이 중요하다. 예를 들어, 불가항력 상황(천재지변, 법적 규제 변경 등)에 대한 책임이 일방적으로 시공자에게 귀속되지 않도록 계약 조항을 조정해야 한다. 이를 통해 계약 후 발생할 수 있는 리스크를 최소화할 수 있다.

3) 기한 준수

LOA 협의 과정에서 발주자가 요구하는 기한을 철저히 준수해야 한다. LOA 조건 협상, 합의 일정, 계약 체결 일정 등 중요한 기한을 놓치지 않도록 내부 일정을 사전에 조율하고, 필요시 발주자와 협의하여 일정 조정이 가능하도록 대비해야 한다.

4) 문서 기록과 보관

LOA 협의 과정에서 논의된 모든 조건과 발주자와의 소통 내용은, 철저히 기록하고 체계적으로 보관해야 한다. 협의가 이뤄진 사항을 문서화하지 않으면, 추후 계약 이행 과정에서 분쟁이 발생할 가능성이 높아지므로, 모든 변경 사항과 합의 내용을 문서로 남기는 것이 필수적이다.

8.4 본 계약 체결

본 계약 체결은 프로젝트 실행의 공식적 출발점으로, 발주자와 시공자의 권리와 의무를 명확히 정의하는 핵심 단계다. 계약 조건을 철저히 검토하고, 불합리한 사항은 협의를 통해 수정하며, 명확한 문서화로 법적 리스크를 최소화해야 한다.

1. 계약의 주요 구성 요소
   1) 계약 당사자 정보

   발주자와 시공자의 법적 명칭, 주소, 연락처가 명확히 명시되어야 한다. 이를 통해 계약 당사자의 신원을 정확히 확인하고, 법적 효력을 보장할 수 있다.

2) 프로젝트 범위

시공자가 수행해야 할 구체적인 작업 내용과 발주자의 의무가 명확히 정의되어야 한다. 예를 들어, "시공자는 설계, 자재 조달, 건설, 시험 운전을 포함한 전체 공정을 책임진다"와 같이 명확한 업무 범위를 설정해야 한다.

3) 계약 금액과 지급 조건

발주자와 합의된 총 계약 금액이 명시되어야 하며, 항목별로 세부 비용을 구체적으로 기재해야 한다. 예를 들어, "총 계약 금액은 100,000,000 USD이며, 부가가치세 별도"와 같이 명확한 금액을 기재해야 한다. 또한, 계약금, 중간 지급, 최종 지급의 일정과 방식, 지급 지연 시 발생하는 조건 등을 포함해야 한다. 예를 들어, "계약금은 계약 체결 후 14일 이내에 10%를 지급하며, 중간 지급은 주요 공정 완료 시 80%, 최종 지급은 인수 확인서 발급 후 28일 이내에 10%를 지급한다"와 같이 구체적인 지급 일정을 명시해야 한다.

4) 계약 공사 기간

착수와 준공 기한이 명확히 정의되어야 한다. 예컨대, "착수일은 계약 체결 후 30일 이내, 준공일은 2027년 12월 31일로 한다"와 같이 구체적인 일정이 명시되어야 한다.

5) 보증 조건

계약이행 보증서, 유지보수 보증서 등 발주자가 요구하는 보증 조건을 명확히 명시해야 한다. 예를 들어, "계약이행보증서는 계약 금액의 5%에 해당하며, 계약 체결 후 14일 이내 제출해야 한다. 보증 기간은 인수 확인서 발급일까지로 한다"와 같이 구체적인 보증 조건을 정의해야 한다.

6) 분쟁 해결 절차

계약 체결 후 발생할 수 있는 분쟁을 효과적으로 해결하기 위해 중재 기관, 법적 관할지, 적용 법률을 명확히 규정해야 한다. 예를 들어, "모든 분쟁은 국제상공회의소(ICC)의 중재 규정에 따라 해결하며, 관할지는 싱가포르로 한다"와 같이 명확한 분쟁 해결 절차를 포함해야 한다.

2. 본 계약 체결 절차

   1) 계약서 초안 검토

   발주자가 제공한 계약서 초안을 법무팀과 함께 검토하여, 모든 조건이 명확히 정의되었는지 확인해야 한다. 검토 과정에서는 지급 조건, 책임 분배, 보증 요건, 리스크 관리 조항 등이 포함되어야 한다. 계약 체결 후 발생할 수 있는 분쟁을 방지하기 위해 모든 조건이 명확하게 규정되어 있는지 확인하는 것이 중요하다.

   2) 수정과 협의

   검토 과정에서 불명확하거나 불합리한 조건이 발견될 경우, 이를 발주자와 협의하여 수정안을 제시해야 한다. 예를 들어, "지체 보상금은 계약 금액의 0.1%/일에서 0.05%/일로 조정하는 방안을 제안한다"와 같이 합리적인 대안을 제시하고 협의해야 한다.

   3) 최종 계약서 확인

   발주자와의 협의를 거쳐 최종 계약서를 확정한 후, 내부 승인 절차를 진행해야 한다. 관련 부서의 최종 검토와 경영진의 승인을 통해 계약 서명 준비를 마쳐야 한다.

   4) 계약 체결

   최종 계약서가 확정되면, 양측이 계약서에 서명하고 서명된 문서를 교환하여 법적 효력을 발생시켜야 한다. 계약 체결이 완료되면 각 당사자가 서명된 계약서 원본 1부씩 보관하며, 이를 기반으로 프로젝트 수행을 공식적으로 시작할 수 있도록 해야 한다.

3. 계약 체결 후 주요 업무

   1) 계약 내용 내부 공유

   계약 체결 후 계약 조건을 관련 부서(재무, 법무, 구매, 기술팀 등)와 공유하여, 모든 부서가 프로젝트 진행 시 계약 조건을 철저히 준수하도록 해야 한다. 특히, 계약서에 포함된 지급 조건, 일정, 품질 기준 등의 주요 내용을 각 부서가 명확히 이해하고 이행할 수 있도록 내부 회의를 진행해야 한다. 계약서에 명시된 리스크 요인을 공유하고, 이를 관리하기 위한 세부 계획을 마련하는 것이 중요하다.

2) 보증서 제출

계약 체결 후 발주자가 요구하는 보증서를 기한 내 제출해야 하며, 제출된 보증서에 대한 발주자의 확인 절차를 완료해야 한다. 보증서 제출은 계약의 신뢰성과 계약 이행을 보장하는 중요한 절차이므로, 기한을 엄수하고 서류의 정확성을 확인하는 것이 필요하다. 예를 들어, 계약이행 보증서를 제출한 후 발주자로부터 공식 확인서를 받아, 보증 절차가 정상적으로 완료되었음을 문서화해야 한다.

3) 프로젝트 착수 준비

계약 조건에 따라 프로젝트 착수 준비를 체계적으로 진행해야 한다. 이를 위해 예산 편성, 초기 자재 조달, 인력 배치, 장비 준비 등의 작업을 신속하게 수행해야 하며, 모든 준비 사항이 계약서의 조건을 충족하는지 확인해야 한다.

4. 계약 체결 시 유의 사항

1) 명확성과 실행 가능성 확보

계약서의 모든 조건이 명확하게 정의되고, 실제 프로젝트 수행 시 실현 가능성이 있는지 철저히 검토해야 한다. 특히, 발주자가 요구하는 기술 사양이나 공법이 현장에서 적용 가능한지를 확인하고, 과도하게 이상적인 기준이 설정되지 않도록 조율하는 것이 중요하다. 계약 조건이 시공사가 보유한 기술력과 자원으로 수행할 수 있는 수준인지 분석하고, 실현이 어려운 사항이 있다면 이를 사전에 협의하는 것이 필요하다.

2) 리스크와 책임 분배의 공정성

계약서 검토 시 시공자에게 과도한 리스크가 전가되지 않도록 공정한 책임 분배가 이루어지는지 확인해야 한다. 특히, 불가항력(Force Majeure) 조항을 자세히 검토하여,

천재지변, 법적 규제 변경, 예상치 못한 외부 변수로 인해 발생하는 손실을 시공자가 단독으로 부담하지 않도록 명확한 조항을 마련해야 한다.

3) 시간 엄수

보증서 제출, 계약 체결, 프로젝트 착수 준비 등 모든 일정과 기한을 철저히 준수하여 계약 이행 과정에서 신뢰를 확보해야 한다. 계약서에 명시된 기한을 놓치면 계약 위반으로 이해될 수 있으며, 발주자의 신뢰도 저하와 지체보상금 부과 등 불이익이 발생할 수 있다. 따라서, 계약 체결 이후의 일정을 자세히 검토하고, 각 기한에 맞춰 필요한 서류 제출과 프로젝트 준비가 원활히 이루어질 수 있도록 관리해야 한다.

4) 법적 분쟁 예방

계약서 내의 모호한 표현이나 다의적으로 해석될 수 있는 조항을 제거하고, 모든 계약 조건을 명확하게 기술하여 법적 분쟁의 발생 가능성을 최소화해야 한다. 계약 해지, 위약금, 보증 조건 등의 주요 조항이 명확하게 규정되어 있는지 확인하고, 필요시 계약서에 별도의 부속 문서를 첨부하여 추가 설명을 제공하는 것이 바람직하다.

8.5 프로젝트 실행 계획 수립

프로젝트 실행 계획(Project Execution Plan) 수립은 계약 조건과 발주자 요구를 바탕으로, 구체적이고 체계적인 실행 방안을 마련하는 중요한 단계다. 범위 정의, 일정 관리, 자원 배분, 리스크 관리 등 각 요소를 초기에 종합적으로 계획함으로써, 프로젝트의 효율적인 이행과 성공 가능성을 극대화할 수 있다. 실행 계획은 프로젝트 전반에 걸쳐 모든 이해관계자가 목표를 공유하고, 일관된 방향으로 협력하도록 돕는 지침서 역할을 한다.

1. 주요 구성 요소
    1) 프로젝트 범위 정의

       프로젝트 범위는 계약서에 명시된 내용을 기반으로, 각 세부 작업 항목을 구체적으로 정의해야 한다. 업체 선정, 자재 조달, 공사, 시험 운전 등, 단계별로 수행해야 할 작업을 명확히 구분해야 한다. 각 단계에서 발주자가 요구하는 성과물을 정의하여, 프로젝트 요구 사항을 충족할 기준을 설정해야 한다.

2) 일정 계획

주요 마일스톤과 세부 작업 일정을 작성해야 한다. 착공일, 토목공사 완료, 골조 공사 완료, 시험 운전 완료, 준공 검사 등 주요 일정을 명확히 설정하고, 일정 지연을 방지하기 위해 작업의 우선순위를 정해야 한다. 일정 변경 가능성을 고려하여 유연한 대응 방안을 마련하는 것도 필요하다.

3) 예산과 인력

프로젝트 예산을 신속히 편성한다. 예산은 프로젝트가 정상적으로 수행되는 데 가장 기초가 되는 업무이므로, 계약 금액을 기준으로 실지 수행 가능한 원가에 기초해야 한다. 일부 프로젝트의 경우에는 전체 예산 편성 전에, 초기 동원(Mobilization)을 위한 부분 예산을 먼저 편성하기도 한다. 편성된 예산에 따라 작업 단계별로 필요한 인력 투입 계획을 작성하고, 기술 수준과 경험을 고려하여 적절한 팀을 구성해야 한다. 프로젝트 매니저를 포함한 주요 인원(Key Personnel)의 역할과 책임을 명확히 정의하고, 각 인력이 투입되고 철수할 시점을 구체화해야 한다.

4) 리스크 관리 계획

프로젝트 진행 중에 발생할 수 있는 리스크를 사전에 식별하고, 이를 해결하는 방안을 마련해야 한다. 조달 지연이 예상되면 대체 공급업체를 확보하는 등의 예방 조치를 마련하는 것이 필요하다. 또한, 리스크 발생 시 신속한 대응이 가능하도록 리스크 관리 체계를 구축해야 한다.

5) 의사소통 계획

발주자, 협력사, 내부 팀 간 원활한 의사소통을 위해, 명확한 소통 체계를 수립해야 한다. 회의체 운영, 보고서 제출, 의사결정 프로세스를 정의하여 정보 공유를 체계화해야 한다. 프로젝트 이해관계자에게 정기적으로 프로젝트 진행 상황을 보고하는 일정도 설정해서, 모든 이해관계자가 프로젝트 진행 상태를 파악할 수 있도록 해야 한다. 아울러, 공사 진행 중에 사용할 각종 문서 양식과 이를 공유하고 승인하는 절차를 확정해야 한다.

2. 실행 계획 수립 절차

   1) 계약 조건 분석

   계약서에 명시된 프로젝트 범위, 일정, 지급 조건, 리스크 분배 등의 내용을 자세히 분석하여, 실행 계획 수립의 기초 자료로 활용해야 한다. 계약 조건을 검토함으로써 프로젝트 수행 시 발생할 수 있는 문제를 사전에 파악하고, 이를 계획 수립 과정에서 반영할 수 있도록 한다. 계약상 명시된 일정과 주요 성과물을 고려하여, 현실적인 실행 방안을 도출해야 한다.

   2) 발주자 요구사항 반영

   발주자가 계약서에서 명시한 구체적인 요구사항을 실행 계획에 포함해야 한다. 발주자가 특정 성과물 제출 일정을 중시하는 경우, 해당 일정을 먼저 반영하여 프로젝트 진행이 원활하도록 조정해야 한다. 발주자의 품질 기준, 보고 체계, 주요 검토 일정 등의 요구사항을 철저히 분석하여 계획에 반영함으로써, 프로젝트 수행 중 요구사항 충족 미비로 인한 혼선을 방지할 수 있다.

   3) 팀 구성과 역할 분담

   프로젝트를 성공적으로 수행하기 위해 적정한 팀을 구성하고, 각 팀원에게 명확한 역할과 책임을 부여해야 한다. 기술 전문가, 계약 관리자 등의 필수 인력을 배치하여, 프로젝트 수행에 필요한 전문성을 확보해야 한다. 프로젝트 초기에 각 팀원의 역할을 명확히 설정하면, 업무 중복과 누락을 방지하고 원활한 협업을 촉진할 수 있다. 특히, 주요 의사결정 담당자를 지정하여, 긴급한 상황에서도 신속한 대응이 가능하도록 구조를 마련해야 한다.

4) 세부 계획 수립

프로젝트 범위를 기반으로 작업 분류 체계(Work Breakdown Structure, WBS)를 작성하고, 각 작업에 대한 일정과 자원을 배정해야 한다. 이를 통해 프로젝트의 전체적인 흐름을 명확하게 정의하고, 단계별 진행 상황을 효과적으로 관리할 수 있도록 한다. 작업 간의 의존 관계를 분석하여 일정 조정이 필요한 부분을 사전에 파악하고, 일정 충돌이나 지연을 최소화할 수 있도록 조정해야 한다.

5) 리스크 관리 계획 수립

프로젝트 수행 중에 발생할 수 있는 리스크를 평가하고 우선순위를 정한 후, 이를 관리하기 위한 세부 계획을 마련해야 한다. 예측하지 못했던 리스크에 따라 원가 초과나 공사 일정 지연 가능성이 예상되면, 예비비 사용이나 추가 자원 투입 등을 고려할 수 있다.

6) 발주자 승인

초안으로 작성된 실행 계획을 발주자와 협의하여 필요한 수정 사항을 반영한 후, 최종 승인을 받아야 한다. 협의 과정에서는 발주자의 추가 요구사항을 반영하고, 프로젝트 수행의 실효성을 확보할 수 있도록 조율해야 한다. 승인된 실행 계획을 기반으로 프로젝트를 진행하며, 이후 변경 사항이 발생하면 발주자와 지속적으로 협의하여 조정해야 한다.

3. 실행 계획 수립 시 유의 사항

1) 계획의 현실성 확보

실행 계획을 수립할 때는 예산, 인력, 자재, 장비 등 가용 자원을 고려하여, 현실적으로 실행할 수 있는 계획을 마련해야 한다. 과도한 일정 단축이나 무리한 자원 투입 계획을 세우면, 프로젝트 진행 중에 원가 초과와 같은 문제가 발생할 수 있다.

2) 리스크 대비책 구체화

프로젝트 수행 과정에서 발생할 수 있는 다양한 리스크를 사전에 식별하고, 이에 대한 구체적인 대응 방안을 마련해야 한다. 예상할 수 있는 리스크로는 자재 조달 지연, 공정 지연, 안전사고, 기상 조건 변화 등이 있으며, 이를 해결하기 위한 대응책을 계획에 포함해야 한다. 리스크가 현실화하면 발주자와의 긴밀한 협력을 통해 신속하게 대안을 마련할 수 있도록, 협업 체계를 강화하는 것이 중요하다.

3) 명확한 문서화

실행 계획을 문서로 만들어 발주자를 포함한 프로젝트 이해관계자들과 공유함으로써, 계획의 일관성을 유지해야 한다. 문서로 만들어진 계획은 프로젝트의 공식적인 기준이 되므로, 계획의 변경이 필요한 경우에도 이를 체계적으로 반영할 수 있다.

8.6 입찰 자료 인수인계

계약이 체결되고 현장팀이 구성되어 본격적인 프로젝트 수행을 시작하면, 입찰팀에서 생성한 자료를 현장팀에 체계적으로 인계하는 과정이 필요하다. 이는 프로젝트의 원활한 진행을 위해 필수적인 절차이며, 주요 자료가 누락되지 않도록 신중하게 관리해야 한다. 인계 과정은 필요성, 절차, 관련 서류, 이관 방식 등의 항목별로 정리할 수 있다.

1. 인수인계 필요성

입찰팀이 입찰 기간 수집하고 작성한 자료는, 프로젝트의 기초 데이터를 제공하는 중요한 문서이며, 이를 현장팀이 정확히 이해하고 활용해야 프로젝트가 원활하게 수행될 수 있다. 입찰 과정에서 검토된 설계 도면, 공사비 산출 자료, 계약 조건 등이 현장팀에 명확히 전달되지 않으면, 시공 과정에서 혼선이 발생할 수 있으며, 계약 조건과 다른 방향으로 공사가 진행될 가능성이 있다. 또한, 공사 기간, 시공 범위, 기술 사양, 주요 클레임 이슈 등을 사전에 파악하지 못하면, 불필요한 비용 증가와 일정 지연의 원인이 될 수 있다. 따라서, 입찰팀과 현장팀 간 원활한 자료 인계를 통해 업무의 연속성을 확보하고, 초기 착공 단계에서 발생할 수 있는 리스크를 최소화해야 한다. 입찰팀이 공식적으로 생성한 문서와 별개로, 각자 업무상 보내고 받은 이메일 중 중요한 것은 PDF로 변환하여 인계해야 한다.

2. 인수인계 절차

   입찰 자료의 인계는 체계적인 절차를 따라 진행해야 하며, 이를 통해 문서의 정확성과 완전성을 보장할 수 있다. 입찰팀에서는 계약이 체결된 후 현장팀과 협의하여 인계할 문서 목록을 확정해야 한다. 이후, 주요 문서를 검토하여 최신 버전으로 업데이트한 후, 정리된 자료를 분류하고 인계 일정을 조정한다. 인계는 문서와 전자 파일 형태로 진행되며, 필요시 대면 브리핑을 통해 주요 사항을 설명하고 질의응답을 진행해야 한다. 인계가 완료되면, 문서의 수령 확인서를 작성하여 인계된 자료 목록과 함께 보관하고, 이후 추가 자료 요청이 있을 때 대응할 수 있도록 담당자를 지정한다.

3. 인수인계 서류

   입찰팀에서 현장팀에 인계해야 할 서류는, 원활한 프로젝트 수행과 계약 이행을 보장하기 위해 필수적인 자료들로 구성된다. 입찰 단계에서 검토된 사항이 시공 단계에서도 일관되게 유지될 수 있도록, 각 문서의 중요성을 명확히 이해하고 체계적으로 인계해야 한다.

   1) 계약 관련 문서

      계약 관련 문서는 프로젝트 수행의 기본적인 법적, 행정적 근거가 되는 문서로, 계약서 원본과 함께 계약 체결 과정에서 수정된 입찰서, 특수 조건과 일반 조건, 부속서류 등을 포함한다. 특수 조건은 프로젝트별로 추가된 계약 조항이 명시된 문서로, 시공자의 권리와 의무, 공사 수행 방식, 대금 지급 조건 등의 세부 사항이 포함된다. 일반 조건은 FIDIC과 같은 국제 표준 계약을 적용하는 경우가 많으며, 계약의 전반적인 틀을 제공한다. 입찰 중에 협력업체와 체결한 합의 사항(예: Conditional Letter of Intent)도 포함해야 한다.

   2) 기술 자료

      설계와 기술 자료는 시공 과정에서 반드시 참조해야 하는 문서로, 입찰 도면, 시방서, 기술 사양서, VE(Value Engineering)와 대안 검토 자료, 주요 기술 제안서를 포함한다. VE와 대안 검토 자료는 비용 절감, 공사 기간 단축, 성능 향상을 위해 입찰 단계에서 제안된 것으로서, 대체 공법과 그 타당성을 포함하므로 현장팀에 정확한 정보를 제공해야 한다. 주요 기술 제안서는 특정 공정에서 적용될 수 있는 시공 기법이나 시공 프로세스 개선안이 포함되어 있으며, 현장팀이 이를 적극 반영할 필요가 있다.

3) 공사비 견적 자료

공사비 견적 자료는 프로젝트의 예산 관리와 원가 통제를 위해 필수적인 문서로, BOQ, 업체 견적 대비표, 단가 분석 자료, 원가 산출 근거, 주요 협력업체 견적서 등이 포함된다. BOQ는 공사에 필요한 모든 공종의 물량과 단가를 명확히 정리한 문서이다. 업체 견적 대비표는 입찰 기간 중 접수한 주요 견적들에 대해 금액적 기술적으로 대비한 자료이므로, 필수적으로 인계되어야 한다. 단가 분석 자료는 각 항목의 비용 산정 근거를 제공하여, 원가 관리를 돕는 역할을 한다. 원가 산출 근거를 통해 입찰 단계에서 산정한 비용과 실제 시공 중에 발생하는 비용을 비교할 수 있다. 입찰 단계에서 접수한 주요 협력업체의 견적서와 협의 내용을 함께 검토하여, 협력업체 선정과 관리에 활용할 수 있다.

4) 공정 검토 자료

공정 검토 자료는 프로젝트의 원활한 진행을 위한 핵심 요소로, 입찰 시 제출한 공정표, 시공 계획서, 장비와 인력 배치 계획, 주요 일정 리스크 분석 자료가 포함된다. 공정표는 각 공종별 시공 일정과 주요 마일스톤을 포함하고 있으며, 계약서에서 요구하는 준공 기한을 준수할 수 있도록 계획이 된 자료이다. 주요 일정 리스크 분석 자료를 통해 예상되는 공정 지연 요인을 사전에 파악하고, 대응 방안을 마련해야 한다.

5) 법규와 인허가 관련 문서

법규와 인허가 관련 문서는 현장팀이 시공을 시작하기 전에 반드시 검토해야 하는 문서이다. 현지 법규 검토 자료, 필수 인허가 사항 목록, 발주자 승인 필요 항목, 계약 시 합의된 인허가 조건 등을 포함한다. 현지 법규 검토 자료는 해당 국가의 건설 기준과 시공 제한 사항을 포함하고 있으며, 필수 인허가 사항 목록은 착공 신고, 환경 영향 평가, 안전 검사 등 공사를 수행하기 위한 법적 절차를 포함한다. 발주자 승인 필요 항목은 특정 자재 사용 승인, 설계 변경 요청 등의 사전 승인을 받아야 하는 사항을 명확히 정리한 문서이며, 계약 시 합의된 절차를 기반으로 현장팀이 필요한 조처를 할 수 있도록 해야 한다.

6) 리스크와 클레임 검토 자료

리스크와 클레임 검토 자료는 프로젝트 수행 중에 발생할 수 있는 법적 분쟁이나, 공사 진행상의 문제를 사전에 대비하기 위한 문서이다. 입찰 당시 검토된 주요 리스크 항목, 클레임 발생 가능성이 있는 조항, 예비 대응 전략이 포함된다. 주요 리스크 항목은 계약 조건 변경, 공기 지연, 환율 변동, 원자재 가격 상승, 환경 규제 등의 요소를 분석한 자료이다. 입찰 단계에서 고려된 리스크 요인과, 그에 따른 대응 방안을 명확히 해야 한다. 클레임 발생 가능성이 있는 조항은 계약서 내에서 분쟁이 발생할 수 있는 부분을 사전에 검토한 자료로, 시공 과정에서 발생할 수 있는 계약 해석의 차이를 줄이는 데 활용된다. 예비 대응 전략은 분쟁 발생 시 대응 절차, 증빙 자료 준비, 법적 대응 방안을 포함하며, 현장팀이 이를 숙지하여 시공 중 적용해야 한다.

7) 커뮤니케이션 자료

커뮤니케이션 자료는 입찰 단계에서 발주자, 협력업체, 공급업체 등과 주고받은 주요 협의 내용을 포함하며, 입찰 질의응답 리스트, 협력업체 및 공급업체와의 주요 논의 사항 등이 포함된다. 발주자와의 협의 내용은 계약 협상 과정에서 조정된 조건, 공정 일정, 기술적 요구사항 등을 포함하며, 입찰 질의응답 리스트는 입찰 과정에서 발주자가 요청한 추가 정보와 이에 대한 답변을 포함한다. 또한, 협력업체 및 공급업체와의 논의 사항은 계약 체결 이전에 논의된 가격 조정, 납품 일정, 품질 기준 등의 내용을 포함하며, 현장팀이 협력업체와의 원활한 협력을 유지할 수 있도록 한다.

4. 이관 방식

입찰 자료의 이관은 문서의 중요도와 형식에 따라 적절한 방법을 선택하여 진행해야 한다.

일반적으로 계약 문서, 설계 도면, 공사비 내역서 등은 전자 파일(PDF, Excel, CAD)과 인쇄본 형태로 제공하여, 문서의 신뢰성을 유지하면서도 현장팀이 편리하게 활용할 수 있도록 한다. 중요한 사항은 대면 또는 온라인 브리핑을 통해 구두로 설명하여, 문서만으로 전달하기 어려운 배경지식과 중요 포인트를 공유해야 한다. 인계된 문서의 목록을 문서 인수인계 확인서에 기록하여 양측이 서명한 후 보관하며, 이후 추가 자료 요청이 발생할 때 신속하게 대응할 수 있도록 담당자를 지정한다.

해외 공사 입찰 가이드

발행일 2025년 02월 28일
지은이 서승종

발행처 인디펍
발행인 민승원
출판등록 2019년 01월 28일 제2019-8호
전자우편 cs@indiepub.kr
대표전화 +82-70-8848-8004
팩스 +82-303-3444-7982

정가 45,000원
© 서승종
이메일 vincantius@naver.com
블로그 blog.naver.com/archivist-writer

ISBN 979-11-6756-675-1 (13540)

이 책은 저작권법에 따라 보호받는 저작물이므로 무단 전재와 복제를 금합니다.